高等职业学校"十四五"规划土建类专业立体化新形态教材

建筑工程计量与计价

主　编　杨意志　钟　秋

副主编　李颖柯　牛家玮　曾莉莉　贺桂灵

参　编　杨　青　朱　希　缪亚雯　李　娜

华中科技大学出版社

中国·武汉

图书在版编目(CIP)数据

建筑工程计量与计价/杨意志,钟秋主编. —武汉:华中科技大学出版社,2022.6
ISBN 978-7-5680-8258-7

Ⅰ.①建… Ⅱ.①杨… ②钟… Ⅲ.①建筑工程-计量-高等学校-教材 ②建筑造价-高等学校-教材 Ⅳ.①TU723.32

中国版本图书馆 CIP 数据核字(2022)第 096487 号

建筑工程计量与计价
Jianzhu Gongcheng Jiliang yu Jijia

杨意志 钟 秋 主编

策划编辑:胡天金
责任编辑:周江吟
封面设计:金 刚
责任监印:朱 玢
出版发行:华中科技大学出版社(中国·武汉)   电话:(027)81321913
　　　　　武汉市东湖新技术开发区华工科技园   邮编:430223
录　　排:华中科技大学惠友文印中心
印　　刷:武汉市洪林印务有限公司
开　　本:787mm×1092mm　1/16
印　　张:16.75
字　　数:397 千字
版　　次:2022 年 6 月第 1 版第 1 次印刷
定　　价:55.00 元

前　　言

本书根据工程造价专业的人才培养目标,以职业岗位能力的培养为导向,同时遵循高等职业院校学生的认知规律,以专业知识和职业技能、自主学习能力及综合素质的获取和培养为课程目标,紧密结合注册造价工程师、一级建造师等执业资格考试要求所必须掌握的基础知识进行编写。

本书为工程造价专业的核心课程教材,内容紧密追踪专业发展方向,以中华人民共和国住房和城乡建设部颁布的《建设工程工程量清单计价规范》(GB 50500—2013)、《建筑安装工程费用项目组成》(建标[2013]44 号)、《贵州省建筑与装饰工程计价定额》(2016 版)等最新文件、规范为依据,针对职业岗位需求,系统地阐述了定额计价模式的工程量计算、定额的套取和费用的计取程序,以及清单计价模式下工程量清单的计算、综合单价的计算和计价程序与工程结算等内容。

为满足培养高素质技术技能人才的需求,本书的编写突出以下特点。第一,框架设计力求创新。每个项目前都提出了知识目标和技能目标,便于学生掌握完整的知识体系。每个项目后设置了复习思考和技能训练,便于教师教学和学生复习,更有助于学生尽快掌握本书的知识结构系统。第二,内容广泛全面。本书在知识体系上不仅兼顾了定额计价原理,而且注重归纳最新实施的工程量清单计价的应用,内容紧跟当前工程生产实际。第三,教学案例典型丰富。"建筑工程计量与计价"是一门实践性很强的课程,本书在编写过程中始终坚持实用性和可操作性原则,附有大量典型实用案例,使学生犹如置身于真实工程环境中,通过实例进行教学和模拟训练,培养学生动手实践能力。本书主要适用于工程造价及工程管理专业有关课程的学习,同时可作为工程技术人员备考造价工程师和一级建造师等执业考试的参考资料。

本书编写人员均为教学一线骨干教师,有丰富的教学经验和工程实践经验。本书由贵州建设职业技术学院杨意志、钟秋担任主编,贵州建设职业技术学院李颖柯、牛家玮、曾莉莉、贺桂灵担任副主编,贵州建设职业技术学院杨青、朱希、缪亚雯,济源职业技术学院李娜担任参编。

本书在编写过程中,参阅并借鉴了一些国内优秀教材和科学研究成果,在此谨向这些资料的作者表示衷心的感谢! 由于作者水平有限,书中难免出现疏漏,敬请各位读者不吝指正。

编　者

2022 年 4 月

目　　录

项目一　建筑工程计量与计价概述

【知识目标】
- 了解建筑工程建设的基本概念和基本程序；
- 熟悉建设项目的划分及各阶段的造价文件；
- 掌握建筑工程项目造价的构成；
- 熟悉建设工程计价的概念、特点及模式。

【能力目标】
- 学会计算国产及进口设备原价；
- 学会计算预备费、建设期贷款利息。

任务一　建筑工程建设

一、建筑工程建设的基本概念

建筑工程建设是指国民经济体系中的各个部门为了扩大再生产而进行的增加固定资产的建设工作，即把一定的建筑材料、机械设备等，通过购置、建造、安装等一系列活动，转化为固定资产，形成新的生产能力或使用效益的过程。固定资产的新建、改建、扩建、迁建、装修、拆除、修缮及与此相关的其他工作，如土地征用、房屋拆迁、勘察设计、招标投标、工程监理等，也是基本建设的组成部分。因此，基本建设的实质是形成新的固定资产的经济活动。

固定资产是指在社会再生产的过程中，可供长期使用并保持实物形态的劳动资料和消费资料。固定资产又分为生产固定资产和非生产固定资产，如工具、厂房、机器、设备、动力以及各种生产建筑物等，称为生产固定资产；如国家机关、文教卫生事业所用的房屋、财产和各种设备等，称为非生产固定资产。

二、建筑工程建设的基本程序

工程建设过程中所涉及的社会层面和管理部门非常广泛，其中涉及的协调、合作环节非常多，因此必须按照工程建设的客观规律和实际顺序进行。工程建设的基本程序就是对建设项目从酝酿、规划到建成投产所经历的整个过程中的各项工作必须遵循的先后顺序。这个顺序是由建筑工程建设进程决定的,反映了工程建设各个阶段的特点和它们之间的内在联系,也是从事建设工作的各个部门及相关人员都必须遵守的原则。

我国建筑工程建设的基本程序依次划分为以下五个阶段和若干个环节,其顺序不能任意颠倒,但是可以合理交叉。

建设前期阶段:包括编制项目建议书、开展可行性研究、进行项目决策等。

勘察设计阶段:包括选址、勘察、规划、设计等。

建设准备阶段:包括项目报批、征地拆迁、三通一平、工程招投标等。

建设施工阶段:主要有建筑安装施工等,包括安全质量监督及监理。

竣工验收阶段:包括验收交付使用、竣工结算、决算及项目后评价等。

1. 编制项目建议书

项目建议书是建设单位向国家提出的要求建设某一具体项目的建议文件,即对拟建项目的必要性和可行性进行初步研究,提出拟建项目的轮廓设想,也称为项目立项申请书。

2. 开展可行性研究

可行性研究是对工程建设项目在技术和经济上是否合理进行的科学分析和论证,它通过市场研究、技术研究、经济研究方面进行多方案比较,从而提出最佳方案。可行性研究是确定建设项目前具有决定性意义的工作。

可行性研究经过评审后,就可着手编写可行性研究报告。可行性研究报告是确定建设项目、编制设计文件的主要依据,在建设程序中占据主导地位。可行性研究报告分为政府审批核准用可行性研究报告和融资用可行性研究报告:政府审批核准用的可行性研究报告侧重关注项目的经济效益和社会影响;融资用可行性研究报告侧重关注项目在经济上是否可行。可行性研究报告一经批准即形成决策,是初步设计的依据,不得随意修改或变更。

3. 选址

建设地点的选择由主管部门组织勘察设计单位及项目所在地相关部门共同进行。在综合研究工程地质、水文等自然条件,建设工程所需水、电、运输条件,项目建成投产后原材料、燃料的来源以及生产和工作人员生活条件、生产环境等因素的基础之上,进行多方案比选后,提交选址报告。

4. 编制设计文件

可行性研究报告和选址报告经批准后,建设单位或其主管部门可以委托或通过设计招投标方式选择设计单位,按可行性研究报告中的有关要求,编制设计文件。一般进行两阶段设计,即初步设计和施工图设计。对于技术上比较复杂而又缺乏设计经验的项目,可进行三阶段设计,即初步设计、技术设计和施工图设计。其中初步设计和技术设计出具的文件是设计概算,施工图设计出具的文件是施工图预算。

5. 建设前期准备工作

建设前期准备工作主要包括项目报批、手续办理、征地拆迁、场地平整、材料及设备的采购、组织施工招投标、选择施工单位、办理建设项目施工许可证。

6. 编制建设计划和建设年度计划

根据批准的总概算和建设工期进行建设计划、建设年度计划的合理编制。计划内容要与投资、材料、设备和劳动力相适应,以确保计划的顺利实施。

7.组织施工

建设年度计划批准和建设准备工作就绪后,取得建设主管部门颁发的建筑施工许可证(或开工报告)方可正式施工。在施工前施工单位要编制施工预算。为确保工程质量,必须严格按施工图纸、设计要求、施工技术验收规范等进行施工,按照合理的施工顺序组织施工,并加强经济核算。

8.项目投产前的准备工作

项目投产前要进行必要的生产准备,生产准备是生产性施工项目投产前所要进行的一项重要工作。它是基本建设程序中的重要环节,是衔接基本建设和生产的桥梁,是建设阶段转入生产经营的必要条件。生产准备包括建立生产经营相关管理机构,培训生产人员,组织生产人员参加设备的安装、调试,订购生产所需的原材料、燃料及工器具、备件等。

9.竣工验收

按国家现行规定,建设项目的验收根据项目的规模大小和复杂程度可分为初步验收和竣工验收两个阶段。规模较大、较复杂的建设项目应先进行初步验收,然后进行全部建设项目的竣工验收。规模较小、较简单的项目,可以一次进行全部项目的竣工验收。

建设项目全部完成,经过各单项工程的验收,符合设计要求,并具备竣工图纸、竣工决算、工程总结等必要文件资料,由建设项目主管部门或建设单位向负责验收的单位提交竣工验收申请报告,并由有关单位组织验收。竣工验收是全面考核基本建设工作、检查是否符合设计要求和工程质量的重要环节,对清点建设成果、促进建设项目及时投产、发挥投资效益及总结建设经验教训都有重要作用。

10.项目后评价

建设项目后评价是工程项目竣工投产、生产经营一段时间后,再对项目的立项决策、设计施工、竣工投产、生产运营等过程进行系统评价的一种技术经济活动。通过建设项目后评价以达到肯定成绩、总结经验、研究问题、吸取教训、提出建议、改进工作、不断提高项目决策水平和投资效果的目的。

我国目前开展的建设项目后评价一般都按三个层次组织实施,即项目单位的自我评价、项目所在行业的评价和各级发展计划部门(或主要投资方)的评价。

三、建设项目的划分

建设项目由若干个具体基本建设项目组成。工程建设项目可从不同角度进行分类。

(一)按工程管理和确定工程造价的需求划分

根据工程管理和确定工程造价的需要,工程建设项目可划分为建设项目、单项工程、单位工程、分部工程和分项工程这五个基本层次。其分解示意图如图1-1所示。

1.建设项目

建设项目是指具有完整的计划任务书和总体设计并能进行施工,行政上有独立的组织形式,经济上实行统一核算的建设工程。一个建设项目可由一个或几个单项工程组成。

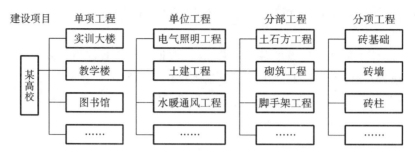

图 1-1　建设项目分解示意图

建设项目按其用途的不同可分为生产性建设项目和非生产性建设项目。在我国,建设项目的实施单位一般为建设单位,并实行建设项目法人责任制。如一座工厂、一所学校、一所医院等均为一个建设项目,由项目法人单位实行统一管理。

2.单项工程

单项工程是指具有独立的设计文件,竣工后可以独立发挥生产能力和使用效益的工程。单项工程是建设项目的组成部分,它由若干个单位工程组成。如一所学校的教学楼、办公楼、图书馆等,一个工厂的生产车间、仓库、办公楼等。

3.单位工程

单位工程是指具有独立设计文件,可以独立组织施工,并可以单独作为经济核算对象,但建成后不能独立发挥生产功能的工程。单位工程是单项工程的组成部分,如土建工程、电气照明工程、机械设备安装工程、电气设备安装工程、通风工程和给排水工程等,均属于单位工程。

4.分部工程

分部工程是指根据建筑工程的主要部位或工种和安装工程种类的不同所划分的工程。分部工程是单位工程的组成部分。如一个单位工程中的土建工程可以分为土石方工程、桩基础工程、砌筑工程、混凝土及钢筋混凝土工程、金属结构工程、楼地面工程、屋面工程、脚手架工程、装饰工程等,这些工程均属于分部工程。

5.分项工程

分项工程是指按照不同的施工方法、建筑材料,以及不同规格的设备等,对分部工程做进一步细分的工程。分项工程是建筑工程的基本构造要素,是分部工程的组成部分。如混凝土及钢筋混凝土工程中的带形基础、独立基础、满堂基础、设备基础、矩形柱、异形柱、土方开挖、土方回填以及钢筋、模板、混凝土、砖砌体、木门窗的制作与安装等,均属于分项工程。

(二)按建设性质划分

根据建设性质,工程建设项目可分为新建、扩建、改建、恢复和迁建等项目。

(三)按建设规模划分

根据项目建设总规模或总投资,工程建设项目可分为大型项目、中型项目和小型项目。

四、项目建设各阶段的造价文件

投资控制是建筑工程项目管理的重点和难点。在工程项目的不同阶段,项目投资有估算、概算、预算、结算和决算等不同概念。这些"算"的依据和作用不同,其准确性也"渐进明细",越来越能真实地反映项目的实际投资。

(一)投资估算

投资估算,发生在项目建议书和可行性研究阶段,其依据是项目规划方案(方案设计),对工程项目可能发生的工程费用(含建筑安装工程、室外工程、设备安装工程等)、工程建设其他费用、预备费用和建设期利息(如果有贷款)进行估算,用于计算项目投资规模和融资方案选择,供项目投资决策部分参考。估算时要注意准确而全面地计算工程建设其他费用,这部分费用地区性和政策性较强。

(二)设计概算

设计概算,发生在初步设计或扩大初步设计阶段。设计概算需要具备初步设计或扩大初步设计图纸,对项目建设费用进行计算,确定工程造价;编制概算时要注意不能漏项、缺项或重复计算,标准要符合定额或规范。

(三)施工图预算

施工图预算,发生在施工图设计阶段。施工图预算需要具备施工图纸,汇总项目的人工、材料、机械的预算,确定工程预算造价。编制预算关键是准确计算工程量、套用预算定额和取费标准。

(四)竣工结算

竣工结算,发生在工程竣工验收阶段。竣工结算一般由工程承包商(施工单位)提交,根据项目施工过程中的变更洽商情况,调整施工图预算,确定工程项目最终结算价格。竣工结算的依据是施工承包合同和变更洽商记录(注意各方签字),准确计算暂估价和实际发生额的偏差,对照有关定额标准,计算施工图预算中的漏项和缺项部分的应得工程费用。

(五)竣工决算

竣工决算,发生在项目竣工验收后。竣工决算一般由项目法人单位(建设单位)编制或委托编制,汇总计算项目全过程实际发生的总费用。在编制竣工决算总表和资产清单时,要注意全面、真实地反映项目实际造价结算,并客观地评价项目实际投资效果。

任务二　建筑工程项目造价的构成

一、建设项目总投资构成

建设项目总投资构成包括固定资产投资(工程造价)和流动资产投资。广义的工程造价由建设投资和建设期利息构成,狭义的工程造价指的是建筑安装工程费。建设投资包括工程费用、工程建设其他费用、预备费。工程费用包括设备及工器具购置费、建筑安装工程费;工程建设其他费用包括建设用地费、与项目建设有关的其他费用、与未来生产经营有关的其他费用;预备费包括基本预备费和价差预备费。非生产性建设项目总投资只包括固定资产投资,不含流动资产投资。建设项目总造价是指项目总投资中的固定资产投资总额。建设项目总投资构成如图1-2所示。

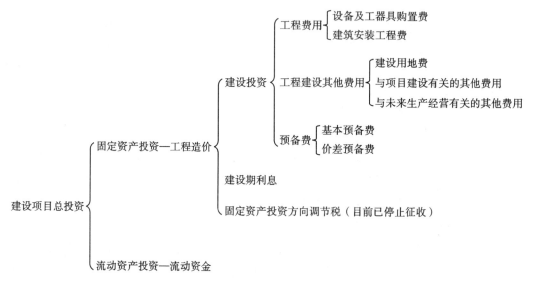

图 1-2　建设项目总投资构成

二、设备及工器具购置费构成

设备及工器具购置费用是由设备购置费和工具、器具及生产家具购置费组成的,它是固定资产投资中的积极部分。在生产性工程建设中,设备及工器具购置费用占工程造价比重的增大,意味着生产技术的进步和资本有机构成的提高。

1.设备购置费的构成

设备购置费是指购置或自制的达到固定资产标准的设备、工器具及生产家具所需的费用。它由设备原价和设备运杂费构成。

$$设备购置费＝设备原价＋设备运杂费 \tag{1-1}$$

其中,设备原价指国内采购设备的出厂(场)价格,或国外采购设备的抵岸价格,设备原价通常包含备品备件费;设备运杂费指除设备原价之外的关于设备采购、运输、途中包装及仓库保管等方面支出费用的总和。

1)设备原价的构成

设备包括国产设备和进口设备,因此,设备原价也相应有国产设备原价和进口设备原价。

(1)国产设备原价一般指的是设备制造厂的交货价或订货合同价,即出厂(场)价格。它一般根据生产厂家或供应商的询价、报价、合同价确定,或采用一定的方法计算确定。国产设备原价分为国产标准设备原价和国产非标准设备原价。

　　国产标准设备原价是指按照主管部门颁布的标准图纸和技术要求,由国内设备生产厂批量生产的,符合国家质量检测标准的设备。国产标准设备一般有完善的设备交易市场,因此可通过查询相关交易市场价格或向设备生产厂家询价得到国产标准设备原价。

　　国产非标准设备是指国家尚无定型标准,各设备生产厂不可能在工艺过程中采用批量生产,只能按订货要求并根据具体的设计图纸制造的设备。非标准设备由于单件生产、无定型标准,所以无法获取市场交易价格,只能按其成本构成或相关技术参数估算其价格。非标准设备原价有多种不同的计算方法,但常用的是成本计算估价法。下面就以成本计算估价法为例,介绍非标准设备原价的构成。

　　①材料费。其计算公式如下:
$$材料费=材料净重×(1+加工损耗系数)×每吨材料综合价 \quad (1-2)$$

　　②加工费。加工费包括生产工人工资和工资附加费、燃料动力费、设备折旧费、车间经费等。其计算公式如下:
$$加工费=设备总重量(吨)×设备每吨加工费 \quad (1-3)$$

　　③辅助材料费。辅助材料包括焊条、焊丝、氧气、氮气、油漆、电石等。辅助材料费的计算公式如下:
$$辅助材料费=设备总重量×辅助材料费指标 \quad (1-4)$$

　　④专用工具费。其计算公式如下:
$$专用工具费=(材料费+加工费+辅助材料费)×专用工具费费率 \quad (1-5)$$

　　⑤废品损失费。其计算公式如下:
$$废品损失费=(材料费+加工费+辅助材料费)×(1+专用工具费费率)×废品损失费费率$$
$$(1-6)$$

　　⑥外购配套件费。外购配套件费计取包装费,但不计取利润。

　　⑦包装费。其计算公式如下:
$$包装费=[(材料费+加工费+辅助材料费)×(1+专用工具费费率)$$
$$×(1+废品损失费费率)+外购配套件费]×包装费费率 \quad (1-7)$$

　　⑧利润。其计算公式如下:
$$利润=\{[(材料费+加工费+辅助材料费)×(1+专用工具费费率)×(1+废品损失费$$
$$费率)+外购配套件费]×(1+包装费费率)-外购配套件费\}×利润率 \quad (1-8)$$

　　⑨税金。税金主要指增值税。其计算公式为:
$$增值税=当期销项税额-进项税额 \quad (1-9)$$
$$当期销项税额=销售额×适用增值税税率 \quad (1-10)$$
$$销售额=\{[(材料费+加工费+辅助材料费)×(1+专用工具费费率)$$
$$×(1+废品损失费费率)+外购配套件费]×(1+包装费费率)$$
$$-外购配套件费\}×(1+利润率)+外购配套件费 \quad (1-11)$$

　　非标准设备设计费,按国家规定的设计费收费标准计算。

　　综上所述,单台非标准设备原价的计算公式为:
$$单台非标准设备原价=\{[(材料费+加工费+辅助材料费)×(1+专用工具费费率)$$
$$×(1+废品损失费费率)+外购配套件费]×(1+包装费费率)$$

$$-外购配套件费\}×(1+利润率)+外购配套件费$$
$$+销项税额+非标准设备设计费 \quad\quad (1\text{-}12)$$

【例 1.1】 某工厂采购一台国产非标准设备,制造厂生产该台设备所用材料费 30 万元,加工费 5 万元,辅助材料费 6000 元,专用工具费费率 1.6%,废品损失费费率 12%,外购配套件费 6 万元,包装费费率 1%,利润率 8%,增值税税率 18%,非标准设备设计费 1 万元。求该国产非标准设备的原价。

【解】 专用工具费=$(30+5+0.6)×1.6\%=0.5696$(万元)

废品损失费=$(30+5+0.6+0.5696)×12\%=4.340$(万元)

包装费=$(30+5+0.6+0.5696+4.34+6)×1\%=0.465$(万元)

利润=$(30+5+0.6+0.5696+4.34+0.465)×8\%=3.278$(万元)

当期销项税额=$(30+5+0.6+0.5696+4.34+6+0.465+3.278)×18\%$
$$=9.045(万元)$$

该国产非标准设备的原价=$30+5+0.6+0.5696+4.34+0.465+3.278$
$$+9.045+6+1=60.298(万元)$$

(2)进口设备原价是指进口设备的抵岸价,即设备抵达买方边境、港口或车站,交纳各种手续费、税费后形成的价格。抵岸价通常是由进口设备到岸价(CIF)和进口从属费构成。

进口设备的到岸价,即设备抵达买方边境港口或边境车站所形成的价格。在国家贸易中,交易双方所使用的交货类别不同,则交易价格的构成内容也有所差异。进口设备从属费用是指进口设备在办理进口手续过程中发生的应计入设备原价的银行财务费、外贸手续费、进口关税、消费税、进口环节增值税及进口车辆的车辆购置税等。

在国际贸易中,较为广泛使用的交易价格术语有 FOB、CFR 和 CIF。

FOB(free on board),意为装运港船上交货,亦称为离岸价格。FOB 术语是指当货物在装运港被装上指定船时,卖方即完成交货义务。风险转移,以在指定的装运港货物被装上指定船时为分界点。费用划分与风险转移的分界点相一致。

CFR(cost and freight),意为成本加运费,或称为运费在内价。CFR 是指在装运港货物在装运港被装上指定船时卖方即完成交货,卖方必须支付将货物运至指定的目的港所需的运费和费用,但交货后货物灭失或损坏的风险,以及由于各种事件造成的任何额外费用,即由卖方转移到买方。与 FOB 价格相比,CFR 的费用划分与风险转移的分界点是不一致的。

CIF(cost insurance and freight),意为成本加保险费、运费,习惯称为到岸价格。在 CIF 术语中,卖方除负有与 CFR 相同的义务外,还应办理货物在运输途中最低险别的海运保险,并应支付保险费。如买方需要更高的保险险别,则需要与卖方明确地达成协议,或者自行做出额外的保险安排。除保险这项义务之外,买方的义务与 CFR 相同。

其计算公式如下:

$$进口设备到岸价(CIF)=离岸价格(FOB)+国际运费+运输保险费$$
$$=运费在内价(CFR)+运输保险费 \quad\quad (1\text{-}13)$$

①货价。货价一般指装运港船上交货价(FOB)。

②国际运费。其计算式为：

$$国际运费=原币货价(FOB)\times运费费率=单位运价\times运量 \quad (1-14)$$

③运输保险费。其计算式为：

$$运输保险费=[(原币货价(FOB)+国际运费)/(1-保险费率)]\times保险费率 \quad (1-15)$$

其中，保险费率按保险公司规定的进口货物保险费率计算。

进口从属费包含"二费四税"，"二费"是指银行财务费和外贸手续费，"四税"是指关税、消费税、进口环节增值税、车辆购置税。

④银行财务费。银行财务费一般是指在国际贸易结算中，中国银行为进出口商提供金额结算服务所收取的费用。其计算式为：

$$银行财务费=离岸价格(FOB)\times人民币外汇汇率\times银行财务费费率 \quad (1-16)$$

⑤外贸手续费。外贸手续费指按对外经济贸易部门规定的外贸手续费费率计取的费用，外贸手续费费率一般取1.5%。其计算式为：

$$外贸手续费=到岸价格(CIF)\times人民币外汇汇率\times外贸手续费费率 \quad (1-17)$$

⑥关税。关税指由海关对进出国境或关境的货物和物品征收的一种税。其计算式为：

$$关税=到岸价格(CIF)\times人民币外汇汇率\times进口关税税率 \quad (1-18)$$

⑦消费税。消费税仅对部分进口设备(如轿车、摩托车等)征收。其计算式为：

$$消费税=[(到岸价格(CIF)\times人民币外汇汇率+关税)/(1-消费税税率)]\times消费税税率$$
$$(1-19)$$

⑧进口环节增值税。进口环节增值税是对从事进口贸易的单位和个人，在进口商品报关进口后征收的税种。其计算式为：

$$进口环节增值税额=组成计税价格\times增值税税率 \quad (1-20)$$

$$组成计税价格=关税完税价格(到岸价格CIF)+关税+消费税 \quad (1-21)$$

⑨车辆购置税。进口车辆需缴纳进口车辆购置税。其计算式如下：

$$进口车辆购置税=(关税完税价格+关税+消费税)\times车辆购置税税率 \quad (1-22)$$

【例1.2】 从某国进口应纳消费税的设备，重量1200 t，装运港船上交货价为300万美元，工程建设项目位于国内某省会城市。如果国际运费标准为320美元/t，海上运输保险费率为2‰，银行财务费费率为4‰，外贸手续费费率为1.2%，关税税率为20%，增值税税率为17%，消费税税率为11%，银行外汇牌价为1美元=6.5元人民币，对该设备的原价进行估算。

【解】 进口设备FOB=300×6.5=1950(万元)

国际运费=1200×320×6.5=249.6(万元)

海运保险费=[(1950+249.6)/(1-0.2%)]×0.2%=4.408(万元)

CIF=1950+249.6+4.408=2204.008(万元)

银行财务费=1950×4‰=7.8(万元)

外贸手续费=2204.008×1.2%=26.448(万元)

关税=2204.008×20%=440.802(万元)

消费税=[(2204.008+440.802)/(1-11%)]×11%=326.887(万元)

进口环节增值税＝(2204.008＋440.802＋326.887)×17％＝505.188(万元)

进口从属费＝7.8＋26.448＋440.802＋326.887＋505.188＝1307.125(万元)

进口设备原价＝2204.008＋1307.125＝3511.133(万元)

2)设备运杂费的构成与计算

设备运杂费是指国内采购设备自来源地、国外采购设备自到岸港运至工地仓库或指定堆放地点发生的采购、运输、运输保险、保管、装卸等费用。通常由下列各项构成。

(1)运费和装卸费。国产设备由设备制造厂交货地点起至工地仓库(或施工组织设计指定的需要安装设备的堆放地点)止所发生的运费和装卸费;进口设备由我国到岸港口或边境车站起至工地仓库(或施工组织设计指定的需安装设备的堆放地点)止所发生的运费和装卸费。

(2)包装费。包装费指在设备原价中没有包含的,为运输进行的包装而支出的各种费用。

(3)设备供销部门的手续费。设备供销部门的手续费按有关部门规定的统一费率计算。

(4)采购与仓库保管费。采购与仓库保管费指采购、验收、保管和收发设备所发生的各种费用,包括设备采购人员、保管人员和管理人员的工资、工资附加费、办公费、差旅交通费,设备供应部门办公和仓库所占固定资产使用费、工具和用具使用费、劳动保护费、检验试验费等。这些费用可按主管部门规定的采购与保管费费率计算。

设备运杂费的计算公式为:

$$设备运杂费＝设备原价×设备运杂费费率 \qquad (1\text{-}23)$$

其中,设备运杂费费率按各部门及省、市有关规定计取。

2.工具、器具及生产家具购置费的构成

工具、器具及生产家具购置费,是指新建或扩建项目初步设计规定的,保证初期正常生产必须购置的没有达到固定资产标准的设备、仪器、工卡模具、器具、生产家具和备品备件等的购置费用。一般以设备购置费为计算基数,按照部门或行业规定的工具、器具及生产家具费率计算。其计算公式为:

$$工具、器具及生产家具购置费＝设备购置费×定额费率 \qquad (1\text{-}24)$$

三、建筑安装工程费用构成

我国现行建筑安装工程费用项目按两种不同的方式划分,即按费用构成要素划分和按造价形成划分,如图1-3和图1-4所示。

1.按费用构成要素划分建筑安装工程费用项目构成

根据住房和城乡建设部、财政部关于印发《建筑安装工程费用项目组成》的通知(建标[2013]44号文),建筑安装工程费用项目按费用构成要素组成划分为人工费、材料费、施工机具使用费、企业管理费、利润、规费和税金(见图1-3)。

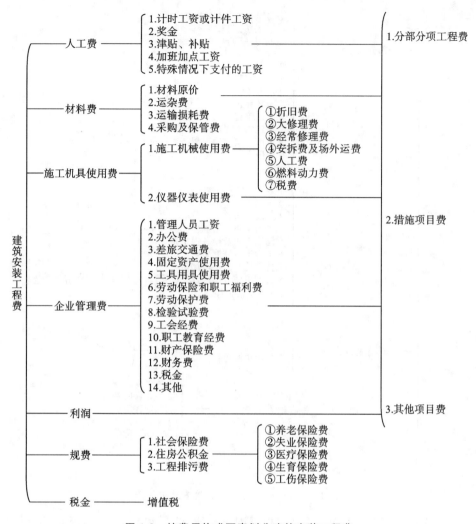

图 1-3　按费用构成要素划分建筑安装工程费

1）人工费

人工费是指按工资总额构成规定,支付给从事建筑安装工程施工的生产工人和附属生产单位工人的各项费用。内容包括如下。

(1)计时工资或计件工资:是指按计时工资标准和工作时间或对已做工作按计件单价支付给个人的劳动报酬。

(2)奖金:是指对超额劳动和增收节支支付给个人的劳动报酬。如节约奖、劳动竞赛奖等。

(3)津贴补贴:是指为了补偿职工特殊或额外的劳动消耗和因其他特殊原因支付给个人的津贴,以及为了保证职工工资水平不受物价影响支付给个人的物价补贴。如流动施工津贴、特殊地区施工津贴、高温(寒)作业临时津贴、高空津贴等。

(4)加班加点工资:是指按规定支付的在法定节假日工作的加班工资和在法定日工作时间外延时工作的加点工资。

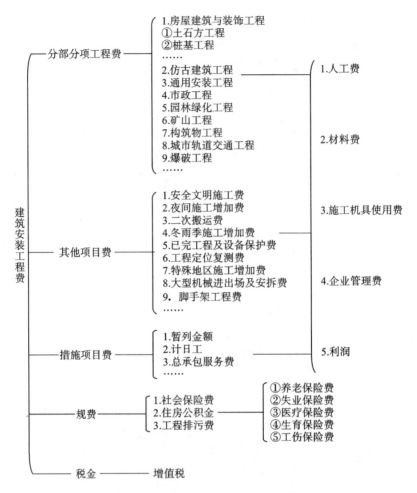

图 1-4 按造价形成划分建筑安装工程费

（5）特殊情况下支付的工资：是指根据国家法律、法规和政策规定，因病、工伤、产假、计划生育假、婚丧假、事假、探亲假、定期休假、停工学习、执行国家或社会义务等原因按计时工资标准或计时工资标准的一定比例支付的工资。

计算人工费的基本要素有两个，即人工工日消耗量和人工日工资单价。人工费的计算公式为：

$$人工费 = \sum(工日消耗量 \times 日工资单价) \tag{1-25}$$

2）材料费

材料费是指工程施工过程中耗费的各种原材料、半成品、构配件、工程设备等的费用，以及周转材料等的摊销、租赁费用。

计算材料费的基本要素有两个，分别是材料消耗量和材料单价。

材料费的计算公式为：

$$材料费 = \sum(材料消耗量 \times 材料单价) \tag{1-26}$$

材料消耗量是指完成规定计量单位的建筑安装产品所消耗的各类材料的净用量和不可避免的损耗量。

材料单价是指建筑材料从其来源地运到施工工地仓库,直至出库形成的综合单价。

材料单价由材料原价、运杂费、运输损耗费、采购及保管费组成。

(1)材料原价是指国内采购材料的出厂价格,国外采购材料抵达买方边境、港口或车站并交纳各种手续费、税费(不含增值税)后形成的价格。计算公式如下:

$$加权平均原价 = \frac{K_1 C_1 + K_2 C_2 + \cdots + K_n C_n}{K_1 + K_2 + \cdots K_n} \qquad (1-27)$$

式中:$K_1, K_2, \cdots, K_n$——各不同供应地点的供应量或各不同使用地点的需求量;

$C_1, C_2, \cdots, C_n$——各不同供应地点的原价。

(2)材料运杂费是指国内采购材料自来源地、国外采购材料自到岸港运至工地仓库或指定堆放地点发生的费用(不含增值税)。其计算公式如下:

$$加权平均运杂费 = \frac{K_1 T_1 + K_2 T_2 + \cdots + K_n T_n}{K_1 + K_2 + \cdots + K_n} \qquad (1-28)$$

式中:$K_1, K_2, \cdots, K_n$——各不同供应地点的供应量或各不同使用地点的需求量;

$T_1, T_2, \cdots, T_n$——各不同运距的运费。

若运输费用为含税价格,则需要按"两票制"和"一票制"两种支付方式分别调整。所谓"两票制"材料,是指材料供应商就收取的货物销售价款和运杂费向建筑业企业分别提供货物销售和交通运输两张发票的材料。在这种方式下,运杂费以接受交通运输与服务适用税率11%扣减增值税进项税额。所谓"一票制"材料,是指材料供应商就收取的货物销售价款和运杂费合计金额向建筑业企业仅提供一张货物销售发票的材料。在这种方式下,运杂费采用与材料原价相同的方式扣减增值税进项税额。

(3)运输损耗是指材料在运输装卸过程中不可避免的损耗。其计算公式如下:

$$运输损耗 = (材料原价 + 运杂费) \times 运输损耗率 \qquad (1-29)$$

(4)采购及保管费是指为组织采购、供应和保管材料过程中所需要的各项费用,包含采购费、仓储费、工地保管费和仓储损耗。其计算公式如下:

$$采购及保管费 = 材料运到工地仓库价格 \times 采购及保管费费率 \qquad (1-30)$$

或

$$采购及保管费 = (材料原价 + 运杂费 + 运输损耗费) \times 采购及保管费费率 \qquad (1-31)$$

综上所述,材料单价的一般计算公式为:

$$材料单价 = [(供应价格 + 运杂费) \times (1 + 运输损耗率)] \times (1 + 采购及保管费费率)$$

$$(1-32)$$

【例1.3】 某建设项目材料(适用17%增值税税率)从两个地方采购,其采购量及有关费用见表1-1,求该工地水泥的单价(表中原价、运杂费均为含税价格,且材料采用"两票制"支付方式)。

表 1-1 材料采购信息表

采购处	采购量/t	原价/(元/t)	运杂费/(元/t)	运输损耗率/(%)	采购及保管费费率/(%)
来源 1	300	240	20	0.5	3.5%
来源 2	200	250	15	0.4	

【解】 应将含税的原价和运杂费调整为不含税价格,具体过程见表1-2。

表 1-2　材料价格信息不含税价格处理

采购处	采购量/t	原价/(元/t)	原价(不含税)/(元/t)	运杂费/(元/t)	运杂费(不含税)/(元/t)	运输损耗率/(%)	采购及保管费费率/(%)
来源1	300	240	240/1.17＝205.13	20	20/1.11＝18.02	0.5	3.5
来源2	200	250	250/1.17＝213.68	15	15/1.11＝13.51	0.4	

$$加权平均原价 = \frac{300 \times 205.13 + 200 \times 213.68}{300 + 200} = 208.55(元/t)$$

$$加权平均运杂费 = \frac{300 \times 18.02 + 200 \times 13.51}{300 + 200} = 16.22(元/t)$$

$$来源1的运输损耗费 = (205.13 + 18.02) \times 0.5\% = 1.12(元/t)$$

$$来源2的运输损耗费 = (213.68 + 13.51) \times 0.4\% = 0.91(元/t)$$

$$加权平均运输损耗费 = \frac{300 \times 1.12 + 200 \times 0.91}{300 + 200} = 1.04(元/t)$$

$$材料单价 = (208.55 + 16.22 + 1.04) \times (1 + 3.5\%) = 233.71(元/t)$$

3)施工机具使用费

建筑安装工程费中的施工机具使用费,是指施工作业所发生的施工机械、仪器仪表使用费或其租赁费。

(1)施工机械使用费是指施工机械作业发生的使用费或租赁费。

施工机械使用费的计算公式为:

$$施工机械使用费 = \sum(施工机械台班消耗量 \times 机械台班单价) \quad (1\text{-}33)$$

其中,施工机械台班单价应由下列七项费用组成。

①折旧费:指施工机械在规定的使用年限内,陆续收回其原值的费用。

②大修理费:指施工机械按规定的大修理间隔台班进行必要的大修理,以恢复其正常功能所需的费用。

③经常修理费:指施工机械除大修理以外的各级保养和临时故障排除所需的费用,包括为保障机械正常运转所需替换设备与随机配备工具附具的摊销和维护费用,机械运转中日常保养所需润滑与擦拭的材料费用及机械停滞期间的维护和保养费用等。

④安拆费及场外运费:安拆费指施工机械(大型机械除外)在现场进行安装与拆卸所需的人工、材料、机械和试运转费用以及机械辅助设施的折旧、搭设、拆除等费用;场外运费指施工机械自停放地点运至施工现场或由一施工地点运至另一施工地点所产生的运输、装卸、辅助材料及架线等费用。

⑤人工费:指机上司机(司炉)和其他操作人员的人工费。

⑥燃料动力费:指施工机械在运转作业中所消耗的各种燃料及水、电等费用。

⑦税费:指施工机械按照国家规定应缴纳的车船使用税、保险费及年检费等。

(2)仪器仪表使用费是指工程施工所需使用的仪器仪表的摊销及维修费用。

仪器仪表使用费的计算公式为:

$$仪器仪表使用费 = \sum(仪器仪表台班消耗量 \times 仪器仪表台班单价) \quad (1\text{-}34)$$

4)企业管理费

企业管理费是指施工单位组织施工生产和经营管理所发生的费用。费用包括：管理人员工资、办公费、差旅交通费、固定资产使用费、工具用具使用费、劳动保险和职工福利费、劳动保护费、检验试验费、工会经费、职工教育经费、财产保险费、财务费、税金、其他。

企业管理费一般采用取费基数乘以费率的方法计算，取费基数有三种，分别是：以直接费为计算基础、以人工费和施工机具使用费合计为计算基础、以人工费为计算基础。

（1）管理人员工资：是指按规定支付给管理人员的计时工资、奖金、津贴补贴、加班加点工资及特殊情况下支付的工资等。

（2）办公费：是指企业管理办公用的文具、纸张、账表、印刷、邮电、书报、办公软件、现场监控、会议、水电、烧水和集体取暖降温（包括现场临时宿舍取暖降温）等费用。

（3）差旅交通费：是指职工因公出差、调动工作的差旅费、住勤补助费，市内交通费和误餐补助费，职工探亲路费，劳动力招募费，职工退休、退职一次性路费，工伤人员就医路费，工地转移费以及管理部门使用的交通工具的油料、燃料等费用。

（4）固定资产使用费：是指管理和试验部门及附属生产单位使用的属于固定资产的房屋、设备、仪器等的折旧、大修、维修或租赁费。

（5）工具用具使用费：是指企业施工生产和管理使用的不属于固定资产的工具、器具、家具、交通工具和检验、试验、测绘、消防用具等的购置、维修和摊销费。

（6）劳动保险和职工福利费：是指由企业支付的劳动保险费、职工退职金、按规定支付给离休干部的经费、集体福利费、夏季防暑降温、冬季取暖补贴、上下班交通补贴等。

（7）劳动保护费：是指企业按规定发放的劳动保护用品的支出。如工作服、手套、防暑降温饮料以及在有碍身体健康的环境中施工的保健费用等。

（8）检验试验费：是指施工企业按照有关标准规定，对建筑以及材料、构件和建筑安装物进行一般鉴定、检查所发生的费用，包括自设试验室进行试验所耗用的材料等费用。不包括新结构、新材料的试验费，对构件做破坏性试验及其他特殊要求检验试验的费用和建设单位委托检测机构进行检测的费用，对此类检测发生的费用，由建设单位在工程建设其他费用中列支。但对施工企业提供的具有合格证明的材料进行检测不合格的，该检测费用由施工企业支付。

（9）工会经费：是指企业按《中华人民共和国工会法》规定的全部职工工资总额比例计提的工会经费。

（10）职工教育经费：是指按职工工资总额的规定比例计提，企业为职工进行专业技术和职业技能培训，专业技术人员继续教育、职工职业技能鉴定、职业资格认定以及根据需要对职工进行各类文化教育所发生的费用。

（11）财产保险费：是指施工管理用财产、车辆等的保险费用。

（12）财务费：是指企业为施工生产筹集资金或提供预付款担保、履约担保、职工工资支付担保等所发生的各种费用。

（13）税金：是指企业按规定缴纳的房产税、车船使用税、土地使用税、印花税等。

（14）其他：包括技术转让费、技术开发费、投标费、业务招待费、绿化费、广告费、公证费、法律顾问费、审计费、咨询费、保险费等。

5)利润

利润是指施工单位从事建筑安装工程施工所获得的盈利,由施工企业根据企业自身需求并结合建筑市场实际自主确定。

6)规费

规费是指按国家法律、法规规定,由省级政府和省级有关权力部门规定施工单位必须缴纳或计取,应计入建筑安装工程造价的费用。主要包括社会保险费、住房公积金和工程排污费。

(1)社会保险费,包括养老保险费、失业保险费、医疗保险费、生育保险费、工伤保险费。

①养老保险费:是指企业按照规定标准为职工缴纳的基本养老保险费。

②失业保险费:是指企业按照规定标准为职工缴纳的失业保险费。

③医疗保险费:是指企业按照规定标准为职工缴纳的基本医疗保险费。

④生育保险费:是指企业按照规定标准为职工缴纳的生育保险费。

⑤工伤保险费:是指企业按照规定标准为职工缴纳的工伤保险费。

(2)住房公积金:是指企业按规定标准为职工缴纳的住房公积金。

(3)工程排污费:是指按规定缴纳的施工现场工程排污费。

其他应列而未列入的规费,按实际发生计取。

7)税金

建筑安装工程费用中的税金是指按照国家税法规定的应计入建筑安装工程造价内的增值税额,按税前造价乘以增值税税率确定。如贵州省采用的是一般计税方法,税率为10%。

(1)采用一般计税方法时增值税的计算。当采用一般计税方法时,建筑业增值税税率为10%。计算公式为:

$$增值税＝税前造价×10\% \tag{1-35}$$

其中,税前造价为人工费、材料费、施工机具使用费、企业管理费、利润和规费之和,各费用项目均以不包含增值税可抵扣进项税额的价格计算。

(2)采用简易计税方法时增值税的计算。当采用简易计税方法时,建筑业增值税税率为3%。计算公式为:

$$增值税＝税前造价×3\% \tag{1-36}$$

其中,税前造价为人工费、材料费、施工机具使用费、企业管理费、利润和规费之和,各费用项目均以包含增值税可抵扣进项税额的价格计算。

2.按造价形成划分建筑安装工程费用项目构成

为指导工程造价专业人员计算建筑安装工程造价,将建筑安装工程费用按工程造价形成顺序划分为分部分项工程费、措施项目费、其他项目费、规费和税金(见图1-4)。分部分项工程费、措施项目费、其他项目费包含人工费、材料费、施工机具使用费、企业管理费和利润。

1)分部分项工程费

分部分项工程费是指各专业工程的分部分项工程应予列支的各项费用。各类专业工程的分部分项工程划分遵循国家或行业工程量计算规范的规定。

专业工程是指按现行国家计量规范划分的房屋建筑与装饰工程、仿古建筑工程、通用安装工程、市政工程、园林绿化工程、矿山工程、构筑物工程、城市轨道交通工程、爆破工程等各类工程。

分部分项工程是指按现行国家计量规范对各专业工程划分的项目。如房屋建筑与装饰工程划分的土石方工程、地基处理与桩基工程、砌筑工程、钢筋及钢筋混凝土工程等。分部分项工程费的计算公式为：

$$分部分项工程费 = \sum(分部分项工程量 \times 综合单价) \tag{1-37}$$

其中，综合单价包括人工费、材料费、施工机具使用费、企业管理费和利润，以及一定范围的风险费用。

2）措施项目费

措施项目费是指为完成建设工程施工，发生于该工程施工前和施工过程中的技术、生活、安全、环境保护等方面的费用。内容包括如下。

（1）安全文明施工费，包括环境保护费、文明施工费、安全施工费、临时设施费。

①环境保护费：是指施工现场为达到环保部门要求所需要的各项费用。

②文明施工费：是指施工现场文明施工所需要的各项费用。

③安全施工费：是指施工现场安全施工所需要的各项费用。

④临时设施费：是指施工企业为进行建设工程施工所必须搭设的生活和生产用的临时建筑物、构筑物和其他临时设施费用。包括临时设施的搭设、维修、拆除、清理费或摊销费等。

（2）夜间施工增加费：是指因夜间施工所发生的夜班补助费、夜间施工降效、夜间施工照明设备摊销及照明用电等费用。

（3）二次搬运费：是指因施工场地条件限制而发生的材料、构配件、半成品等一次运输不能到达堆放地点，必须进行二次或多次搬运所发生的费用。

（4）冬雨季施工增加费：是指在冬季或雨季施工需增加的临时设施、防滑、排除雨雪，人工及施工机械效率降低等费用。

（5）已完工程及设备保护费：是指竣工验收前，对已完工程及设备采取的必要保护措施所发生的费用。

（6）工程定位复测费：是指工程施工过程中进行全部施工测量放线和复测工作的费用。

（7）特殊地区施工增加费：是指工程在沙漠或其边缘地区、高海拔、高寒、原始森林等特殊地区施工增加的费用。

（8）大型机械设备进出场及安拆费：是指机械整体或分体自停放场地运至施工现场或由一个施工地点运至另一个施工地点，所发生的机械进出场运输及转移费用及机械在施工现场进行安装、拆卸所需的人工费、材料费、机械费、试运转费和安装所需的辅助设施的费用。

（9）脚手架工程费：是指施工需要的各种脚手架搭、拆、运输费用以及脚手架购置费的摊销（或租赁）费用。

措施项目及其包含的内容详见各类专业工程的现行国家或行业计量规范。

措施项目的计算分为应予计量的措施项目和不宜计量的措施项目两类。其中,应予计量的措施项目基本与分部分项工程费的计算方法基本相同。计算式为:

$$措施项目费＝\sum(措施项目工程量\times综合单价) \tag{1-38}$$

不宜计量的措施项目分为安全文明施工费和其他不宜计量的措施项目。计算式为:

$$安全文明施工费＝计算基数\times安全文明施工费费率 \tag{1-39}$$

其中,计算基数为定额基价、定额人工费、定额人工费与施工机具使用费之和。

$$其他不宜计量的措施费＝计算基数\times措施项目费费率 \tag{1-40}$$

其中,计算基数为定额人工费、定额人工费与施工机具使用费之和。

3)其他项目费

(1)暂列金额:是指建设单位在工程量清单中暂定并包括在工程合同价款中的一笔款项。用于施工合同签订时尚未确定或者不可预见的所需材料、工程设备、服务的采购,施工中可能发生的工程变更、合同约定调整因素出现时的工程价款调整以及发生的索赔、现场签证确认等的费用。

暂列金额由建设单位掌握使用,如扣除合同价款调整后有余额,归建设单位。

(2)计日工:是指在施工过程中,施工企业完成建设单位提出的施工图纸以外的零星项目或工作所需的费用。

计日工由建设单位和施工单位按施工过程中形成的有效签证来计价。

(3)总承包服务费:是指总承包人为配合、协调建设单位进行的专业工程发包,对建设单位自行采购的材料、工程设备等进行保管以及施工现场管理、竣工资料汇总整理等服务所需的费用。

施工单位投标时总承包服务费是自主报价,施工过程中按签约合同价执行。

4)规费和税金

规费和税金的构成和计算与按费用构成要素划分建筑安装工程费用项目组成部分是相同的。

四、建设用地费

任何一个建设项目都固定于一定地点,并与地面相连接,因此必须占用一定量的土地,也就必然要发生为获得建设用地而支付费用。建设用地费,就是指为获得工程项目建设土地的使用权而在建设期内发生的各项费用。

1.建设用地取得方式

建设用地的取得,实质是依法获取国有土地的使用权。获取国有土地使用权的基本方式有两种:一是出让方式,二是划拨方式。此外还包括租赁和转让方式。

1)通过出让方式获取国有土地使用权

国有土地使用权出让,是指国家将国有土地使用权在一定年限内出让给土地使用者,由土地使用者向国家支付土地使用权出让金的行为。土地使用权出让最高年限按下列用途确定:

(1)居住用地 70 年;

(2)工业用地 50 年；

(3)教育、科技、文化、卫生、体育用地 50 年；

(4)商业、旅游、娱乐用地 40 年；

(5)综合或者其他用地 50 年。

通过出让方式获取土地使用权又可以分成两种具体方式：一是通过招标、拍卖、挂牌等竞争出让方式获取国有土地使用权，二是通过协议出让方式获取国有土地使用权。

2)通过划拨方式获取国有土地使用权

国有土地使用权划拨，是指县级以上人民政府依法批准，在土地使用者缴纳补偿、安置等费用后将该土地交付其使用，或者将土地使用权无偿交付给土地使用者使用的行为。

国家对划拨用地有着严格的规定，下列建设用地，经县级以上人民政府依法批准，可以以划拨方式取得：

(1)国家机关用地和军事用地；

(2)城市基础设施用地和公益事业用地；

(3)国家重点扶持的能源、交通、水利等基础设施用地；

(4)法律、行政法规规定的其他用地。

依法以划拨方式取得土地使用权的，除法律、行政法规另有规定外，没有使用期限的限制。因企业改制、土地使用权转让或者改变土地用途等不再符合目录要求的，应当实行有偿使用。

2.建设用地取得的费用

1)征地补偿费

(1)土地补偿费。土地补偿费是对农村集体经济组织因土地被征用而造成的经济损失的一种补偿。征用耕地的补偿费，为该耕地被征用前三年平均年产值的 6~10 倍。征用其他土地的补偿费标准，由省、自治区、直辖市参照征用耕地的土地补偿费标准制定。土地补偿费归农村集体经济组织所有。

(2)青苗补偿费和地上附着物补偿费。青苗补偿费是因征地时对其正在生长的农作物受到损害而做出的一种赔偿。在农村实行承包责任制后，农民自行承包土地的青苗补偿费应付给本人，属于集体种植的青苗补偿费可纳入当年集体收益。凡在协商征地方案后抢种的农作物、树木等，一律不予补偿。地上附着物是指房屋、水井、树木、涵洞、桥梁、公路、水利设施、林木等地面建筑物、构筑物、附着物等。视协商征地方案前地上附着物价值与折旧情况确定，应根据"拆什么，补什么；拆多少，补多少，不低于原来水平"的原则确定。如附着物产权属个人，则该项补助费付给个人。地上附着物的补偿标准，由省、自治区、直辖市规定。

(3)安置补助费。安置补助费应支付给被征地单位和安置劳动力的单位，作为劳动力安置与培训的支出，以及不能就业人员的生活补助。征收耕地的安置补助费，按照需要安置的农业人口数计算，即按照被征收的耕地数量除以征地前被征收单位平均每人占有耕地的数量计算。每一个需要安置的农业人口的安置补助费标准，为该耕地被征收前三年平均年产值的 4~6 倍。但是，每公顷被征收耕地的安置补助费，最高不得超过被征收前三年平均年产值的 15 倍。土地补偿费和安置补助费，尚不能使需要安置的农民保持原有生活水平的,经省、自治区、直辖市人民政府批准,可以增加安置补助费。但是,土地补偿费和安置补助费的总和不得超过土地被征收前三年平均年产值的30倍。

(4)新菜地开发建设基金。新菜地开发建设基金指征用城市郊区商品菜地时支付的费用。这项费用交给地方财政,作为开发建设新菜地的投资。菜地是指城市郊区为供应城市居民蔬菜,连续3年以上常年种菜地或者养殖鱼、虾等的商品菜地和静养鱼塘。一年只种一茬或因调整茬口安排种植蔬菜的,均不作为需要收取开发基金的菜地。征用尚未开发的规划菜地,不缴纳新菜地开发建设基金。在蔬菜产销放开后,能够满足供应,不再需要开发新菜地的城市,不收取新菜地开发基金。

(5)耕地占用税。耕地占用税是对占用耕地建房或者从事其他非农业建设的单位和个人征收的一种税收,按实际占用的面积和规定的税额一次性征收,目的是合理利用土地资源、节约用地,保护农用耕地。耕地占用税征收范围,不仅包括占用耕地,还包括占用鱼塘、园地、菜地及其农业用地建房。其中,耕地是指用于种植农作物的土地。占用前三年曾用于种植农作物的土地也视为耕地。

(6)土地管理费。土地管理费主要作为征地工作中所发生的办公、会议、培训、宣传、差旅、借用人员工资等必要的费用。土地管理费的收取标准,一般是在土地补偿费、青苗费、地上附着物补偿费、安置补助费四项费用之和的基础上提取2%～4%。如果是征地包干,还应在四项费用之和后再加上粮食价差、副食补贴、不可预见费等费用,并在此基础上提取2%～4%作为土地管理费。

2)拆迁补偿费用

在城市规划区内国有土地上实行房屋拆迁,拆迁人应当对被拆迁人给予补偿。

(1)拆迁补偿金。拆迁补偿金包括货币补偿和房屋产权调换。

货币补偿的金额,根据被拆迁房屋的区位、用途、建筑面积等因素,以房地产市场评估价格确定。具体办法由省、自治区、直辖市人民政府制定。

实行房屋产权调换的,拆迁人与被拆迁人按照计算得到的被拆迁房屋的补偿金额和所调换房屋的价格,结清产权调换的差价。

(2)搬迁、安置补助费。拆迁人应当向被拆迁人或者房屋承租人支付拆迁补助费,对于在规定的搬迁期限届满前搬迁的,拆迁人可以支付提前搬家奖励费;在过渡期限内,被拆迁人或者房屋承租人自行安排住处的,拆迁人应当支付临时安置补助费;被拆迁人或者房屋承租人使用拆迁人提供的周转房的,拆迁人不支付临时安置补助费。

搬迁补助费和临时安置补助费的标准,由省、自治区、直辖市人民政府规定。有些地区规定,拆除非住宅房屋,造成停产、停业引起经济损失的,拆迁人可以根据被拆除房屋的区位和使用性质,按照一定标准给予一次性停产停业综合补助费。

3)出让金、土地转让金

土地使用权出让金为用地单位向国家支付的土地所有权收益,出让金标准一般参考城市基准地价并结合其他因素制定。基准地价由市土地管理局会同市物价局、市国有资产管理局、市房地产管理局等部门综合平衡后报市级人民政府审定通过。它以城市土地综合定级为基础,用某一地价或地价幅度表示某一类别用地在某一土地级别范围的地价,以此作为土地使用权出让价格的基础。

在有偿出让和转让土地时,政府对地价不做统一规定,但应坚持以下原则:地价对目前的投资环境不产生大的影响;地价与当地的社会经济承受能力相适应;地价要考虑已投入的土地开发费用、土地市场供求关系、土地用途、所在区类、容积率和使用年限等。有偿出让和转让使用权,要向土地受让者征收契税;转让土地如有增值,要向转让者征收土地增值税;土地使用者每年应按规定的标准缴纳土地使用费。土地使用权出让或转让,应先由地价评估机构进行价格评估后,再签订土地使用权出让和转让合同。

土地使用权出让合同约定的使用年限届满,土地使用者需要继续使用土地的,应当至迟于届满前一年申请续期,除了根据社会公共利益需要收回该幅土地的,应当予以批准。经批准准予续期的,应当重新签订土地使用权出让合同,依照规定支付土地使用权出让金。

五、与项目建设有关的其他费用

1. 建设管理费

建设管理费是指建设单位为组织完成工程项目建设,在建设期内发生的各类管理性费用。包括建设单位管理费、工程监理费、工程总承包管理费。其计算公式为:

$$建设单位管理费＝工程费用×建设单位管理费费率 \tag{1-41}$$

2. 可行性研究费

可行性研究费是指在工程项目投资决策阶段,依据调研报告对有关建设方案、技术方案或生产经营方案进行的技术经济论证,以及编制、评审可行性研究报告所需的费用。

3. 研究试验费

研究试验费是指为建设项目提供或验证设计数据、资料等进行必要的研究实验及按照相关规定在建设过程中必须进行实验、验证所需的费用。

4. 勘察设计费

勘察设计费是指委托勘察设计单位进行工程水文地质勘察、工程设计所发生的各项费用。包括工程勘察费、初步设计费、施工图设计费、设计模型制作费。

5. 专项评价及验收费

专项评价及验收费包括环境影响评价费、安全预评价及验收费、职业病危害预评价及控制效果评价费、地震安全性评价费、地质灾害危险性评级费、水土保持评价及验收费、压覆矿产资源评价费、节能评估及评审费、危险与可操纵性分析及安全完整性评价费以及其他专项评价及验收费。

6. 场地准备及临时设施费

建设项目场地准备费是指为使工程项目的建设场地达到开工条件,由建设单位组织进行的场地平整等准备工作而发生的费用。

建设单位临时设施费是指建设单位为满足工程项目建设、生活、办公的需要,用于临时设施建设、维修、租赁、使用所发生或摊销的费用。

新建项目的场地准备和临时设施费应根据实际工程量估算,或按工程费用的比例计算。改扩建项目一般只计拆除清理费。其计算公式为:

$$场地准备和临时设施费＝工程费用×费率＋拆除清理费 \tag{1-42}$$

7.引进技术和引进设备其他费

引进技术和引进设备其他费是指引进技术和设备发生的但未计入设备购置费中的费用。主要内容包括：

(1)引进项目图纸资料翻译复制费、备品备件测绘费；

(2)出国人员费用；

(3)来华人员费用；

(4)银行担保及承诺费。

8.工程保险费

工程保险费是指转移工程项目建设的意外保险,在建设期内对建筑工程、安装工程、机械设备和人身安全进行投保而发生的费用。包括建筑安装工程一切险、引进设备财产保险和人身意外伤害险等。

9.特殊设备安全监督检验费

特殊设备安全监督检验费是指安全监督部门对在施工现场组装的锅炉及压力容器、压力管道、消防设备、燃气设备、电梯等特殊设备和设施安全检验收取的费用。

10.市政公用设施费

市政公用设施费是指使用市政公用设施的工程项目,按照项目所在地省级人民政府有关规定建设或缴纳的市政公用设施建设配套费用以及绿化工程补偿费用。

六、与未来生产经营有关的费用

1.联合试运转费

联合试运转费是指新建或新增加生产能力的工程项目,在交付生产前按照设计文件规定的工程质量标准和技术要求,对整个生产线或装置进行负荷联合试运转所发生的费用净支出(试运转支出大于收入的差额部分费用)。试运转支出包括试运转所需原材料、燃料及动力消耗、低值易耗品、其他物料消耗、工具用具使用费、机械使用费、保险金、施工单位参加试运转人员工资以及专家指导费等;试运转收入包括试运转期间的产品销售收入和其他收入。联合试运转费不包括应由设备安装工程费用开支的调试及试车费用,以及在试运转中暴露出来的因施工原因或设备缺陷等发生的处理费用。

2.专利及专有技术使用费

专利及专有技术使用费是指在建设期内为取得专利、专有技术、商标权、商誉、特许经营权等发生的费用。主要内容包括：

(1)国外设计及技术资料费、引进有效专利、专有技术使用费和技术保密费；

(2)国内有效专利、专有技术使用费用；

(3)商标权、商誉和特许经营权费等。

3.生产准备费

生产准备费是指在建设期内,建设单位为保证项目正常生产而发生的人员培训费、提前进厂费以及投产使用必备的办公、生活家具用具及工器具等的购置费用。主要内容包括：

（1）人员培训费及提前进厂费,包括自行组织培训或委托其他单位培训的人员工资、工资性补贴、职工福利费、差旅交通费、劳动保护费、学习资料费等;

（2）为保证初期正常生产(或营业、使用)所必需的生产办公、生活家具用具购置费。

生产准备费的计算公式为:

$$生产准备费＝设计定员×生产准备费指标 \tag{1-43}$$

七、预备费

预备费是指在建设期内因各种不可预见因素的变化而预留的可能增加的费用。按我国现行规定,预备费包括基本预备费和价差预备费。

1. 基本预备费

基本预备费是指投资估算或工程概算阶段预留的,由于工程实施中不可预见的工程变更及洽商、一般自然灾害处理、地下障碍物处理、超规超限设备运输等增加的费用,亦可称为工程建设不可预见费。基本预备费一般由以下四部分构成。

（1）工程变更及洽商的费用。在批准的初步设计范围内,技术设计、施工图设计及施工过程中所增加的工程费用;设计变更、工程变更、材料代用、局部地基处理等增加的费用。

（2）一般自然灾害处理的费用。一般自然灾害造成的损失和预防自然灾害所采取的措施费用。实行工程保险的工程项目,该费用应适当降低。

（3）不可预见的地下障碍物处理的费用。

（4）超规超限设备运输增加的费用。

基本预备费是按设备及工器具购置费、建筑安装工程费用和工程建设其他费用三者之和为计取基础,乘以基本预备费费率进行计算。其计算公式为:

$$基本预备费＝(设备及工器具购置费＋建筑安装工程费用＋工程建设其他费用)$$
$$×基本预备费费率 \tag{1-44}$$

基本预备费费率的取值应执行国家及部门的有关规定。

2. 价差预备费

价差预备费是指建设项目在建设期间内由于价格等变化引起工程造价变化的预测预留费用。价差预备费的测算方法,一般根据国家规定的投资综合价格指数,按估算年份价格水平的投资额为基数,采用复利方法计算。其计算公式为:

$$PF = \sum_{t=0}^{n} I_t \left[(1+f)^m (1+f)^{0.5} (1+f)^{t-1} - 1 \right] \tag{1-45}$$

式中:PF——价差预备费;

n——建设期年份数;

I_t——建设期中第 t 年的投资计划额,包括设备及工器具购置费、建筑安装工程费、工程建设其他费用及基本预备费;

f——年均投资价格上涨率;

m——建设前期年限。

【例 1.4】　某建设项目建安工程费 5000 万元,设备购置费 3000 万元,工程建设其他费用 2000 万元,已知基本预备费率 5%,项目建设前期年限为 1 年,建设期为 3 年,各年投资计划额为:第一年完成投资 20%,第二年 60%,第三年 20%。年均投资价格上涨率为 6%,求建设项目建设期间价差预备费。

【解】 基本预备费=(5000+3000+2000)×5%=500(万元)

静态投资=5000+3000+2000+500=10500(万元)

建设期第一年完成投资=10500×20%=2100(万元)

第一年价差预备费为:$PF_1 = I_1\left[(1+f)(1+f)^{0.5}-1\right] = 191.8$(万元)

第二年完成投资=10500×60%=6300(万元)

第二年价差预备费为:$PF_2 = I_2\left[(1+f)(1+f)^{0.5}(1+f)-1\right] = 987.9$(万元)

第三年完成投资=10500×20%=2100(万元)

第三年价差预备费为:$PF_3 = I_3\left[(1+f)(1+f)^{0.5}(1+f)^2-1\right] = 475.1$(万元)

所以,建设项目建设期间价差预备费为:191.8+987.9+475.1=1654.8(万元)

八、建设期利息

建设期利息主要是指在建设期内发生的为工程项目筹措资金的融资费用及债务资金利息。包括向国内银行和其他非银行金融机构贷款、出口信贷、外国政府贷款、国际商业银行贷款以及在境内外发行的债券等在建设期间内应偿还的借款利息。

建设期利息的计算,根据建设期资金用款计划,在总贷款分年均衡发放前提下,可按当年借款在年中支用考虑,即当年借款按半年计息,上年借款按全年计息。其计算公式为:

$$q_j = \left(P_{j-1} + \frac{1}{2}A_j\right) \cdot i \qquad (1\text{-}46)$$

式中:q_j——建设期第 j 年应计利息;

P_{j-1}——建设期第 $(j-1)$ 年末贷款累计金额与利息累计金额之和;

A_j——建设期第 j 年贷款金额;

i——年利率。

【例 1.5】 某新建项目,建设期为 3 年,分年均衡进行贷款,第一年贷款 300 万元,第二年贷款 600 万元,第三年贷款 400 万元,年利率为 12%,建设期内利息只计息不支付,计算建设期利息。

【解】 在建设期,各年利息计算如下:

$$q_1 = \frac{1}{2}A_1 \cdot i = \frac{1}{2} \times 300 \times 12\% = 18(万元)$$

$$q_2 = \left(P_1 + \frac{1}{2}A_2\right) \cdot i = \left(300 + 18 + \frac{1}{2} \times 600\right) \times 12\% = 74.16(万元)$$

$$q_3 = \left(P_2 + \frac{1}{2}A_3\right) \cdot i = \left(318 + 600 + 74.16 + \frac{1}{2} \times 400\right) \times 12\% = 143.06(万元)$$

所以,建设期利息=$q_1+q_2+q_3$=18+74.16+143.06=235.22(万元)

任务三　建筑工程计价概述

一、建筑工程计价的概念

建筑工程计价就是指计算和确定建筑工程的造价。具体是指工程造价人员在项目实施的各个阶段,根据各个阶段的不同要求,遵循计价原则和程序,采用科学的计价方法,对投资项目最可能实现的合理价格做出科学的计算,从而确定投资项目的工程造价,编制工程造价的经济文件。

工程造价通常是指工程项目在建设期(预计或实际)支出的建设费用。由于所处的角度不同,工程造价有不同的含义。

工程造价有两层含义。第一层含义是指建设一项工程预期开支或实际开支的全部固定资产投资费用,包括设备工器具购置费、建筑安装工程费、工程建设其他费、预备费、建设期贷款利息和固定资产投资方向调节税费用。第二层含义是从发承包的角度来定义,工程造价是工程承发包价格。对于发包方和承包方来说,就是工程承发包范围以内的建造价格。建设项目总承发包有建设项目工程造价,某单项工程的建筑安装任务的承发包有该单项工程的建筑安装工程造价,某工程二次装饰分包有装饰工程造价等。

工程造价具有大额性、个别性和差异性、动态性、层次性及兼容性等特点,因此工程计价的内容、方法及表现形式也就各不相同。业主或其委托的咨询单位编制的建设项目的投资估算价、设计概算价、标底价、承包商或分包商提出的报价都是工程计价的不同表现形式。

二、建筑工程计价的特点

1.计价的单件性

建设工程产品的个别差异性决定了每项建设项目都必须单独计算造价。每项建设项目都有其特点、功能与用途,导致其结构不同。项目所在地的气象、地质、水文等自然条件以及社会经济等都会直接或间接地影响建设项目的计价。因此,每一个建设项目都必须根据其具体情况进行单独计价,任何建设项目的计价都是按照特定空间、一定时间来进行的。即便是完全相同的建设项目,由于建设地点或建设时间不同,也必须进行单独计价。

2.计价的多次性

建设项目建设周期长、规模大、造价高,这就要求在工程建设的各个阶段多次计价,并对其进行监督和控制,以保证工程造价计算的准确性和控制的有效性。多次性计价特点决定了工程造价不是固定、唯一的,而是随着工程的进行逐步接近实际造价。对于大型建设项目,其计价过程如图 1-5 所示。

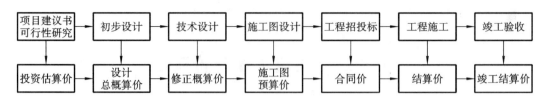

图 1-5　多次性计价过程

3.计价的组合性

工程造价的计算是逐步组合而成的,一个建设项目总造价由各个单项工程造价组成,一个单项工程造价由各个单位工程造价组成,一个单位工程造价按分部分项工程计算得出,这充分体现了计价组合的特点。可见,工程计价过程是:分部分项工程造价—单位工程造价—单项工程造价—建设项目总造价。

4.计价方法的多样性

工程造价在各个阶段具有不同的作用,而且各个阶段对建设项目的研究深度也有很大的差异,因而工程造价的计价方法是多种多样的。在可行性研究阶段,工程造价的计价多采用设备系数法、生产能力指数估算法等。在设计阶段,尤其是施工图设计阶段,设计图纸完整,细部构造及做法均有大样图,工程量已能准确计算,施工方案比较明确,则多采用定额法或实物法等。

5.计价依据的复杂性

工程造价的构成复杂、影响因素多,且计价方法多种多样,因此计价依据的种类也很多,主要可分为以下七类。

(1)设备和工程量的计算依据,包括项目建议书、可行性研究报告、设计文件等。

(2)计算人工、材料、机械等实物消耗量的依据,包括各种定额。

(3)计算工程资源单价的依据,包括人工单价、材料单价、机械台班单价等。

(4)计算设备单价的依据。

(5)计算各种费用的依据。

(6)政府规定的税、费依据。

(7)调整工程造价的依据,如造价文件规定、物价指数、工程造价指数等。

三、建设工程计价的类型

我国现行规定的建设工程计价模式主要有定额计价模式和工程量清单计价模式两种。

1.定额计价模式

建设工程定额计价模式是我国长期以来在工程价格形成中采用的计价模式,是国家通过颁布统一的估价指标、概算定额、预算定额和相应的费用定额对建筑产品价格有计划管理的一种方式。在计价中以定额为依据,按定额规定的分部分项子目逐项计算工程量,套用定额单价(或单位估价表)确定直接费,然后按规定收费标准确定构成工程价格的其他费用和利税,最后汇总即可获得建筑安装工程造价。

建设工程概预算书就是根据不同设计阶段设计图纸和国家规定的定额、指标及各项费用取费标准等资料,预先计算的新建、扩建、改建工程的投资额的技术经济文件。由建设工程概预算书确定的每一个建设项目、单项工程或单位工程的建设费用实质上就是相应工程的计划价格。

工程造价定额模式计价的基本方法和程序如下:

$$直接工程费单价＝人工费＋材料费＋施工机械使用费 \tag{1-47}$$

其中

$$人工费＝\sum(人工工日数量×人工日工资标准) \tag{1-48}$$

$$材料费＝\sum(材料用量×材料基价)＋检验试验费 \tag{1-49}$$

$$施工机械使用费＝\sum(机械台班用量×台班单价) \tag{1-50}$$

$$单位工程直接费＝\sum(假定建筑产品工程量×直接工程费单价)＋措施费 \tag{1-51}$$

$$单位工程概预算造价＝单位工程直接费＋间接费＋利润＋税金 \tag{1-52}$$

$$单项工程概算造价＝\sum单位工程概预算造价＋设备、工器具购置费 \tag{1-53}$$

$$建设项目全部工程概算造价＝\sum单项工程的概算造价＋预备费＋有关的其他费用$$
$$\tag{1-54}$$

长期以来,我国发承包计价以工程概预算定额为主要依据。因为工程概预算定额是我国几十年计价实践的总结,具有一定的科学性和实践性,所以用这种方法计算和确定工程造价过程,简单快速、比较准确,也有利于工程造价管理部门的管理。但预算定额是按照计划经济的要求制定、发布、贯彻执行的,定额中人工、材料、机械的消耗量是根据"社会平均水平"综合测定的,费用标准是根据不同地区平均测算的,因此企业采用这种模式报价时就会表现为平均主义,企业不能结合项目具体情况、自身技术优势、管理水平和材料采购渠道价格进行自主报价,不能充分调动企业加强管理的积极性,也不能充分体现市场公平竞争的基本原则。

2.工程量清单计价模式

工程量清单计价是建设工程招标投标中,按照国家统一的工程量清单计价规范,招标人自行或者委托具有资质的中介机构编制反映工程实体消耗和措施消耗的工程量清单,并作为招标文件的一部分提供给投标人,由投标人根据工程量清单和《建设工程工程量清单计价规范》的规定等为依据而填写、计算和确定工程造价的一种计价模式。建设工程工程量清单计价表(即投标报价文件)的填写、计算与编制,是以招标文件、合同条件、建设工程工程量清单、施工设计图纸、国家技术经济规范和标准、投标人制定的施工组织设计或施工方案为依据,按照"企业定额"及"市场信息价",并结合建筑承包企业的施工技术水平和管理水平等,由投标人自主确定。

采用定额计价模式所确定的工程造价是按照我国现行建设行政主管部门发布的工程预算定额消耗量和有关费用及相应价格编制的,反映的是社会平均水平,以此为依据形成的工程造价基本上属于社会平均价格。这种平均价格可作为市场竞争的参考价格,但不能充分反映参与竞争企业的实际消耗和技术管理水平,在一定程度上限制了企业的公平竞争。

而工程量清单计价模式是一种主要由市场定价的计价模式,是由建设产品的买方和卖方在建设市场上根据供求状况、信息状况进行自由竞价,从而最终能够签订工程合同价格的方法。

工程量清单模式计价的基本方法和程序如下:

$$分部分项工程费=\sum 分部分项工程量 \times 相应分部分项综合单价 \qquad (1-55)$$

$$措施项目费=\sum 各措施项目费 \qquad (1-56)$$

$$其他项目费=暂列金额+暂估价+计日工+总承包服务费 \qquad (1-57)$$

$$单位工程报价=分部分项工程费+措施项目费+其他项目费+规费+税金 \quad (1-58)$$

$$单项工程报价=\sum 单位工程报价 \qquad (1-59)$$

$$建设项目总报价=\sum 单项工程报价 \qquad (1-60)$$

由于工程量清单计价模式需要比较完善的企业定额体系以及较高的市场化环境,短期内难以全面铺开。因此,目前我国建设工程造价实行"双轨制"计价管理办法,即定额计价法和工程量清单计价法同时实行。但工程量清单计价是将来我国工程造价计价的发展方向。

3.定额计价模式与工程量清单计价模式的区别

1)计价依据不同

定额计价是根据统一的预算定额、费用定额、调价系数,由政府实行定价。

清单计价是实行企业定额,由市场竞争定价。

2)计价项目划分不同

(1)定额计价模式中计价项目的划分以施工工序为主,内容单一(有一个工序即有一个计价项目)。而清单计价模式中计价项目的划分以工程实体为对象,项目综合度较大,将形成某实体部位或构件必需的多项工序或工程内容并为一体,能直观地反映出该实体的基本价格。如:砖砌化粪池按座综合了挖土方、作垫层、池底板、砌砖池、抹灰、回填等工序或工程内容;锚杆支护综合了钻孔、制浆、压浆、锚杆制作、张拉锚、喷射砂浆等工序或工程内容。

(2)定额计价模式中计价项目的工程实体与措施合二为一,即该项目既有实体因素又包含措施因素。而清单计价模式工程量计算方法是将实体部分与措施部分分离,有利于业主、企业视工程实际自主组价,实现了个别成本控制。

(3)定额计价模式的项目划分中着重考虑了施工方法因素,从而限制了企业优势的展现。而清单计价模式的项目中不再与施工方法挂钩,而是将施工方法的因素放在组价中由计价人考虑。

3)工程量计算规则不同

定额计价模式按分部分项工程的实际发生量计量。而清单计价模式则按分部分项实物工程量净量计量,当分部分项子目综合多个工程内容时,以主体工程内容的单位为该项目的计量单位。比如:挖 10 m 长,底面宽为 1.8 m,深 2 m 的砖基础土方,定额计价的工程量计算要考虑增加工作面及放坡因素,为$(1.8+2 \times 0.2+2 \times 0.33) \times 2 \times 10=57.2 \ m^3$,清单计价中工程量的计算不考虑增加工作面及放坡,为 $1.8 \times 2 \times 10=36 \ m^3$。又如清单计价的挖基础土方中包括破桩头的工程内容时,无论破桩头的工程量多大均以挖基础土方的工程量为单位计价,破桩头不再单列工程量。

4)编制工程量清单的时间不同

定额计价模式在发出招标文件后,由招标人与投标人同时编制或投标人编制好后再由招标人进行审核。工程量清单计价模式必须在发出招标文件之前编制,因为工程量清单是招标文件的重要组成部分,各投标单位要根据统一的工程量清单,结合自身的管理水平、技术水平和施工经验等填报单价。定额计价模式通常是总价形式,工程量清单计价模式采用综合单价的形式。

5)编制工程量的单位不同

定额计价模式编制工程量的方法是将建设工程的工程量分别交由招标单位和投标单位按照施工图纸计算。工程量清单计价模式编制工程量的方法是由招标单位统一计算或者委托有工程造价咨询资质的单位计算。

6)投标计算口径不同

定额计价模式招标是各投标单位各自计算工程量,因此计算出的工程量均不一致。工程量清单计价模式招标是各投标单位根据统一的工程量清单报价,因此达到了招标人计算口径的统一。

7)合同价款的调整方式不同

定额计价模式的合同价款的调整方式包括变更签证和政策性调整等,工程量清单计价模式主要是索赔。

8)项目编码不同

定额计价模式在全国各省市采用不同的定额子目。工程量清单计价模式则是全国实行统一的十二位阿拉伯数字编码。阿拉伯数字从一到九为统一编码,其中一、二位为专业计算规范代码,三、四位为专业工程顺序码,五、六位为分部工程顺序码,七、八、九位为分项工程顺序码,十、十一、十二位为清单项目名称顺序码。前九位编码不能变动,后三位编码由清单编制人根据项目设置的清单项目编制。

【复习思考题】

1.什么是建筑工程建设?

2.简述建筑工程建设的基本程序。

3.工程建设项目是如何划分的?

4.简述我国现行建筑工程项目造价的构成。

5.建筑工程计价的特点是什么?

6.定额计价模式与工程量清单计价模式有何区别?

项目一　技能训练题

项目二　建筑工程定额计价

任务一　建筑工程定额

一、建筑工程定额概念

(一)定额的概念

"定"是规定;"额"是额度或限度。定额就是规定的额度或限度,是人们根据不同的需要,对某一事物规定的数量标准。就产品生产而言,定额反映生产成果与生产要素之间的数量关系。在某产品的生产过程中,定额反映在现有的社会生产力水平条件下,为完成一定计量单位质量合格的产品,所必须消耗一定数量的人工、材料、机械台班的数量标准。

(二)建筑工程定额的概念

建筑工程定额是指在正常的施工条件下,完成一定计量单位的合格建筑产品所必须消耗的人工、材料和机械台班的数量标准。

例如,某省建筑工程预算定额规定:用 M5 水泥砂浆砌筑 10 m³ 砖基础,所需人工10.96工日;M5 水泥砂浆 2.399 m³、标准砖 5262 块、水 1.05 m³;灰浆搅拌机(200L)0.4 台班。

二、建筑工程定额分类

建筑工程定额是一个综合概念,包括的定额种类很多,根据不同的分类方法,可以分为不同的类别。具体的分类方法如图 2-1 所示。

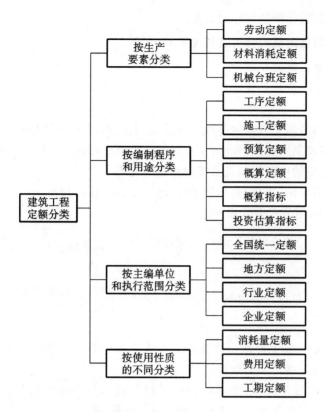

图 2-1 建筑工程定额分类

任务二 建筑工程人工、材料、机械台班消耗量定额的确定

建筑工程消耗量定额也就是施工定额,是由人工消耗量定额、材料消耗量定额和机械台班消耗量定额组成,是最基本的定额,是施工企业直接用于建筑工程施工管理的一种定额。消耗量定额是以同一性质的施工过程或工序为测定对象,确定建筑安装工人在正常施工条件下,为完成单位合格产品所需人工、材料、机械消耗和数量标准。

一、人工消耗量的确定

(一)人工消耗量定额的概念

人工消耗量定额也称劳动消耗定额,是建筑安装工程统一劳动定额的简称。它是指完成施工分项工程所需消耗的人力资源量,也就是指在正常的施工条件下,某等级工人在单位时间内完成单位合格产品的数量或完成单位合格产品所需的劳动时间。这个标准是国家和企业对工人在单位时间内的劳动数量、质量的综合要求,也是建筑施工企业内部组织生产、编制施工作业计划、签发施工任务单、考核工效、计算超额奖或计算工资,以及承包中计算人工和进行经济核算等的依据。

(二)人工消耗量定额的分类及其关系

1.人工消耗量定额的分类

人工消耗量定额按其表现形式的不同,分为时间定额和产量定额。

1)时间定额

时间定额是指某部工种某一等级的工人或工人小组在合理的劳动组织等施工条件下,完成单位合格产品所必须消耗的工作时间。定额时间包括准备与结束工作时间、基本作业时间、不可避免的中断时间及必需的休息时间等。

时间定额一般采用"工日"为计量单位,每一工日工作时间按 8 h 计算,即工日/m³、工日/m²、工日/m 等,用公式表示如下:

$$单位产品时间定额(工日)=\frac{1}{每工产量} \tag{2-1}$$

或

$$单位产品时间定额(工日)=\frac{小组成员工日数总和}{小组台班产量} \tag{2-2}$$

2)产量定额

产量定额是指某部工种某一等级的工人或工人小组在合理的劳动组织施工条件下,在单位时间内完成合格产品的数量。

产量定额的计量单位,通常是以一个工日完成合格产品的数量标志,即 m³/工日、m²/工日、m/工日等,每一个工日工作时间按 8 h 计算,用公式表示如下:

$$产量定额=\frac{产品数量}{劳动时间} \tag{2-3}$$

2.时间定额和产量定额的关系

$$时间定额×产量定额=1 \tag{2-4}$$

$$时间定额=\frac{1}{产量定额} \tag{2-5}$$

3.工作时间

研究施工中的工作时间,最主要的目的是确定施工的时间定额和产量定额,其前提是对工作时间按其消耗性质进行分类,以便研究工时消耗的数量及其特点。

工作时间指的是工作班延续时间。例如 8 小时工作制的工作时间就是 8 小时,午休时间不包括在内。对工作时间消耗的研究可以分为两个系统进行,即工人工作时间消耗和工人所使用的机器工作时间消耗。

1)工人工作时间

(1)定额时间。定额时间是指工人在正常施工条件下,为完成一定数量的产品或任务所必须消耗的工作时间。内容包括以下几个方面。

①有效工作时间:是指从生产效果来看与产品生产直接有关的时间消耗,其中包括基本工作时间、辅助工作时间、准备与结束工作时间的消耗。

a.基本工作时间是指工人完成能生产一定产品的施工工艺过程所消耗的时间。通过这些工艺过程可以使材料改变外形,如钢筋煨弯等;可以改变材料的结构与性质,如混凝土制品的养护干燥等;可以使预制构配件安装组合成型;也可以改变产品外部及表面的性质,如粉刷、油漆等。基本工作时间所包括的内容依工作性质各不相同。基本工作时间的长短与工作量大小成正比。

b.辅助工作时间是指为保证基本工作能顺利完成所消耗的时间。在辅助工作时间里,不能使产品的形状大小、性质或位置发生变化。辅助工作时间的结束,往往就是基本工作时间的开始。辅助工作一般是手工操作。但如果在机手并动的情况下,辅助工作是在机械运转过程中进行的,为避免重复则不应再计辅助工作时间的消耗。辅助工作时间长短与工作量大小有关。

c.准备与结束工作时间是指执行任务前或任务完成后所消耗的工作时间。如工作地点、劳动工具和劳动对象的准备工作时间,工作结束后的整理工作时间等。准备和结束工作时间的长短与所担负的工作量大小无关,但往往和工作内容有关。这项时间消耗可以分为班内的准备与结束工作时间、任务的准备与结束工作时间。其中,任务的准备与结束时间是在一批任务的开始与结束时产生的,如熟悉图纸、准备相应的工具、事后清理场地等,通常不反映在每一个工作班里。

②休息时间:是指工人在工作过程中为恢复体力所必需的短暂休息和生理需要的时间消耗。这种时间是为了保证工人精力充沛地进行工作,所以在定额时间中必须进行计算。休息时间的长短与劳动条件、劳动强度有关,劳动越繁重、紧张,劳动条件越差(如高温),则休息时间越长。

③不可避免的中断所消耗的时间:是指由于施工工艺特点引起的工作中断所必需的时间。与施工过程工艺特点有关的工作中断时间,应包括在定额时间内,但应尽量缩短此项时间消耗。

(2)非定额时间,具体内容包括以下几个方面。

①多余和偶然工作时间。多余工作指工人进行了任务以外而又不能增加产品数量的工作,如重砌质量不合格的墙体。多余工作的工时损失一般都是工程技术人员的差错引起的,因此不应计入定额时间。偶然工作也是工人在任务外进行的工作,但能够获得一定产品,如抹灰工不得不补上偶然遗留的墙洞等。由于偶然工作能获得一定产品,拟定定额时要适当考虑它的影响。

②停工时间:是指工作班内停止工作造成的工时损失。停工时间按其性质可分为施工本身造成的停工时间和非施工本身造成的停工时间两种。施工本身造成的停工时间是施工组织不善、材料供应不及时、工作面准备工作做得不好、工作地点组织不良等情况引起的停工时间。非施工本身造成的停工时间是水源、电源中断引起的停工时间。前一种情况在拟定定额时不应该计算,后一种情况定额中则应给予合理的考虑。

③违背劳动纪律造成的工作时间损失:是指工人在工作班开始和午休后的迟到、午饭前和工作班结束前的早退、擅自离开工作岗位、工作时间内聊天或办私事等造成的工时损失。由于个别工人违背劳动纪律而影响其他工人无法工作的时间损失也包括在内。

2)机器工作时间

机器工作时间是由机械本身的特点决定的,因此机械工作时间的分类与工人工作时间的分类有所不同,例如在必须消耗的时间中所包含的有效工作时间的内容不同。

（1）定额时间。

①有效工作时间：包括正常负荷下的工作时间、有根据地降低负荷下的工作时间。

②不可避免的无负荷工作时间：是指由施工过程的特点和机械结构的特点造成的机械无负荷工作时间，例如筑路机在工作区末端调头等就属于此项工作时间的消耗。

③不可避免的中断时间：是指与工艺过程的特点、机器的使用和保养、工人休息有关的中断时间，例如汽车装卸货物时的停车时间，工人休息时的停机时间等。

（2）非定额时间。

①机器的多余工作时间。机器的多余工作时间包括两种：一是机器进行任务内和工艺过程内未包括的工作而延续的时间，如工人没有及时供料而使机器空运转的时间；二是机械在负荷下所做的多余工作，如混凝土搅拌机搅拌混凝土时超过规定的搅拌时间即属于多余工作时间。

②机器的停工时间。机器的停工时间按其性质也可分为施工本身造成和非施工本身造成的停工。前者是施工组织得不好引起的停工现象，如未及时供给机器燃料引起的停工；后者是气候条件引起的停工现象，如暴雨时压路机的停工。上述停工中延续的时间均为机器的停工时间。

③违反劳动纪律的停工时间。违反劳动纪律的停工时间是工人迟到早退或擅离岗位等原因引起的机器停工时间。

（三）人工定额消耗量的确定

时间定额和产量定额是人工定额的两种表现形式。拟定出时间定额，也就可以计算出产量定额。

在全面分析了各种影响因素的基础上，通过计时观察资料可以获得定额的各种必需消耗时间。将这些时间进行归纳，根据不同的工时规范经过换算，最后把各种定额时间加以综合和类比就可得到整个工作过程的人工消耗的时间定额。

1.确定工序作业时间

通过计时观察资料的分析和选择可以获得各种产品的基本工作时间和辅助工作时间，将这两种时间合并，称为工序作业时间。它是产品主要的必需消耗的工作时间，是各种因素的集中反映，决定着整个产品的定额时间。

1）拟定基本工作时间

基本工作时间在必需消耗的工作时间中占的比重最大。在确定基本工作时间时必须细致、精确。基本工作时间消耗一般应根据计时观察资料来确定。其做法是，首先确定工作过程每一组成部分的工时消耗，然后再综合出工作过程的工时消耗。如果组成部分的产品计量单位和工作过程的产品计量单位不符，就需先求出不同计量单位的换算系数；进行产品计量单位的换算，然后再相加，求得工作过程的工时消耗。

【例2.1】 砌砖墙勾缝的计量单位是 m²，但若将勾缝作为砌砖墙施工过程的一个组成部分对待，即将勾缝时间按砌墙厚度和砌体体积计算，设每平方米墙面所需的勾缝时间为 10 min，试求各种不同墙厚每立方米砌体所需的勾缝时间。

【解】 ①一砖厚的砖墙，其每立方米砌体墙面面积的换算系数为 $\frac{1}{0.24}=4.17$，则每立

方米砌体所需的勾缝时间是

$$4.17 \times 10 = 41.7(\text{min})$$

②一砖半厚的砖墙,其每立方米砌体墙面面积的换算系数为$\dfrac{1}{0.365} = 2.76$,则每立方米砌体所需的勾缝时间是

$$2.76 \times 10 = 27.6(\text{min})$$

2)拟定辅助工作时间

辅助工作时间的确定方法与基本工作时间相同。如果在计时观察时不能取得足够的资料,也可采用工时规范或经验数据来确定。如有现行的工时规范,可以直接利用工时规范中规定的辅助工作时间的百分比来计算。

2.确定规范时间

规范时间包括工序作业时间以外的准备与结束时间、不可避免的中断时间以及休息时间。

1)确定准备与结束时间

准备与结束工作时间分为工作日和任务两种。任务的准备与结束时间通常不能集中在某一个工作日中,而要采取分摊计算的方法分摊在单位产品的时间定额里。如果在计时观察资料中不能取得足够的准备与结束时间的资料,也可根据工时规范或经验数据来确定。

2)确定不可避免的中断时间

在确定不可避免的中断时间的定额时必须注意,由工艺特点引起的不可避免中断才可列入工作过程的时间定额。不可避免中断时间也需要根据计时观察资料通过整理分析获得,也可以根据经验数据或工时规范以占工作日的百分比表示此项工时消耗的时间定额。

3)拟定休息时间

休息时间应根据工作班作息制度、经验资料、计时观察资料以及对工作的疲劳程度作全面分析来确定,同时应考虑尽可能利用不可避免中断时间作为休息时间。规范时间均可利用工时规范或经验数据确定。

3.拟定定额时间

确定的基本工作时间、辅助工作时间、准备与结束工作时间、不可避免中断时间与休息时间之和就是劳动定额的时间定额。根据时间定额可计算出产量定额,时间定额和产量定额互成倒数。

利用工时规范可以计算劳动定额的时间定额,计算公式为:

$$工序作业时间 = 基本工作时间 + 辅助工作时间 \tag{2-6}$$

$$规范时间 = 准备与结束工作时间 + 不可避免的中断时间 + 休息时间 \tag{2-7}$$

$$工序作业时间 = 基本工作时间 + 辅助工作时间 = 基本工作时间/[1 - 辅助时间(\%)] \tag{2-8}$$

$$定额时间 = \frac{工序作业时间}{1 - 规范时间(\%)} \tag{2-9}$$

【例 2.2】 通过计时观察资料得知,人工挖二类土 1 m³ 的基本工作时间为 6 h,辅助工作时间占工序作业时间的 2%。准备与结束工作时间、不可避免的中断时间、休息时间分别占工作日的 3%、2%、18%,问:该人工挖二类土的时间定额是多少?

【解】 基本工作时间 $=6$ h $=0.75($工日 $/$ m³ $)$

工序作业时间 $=0.75/(1-2\%)=0.765($工日 $/$ m³ $)$

时间定额 $=0.765/(1-3\%-2\%-18\%)=0.994($工日 $/$ m³ $)$

二、材料消耗量的确定

(一)材料消耗量定额的概念

材料消耗量定额是指在先进合理的施工条件下和合理使用材料的情况下,生产质量合格的单位产品所必须消耗的建筑安装材料的数量标准。

在工程建设中,建筑材料品种繁多,耗用量大,占工程费用的比例较大,在一般工业与民用建筑工程中,其材料费占整个工程费用的 60%~70%。因此,用科学的方法正确地制定材料消耗定额,可以保证合理地供应和使用材料,减少材料的积压和浪费,这对于保证施工顺利进行、降低产品价格和控制工程成本有着极其重要的意义。

(二)施工中材料消耗的组成

施工中材料的消耗可分为必需的材料消耗和损失的材料消耗两类。必需消耗的材料是指在合理用料的条件下生产合格产品所需消耗的材料,它包括直接用于建筑和安装工程的材料、不可避免的施工废料和不可避免的材料损耗。

必需消耗的材料属于施工正常消耗,是确定材料消耗定额的基本数据。其中,直接用于建筑和安装工程的材料编制材料净用量定额,不可避免的施工废料和材料损耗编制材料损耗定额。

材料各种类型的损耗量之和称为材料损耗量,除去损耗量之后用于工程实体上的数量称为材料净用量,材料净用量与材料损耗量之和称为材料总消耗量,损耗量与总消耗量之比称为材料损耗率,它们之间的关系可用公式表示为:

$$损耗率=\frac{损耗量}{总消耗量}\times100\% \tag{2-10}$$

$$总消耗量=\frac{净用量}{1-损耗率} \tag{2-11}$$

或

$$总消耗量=净用量+损耗量 \tag{2-12}$$

为了简便,通常将损耗量与净用量之比,作为损耗率,即

$$损耗率=\frac{损耗量}{净用量}\times100\% \tag{2-13}$$

$$总消耗量=净用量\times(1+损耗率) \tag{2-14}$$

(三)材料消耗量的确定

确定实体材料的净用量定额和材料损耗定额的计算数据是通过现场技术测定、实验

室试验、现场统计和理论计算等方法获得的。

1.现场技术测定法

现场技术测定法又称为观测法,是根据对材料消耗过程的测定与观察,通过完成产品数量和材料消耗量的计算而确定各种材料消耗定额的一种方法。现场技术测定法主要适用于确定材料损耗量,因为该部分数值用统计法或其他方法较难得到。通过现场观察还可以区别出哪些是可以避免的损耗,哪些属于难以避免的损耗,明确定额中不应列入可以避免的损耗。

2.实验室试验法

实验室试验法主要用于编制材料净用量定额。通过试验,能够对材料的结构、化学成分和物理性能以及按强度等级控制的混凝土、砂浆、沥青、油漆等配比作出科学的结论,给编制材料消耗定额提供有技术根据的、比较精确的计算数据。但其缺点在于无法考虑施工现场某些因素对材料消耗量的影响。

3.现场统计法

现场统计法是以施工现场积累的分部分项工程使用材料数量、完成产品数量、完成工作原材料的剩余数量等统计资料为基础,经过整理分析获得材料消耗的数据的方法。这种方法由于不能分清材料消耗的性质,因而不能作为确定材料净用量定额和材料损耗定额的依据,只能作为编制定额的辅助性方法使用。

上述三种方法的选择必须符合国家有关标准规范,即材料的产品标准,计量要使用标准容器和称量设备,质量符合施工验收规范要求,以保证获得可靠的定额编制依据。

4.理论计算法

理论计算法是运用一定的数学公式计算材料消耗定额的方法。下面就理论计算法进行详细介绍。

1)标准砖墙材料用量计算

每立方米砖墙的用砖数和砌筑砂浆的用量可用下列理论计算公式计算各自的净用量。

用砖数:

$$A = \frac{1}{墙厚 \times (砖长 + 灰缝) \times (砖厚 + 灰缝)} \times K \qquad (2\text{-}15)$$

式中:K——墙厚的砖数$\times 2$。

砂浆用量:

$$B = 1 - 砖数 \times 每块砖体积 \qquad (2\text{-}16)$$

【例2.3】　计算$1\ m^3$标准砖外墙砌体砖数和砂浆的净用量(标准砖尺寸为240 mm×115 mm×53 mm,灰缝为10 mm)。

【解】

$$砖净用量 = \frac{1}{0.24 \times (0.24 + 0.01) \times (0.053 + 0.01)} \times 1 \times 2 = 529(块)$$

$$砂浆净用量 = 1 - 529 \times (0.24 \times 0.115 \times 0.053) = 0.226(m^3)$$

2)块料面层的材料用量计算

【例2.4】　用1∶1水泥砂浆贴150 mm×150 mm×5 mm瓷砖墙面,结合层厚度为10 mm,试计算每100 m^2瓷砖墙面中瓷砖和砂浆的消耗量(灰缝宽为2 mm,深为5 mm)。假设瓷砖损耗率为1.5%,砂浆损耗率为1%。

【解】 每100 m² 瓷砖墙面中瓷砖的净用量 $= \dfrac{100}{(0.15+0.002)\times(0.15+0.002)} = $ 4328.25(块)

每100 m² 瓷砖墙面中瓷砖的总消耗量 $= 4328.25\times(1+1.5\%) = 4393.17$(块)

每100 m² 瓷砖墙面中结合层砂浆净用量 $= 100\times0.01 = 1(\text{m}^3)$

每100 m² 瓷砖墙面中灰缝砂浆净用量 $= [100-(4328.25\times0.15\times0.15)]\times0.005 = 0.013(\text{m}^3)$

每100 m² 瓷砖墙面中水泥砂浆净用量 $= (1+0.013)\times(1+1\%) = 1.02(\text{m}^3)$

三、机械台班消耗量的确定

(一)机械台班消耗定额的概念

机械台班消耗定额,或称机械台班使用定额,是指在正常的施工机械生产条件下,为生产单位合格工程施工产品或某项工作所必需消耗的机械工作时间标准,或者在单位时间内使用施工机械所应完成的合格工程施工产品的数量。

(二)机械台班消耗定额的分类及其关系

机械台班定额以台班为单位,每一台班按8 h计算,其表达式有机械时间定额和机械产量定额两种。

1. 机械时间定额

机械时间定额是指在合理劳动组织与合理使用机械条件下,完成单位合格产品所必需的工作时间,包括有效工作时间、不可避免的中断时间、不可避免的无负荷工作时间。机械时间定额以"台班"表示,即一台机械工作一个作业班时间,一个作业班时间为8 h。

$$单位产品机械时间定额(台班) = \frac{1}{台班产量} \tag{2-17}$$

机械必须由工人小组配合,因此完成单位合格产品的时间定额,应列入人工时间定额,即

$$单位产品人工时间定额(工日) = \frac{小组成员总人数}{台班产量} \tag{2-18}$$

2. 机械产量定额

机械产量定额是指在合理劳动组织与合理使用机械条件下,机械在每个台班时间内完成合格产品的数量。

$$机械产量定额 = \frac{1}{机械时间定额(台班)} \tag{2-19}$$

机械时间定额和机械产量定额互为倒数关系。

(三)机械台班消耗量的确定

1. 确定机械一小时纯工作正常生产率

机械纯工作时间就是指机械的必需消耗时间。机械一小时纯工作正常生产率就是在正常施工组织条件下具备必需的知识和技能的技术工人操纵机械一小时的生产率。

机械工作特点不同,机械一小时纯工作正常生产率的确定方法也有所不同。

1)对于循环动作机械

确定机械纯工作一小时正常生产率的计算公式为:

机械一次循环的正常延续时间＝$\sum$(循环各组成部分正常延续时间)－交叠时间

$$(2\text{-}20)$$

$$机械纯工作1\,h循环次数＝\frac{60\times60(s)}{一次循环的正常延续时间} \qquad (2\text{-}21)$$

机械纯工作1 h正常生产率＝机械纯工作1 h正常循环次数×一次循环生产的产品数量

$$(2\text{-}22)$$

2)对于连续动作机械

进行机械纯工作一小时正常生产率要根据机械的类型、结构特征以及工作过程的特点来确定。其计算公式为:

$$连续动作机械纯工作1\,h正常生产率＝\frac{工作时间内生产的产品数量}{工作时间(h)} \qquad (2\text{-}23)$$

工作时间内的产品数量和工作时间的消耗要通过多次现场观察和机械说明书来取得数据。

2. 确定施工机械的正常利用系数

施工机械的正常利用系数是指机械在工作班内对工作时间的利用率。机械的利用系数和机械在工作班内的工作状况有着密切的关系,所以要确定机械台班定额消耗量,就要确定机械的正常利用系数。首先要拟定机械工作班的正常工作状况,保证合理利用工时。机械正常利用系数的计算公式为:

$$机械正常利用系数＝\frac{机械在一个工作班内纯工作时间}{一个工作班延续时间(8\,h)} \qquad (2\text{-}24)$$

3. 计算施工机械台班定额

计算施工机械定额是编制机械定额工作的最后一步。在确定了机械工作正常条件、机械一小时纯工作正常生产率和机械正常利用系数之后采用下列公式计算施工机械的产量定额,即

施工机械台班产量定额＝机械1 h纯工作正常生产率×工作班纯工作时间 (2-25)

或

施工机械台班产量定额＝机械1 h纯工作正常生产率×工作班延续时间

×机械正常利用系数 $$(2\text{-}26)$$

$$施工机械时间定额＝\frac{1}{机械台班产量定额} \qquad (2\text{-}27)$$

【例2.5】 某工程现场采用出料容量500 L的混凝土搅拌机,每一次循环中装料、搅拌、卸料、中断需要的时间分别为1 min、3 min、1 min、1 min,机械正常利用系数为0.9,求该机械的台班产量定额。

【解】 该搅拌机一次循环的正常延续时间＝1＋3＋1＋1＝6(min)＝0.1(h)

该搅拌机纯工作1 h循环次数＝10(次)

$$该搅拌机纯工作 1\ h\ 正常生产率＝10×500＝5000(L)＝5(m^3)$$
$$该搅拌机台班产量定额＝5×8×0.9＝36(m^3／台班)$$

任务三　建筑工程人工、材料、施工机械台班单价的确定

一、人工单价的确定

(一)人工单价的概念及其组成

1.人工单价的概念

人工单价是指一个建筑安装生产工人一个工作日在计价时应计入的全部人工费用。它基本上反映了建筑安装生产工人的工资水平和一个工人在一个工作日中可以得到的报酬。合理确定人工单价是正确计算人工费和工程造价的前提和基础。

2.人工单价的组成

人工单价的构成在各地区、各部门不完全相同。目前,我国现行规定生产工人的人工单价构成如图 2-2 所示。

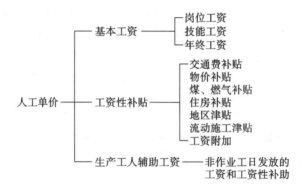

图 2-2　人工单价构成

(二)人工单价的确定

根据"国家宏观调控、市场竞争形成价格"的现行工程造价的确定原则。人工单价由市场形成,国家或地方不再定级定价。人工单价与当地平均工资水平、劳动力市场供需变化、政府推行的社会保障和福利政策等有直接关系。不同地区、不同时间的人工单价均有不同。

人工单价即日工资单价,其计算公式如下:

$$人工费＝\sum(工日消耗量×日工资单价) \tag{2-28}$$
$$日工资单价(G)＝G_1＋G_2＋G_3＋G_4＋G_5 \tag{2-29}$$

1.基本工资

基本工资是指发放给工人的基本工资。其计算公式为:

$$基本工资(G_1) = \frac{生产工人平均月工资}{年平均每月法定工作日} \tag{2-30}$$

2.工资性补贴

工资性补贴是指按规定标准发放的物价补贴,如煤、燃气补贴,交通补贴,住房补贴,流动施工津贴等。其计算公式为:

$$工资性补贴(G_2) = \sum\frac{年发放标准}{全年日历日－法定工作日} + \sum\frac{月发放标准}{年平均每月法定工作日}$$
$$+ 每工作日发放标准 \tag{2-31}$$

3.生产工人辅助工资

生产工人辅助工资是指生产工人年有效施工天数以外非作业天数的工资,包括职工学习、培训期间的工资,调动工作、探亲、休假期间的工资,因气候影响的停工工资,女工哺乳期间的工资,病假在六个月以内的工资及产、婚、丧假期的工资。其计算公式为:

$$生产工人辅助工资(G_3) = \frac{全年无效工作日 \times (G_1 + G_2)}{全年日历日－法定工作日} \tag{2-32}$$

二、材料价格的确定

(一)材料价格的概念及其组成

1.材料价格的概念

材料价格是指材料由其来源地(或交货地点)运至工地仓库(或指定堆放地点)的出库价格,包括货源地至工地仓库之间的所有费用。这里的材料包括构件、半成品及成品。

2.材料价格的组成

材料价格是指施工过程中耗费的构成工程实体的原材料、辅助材料、构配件、零件、半成品的费用的总和。其内容包括材料原价(或供应价格)、材料运杂费、运输损耗费、采购及保管费四部分,如图 2-3 所示。

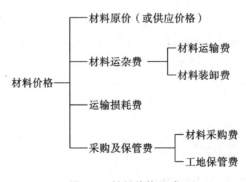

图 2-3　材料价格组成

(二)材料价格的确定

在确定材料价格时,同一种材料若购买地及单价不同,应根据不同的供货数量及单价,采取加权平均的方法确定其材料价格。

1.材料原价(或供应价格)

材料原价是指材料的出厂价格,进口材料指抵岸价或销售部门的批发牌价和市场采购价格(或信息价)。

2.材料运杂费

材料运杂费是指材料自来源地运至工地仓库或指定堆放地点所发生的全部费用,包括调车和驳船费、装卸费、运输费及附加工作费等。同一品种的材料有若干个来源地,应采用加权平均的方法计算材料运杂费。

3.运输损耗费

在材料的运输中应考虑一定的场外运输损耗费用,这是指材料在运输装卸过程中不可避免的损耗。运输损耗的计算公式为:

$$运输损耗费=(材料原价+运杂费)×运输损耗率 \qquad (2-33)$$

材料运输损耗率按照国家有关部门和地方政府交通运输部门的规定计算,若无规定可参考表 2-1 确定。

表 2-1　各类建筑材料运输损耗率表

材料类别	损耗率/(%)
机砖、空心砖、砂、水泥、陶粒、水泥地面砖、白瓷砖、卫生洁具、玻璃灯罩	1
机制瓦、脊瓦、水泥瓦	3
石棉瓦、石子、黄土、耐火砖、玻璃、大理石板、水磨石板、混凝土管、缸瓦管	0.5
砌块	1.5

4.采购及保管费

采购及保管费是指材料供应部门(包括工地仓库及其以上各级材料主管部门)在组织采购、供应和保管材料过程中所需的各项费用,包括采购费、仓储费、工地管理费和仓储损耗费。采购及保管费的计算公式为:

$$采购及保管费=(材料原价+运杂费+运输损耗费)×采购及保管费费率 \qquad (2-34)$$

上述 1~4 项之和又称为材料的基价,材料基价的一般计算公式为:

$$材料基价=((供应价格+运杂费)×[1+运输损耗率])×[1+采购及保管费费率] \qquad (2-35)$$

5.材料价格

材料价格的计算公式如下:

$$材料价格=\sum(材料消耗量×材料基价) \qquad (2-36)$$

三、施工机械台班单价的确定

(一)施工机械台班单价的概念与组成

1.施工机械台班单价的概念

施工机械台班单价亦称施工机械台班使用费,是指一台施工机械在正常运转条件下一个工作班中所发生的全部费用。

施工机械台班单价以"台班"为计量单位。一台机械工作一班(按 8 h 计)就为一个台班。一个台班中为使机械正常运转所支出和分摊的各种费用之和,就是施工机械台班单价,或称台班使用费。机械台班费的比重,将随着施工机械化水平的提高而增加,所以,正确计算施工机械台班单价具有重要意义。

2.施工机械台班单价的组成

根据 2001 年《全国统一施工机械台班费用编制规则》的规定,施工机械台班单价由七项费用组成,这类费用按其性质分类,划分为第一类费用、第二类费用和其他费用三大类。

(1)第一类费用(又称固定费用或不变费用)。这类费用不因施工地点、条件的不同而发生大的变化,包括折旧费、大修理费、经常修理费、安拆费及场外运输费。

(2)第二类费用(又称变动费用或可变费用)。这类费用常因施工地点和条件的不同而有较大变化,包括人工费、动力燃料费。

(3)其他费用。其他费用指上述两类费用以外的其他费用,包括车船使用税、牌照费、保险费等。

(二)施工机械台班单价的确定

1.折旧费

折旧费是指施工机械在规定使用期限内陆续收回其原值及购置资金的时间价值,计算公式为:

$$台班折旧费=\frac{施工机械预算价格×(1-残值率)×时间价值系数}{耐用总台班} \quad (2\text{-}37)$$

$$施工机械预算价格=原价×(1+购置附加费率)+手续费+运杂费 \quad (2\text{-}38)$$

残值率按目前有关规定执行:运输机械 2%,掘进机械 5%,特、大型机械 3%,中、小型机械 4%。

$$时间价值系数=1+\frac{(折旧年限+1)}{2}×年折现率 \quad (2\text{-}39)$$

耐用总台班(即施工机械从开始投入使用到报废前所使用的总台班数)

$$=修理间隔台班×修理周期 \quad (2\text{-}40)$$

2.大修理费

大修理费是指机械设备按规定的大修间隔台班进行必要的大修理,以恢复机械正常功能所需的费用。台班大修理费是机械使用期限内全部大修理费之和在台班费用中的分摊额,它取决于一次大修理费、寿命在修理次数和耐用总台班。其计算公式为:

$$台班大修理费=\frac{一次大修理费×寿命在修理次数}{耐用总台班} \quad (2\text{-}41)$$

3.经常修理费

经常修理费是指施工机械除大修理以外的各级保养和临时故障排除所需的费用,包括为保障机械正常运转所需替换与随机配备工具的摊销和维护费用、机械运转及日常保养所需润滑与擦拭的材料费用和机械停滞期间的维护与保养费用等。各项费用分摊到台班中即为台班经修费。其计算公式为:

$$台班经常修理费=台班大修理费×台班经常修理费系数 \quad (2\text{-}42)$$

4.安拆费及场外运费

安拆费是指施工机械在现场进行安装与拆卸所需的人工、材料、机械和试运转费用以及机械辅助设施的折旧、搭设、拆除等费用。

场外运费是指施工机械整体或分体自停放地点运至施工现场或由一施工地点运至另一施工地点的运输、装卸、辅助材料及架线等费用。

有关计算公式如下：

$$安拆费及场外运输费 = \frac{机械一次安拆的费用 \times 年平均安拆的次数}{年工作台班} + 台班辅助设施费$$
(2-43)

$$辅助设施摊销费 = (一次运输及装卸费 + 辅助材料一次摊销费 + 一次架线费) \times 机械年工作台班$$
(2-44)

5.燃料动力费

燃料动力费是指施工机械在运转作业中所耗用的固体燃料(煤、木柴)、液体燃料(汽油、柴油)及水、电等费用,计算公式为：

$$台班燃料动力费 = 台班燃料动力消耗量 \times 相应单价$$
(2-45)

6.人工费

人工费是指机上司机(司炉)和其他操作人员的工作日人工费及上述人员在施工机械规定的年工作台班以外的人工费,按下列公式计算：

$$台班人工费 = 人工消耗量 \times \left(1 + \frac{年度工作日 - 年工作台班}{年工作台班}\right) \times 人工单价$$
(2-46)

7.其他费用

其他费用是指按照国家和有关部门规定机械应缴纳的养路费、车船使用税、保险费及年检费等。其计算公式为：

$$台班其他费用 = \frac{年养路费 + 年车船使用税 + 年保险费 + 年检费用}{年工作台班}$$
(2-47)

确定施工机械台班费的原理与确定人工费、材料费的原理相同,都是以定额中的各量分别乘以相应的工资标准及材料、燃料动力预算价格,计算出各项费用。但施工机械台班定额具有与其他定额不同的特点,在计算台班费时应加以注意。

任务四 建筑工程定额手册的组成与应用

一、预算定额手册的内容

预算定额手册的内容有文字说明、分项工程定额项目表、附录三大部分。

1.文字说明

1)预算定额的总说明

预算定额的总说明概述了定额的用途、编制依据、适用范围以及有关问题的说明和使用方法等。

2)分部分项定额说明

分部分项定额说明包括分部工程的定额项目相关规定,分部工程定额项目工程量计算规则,分部工程定额综合的内容及允许换算和不得换算的界限。

2.分项工程定额项目表

1)分项工程表头说明

分项工程表头说明此说明一般放在每节的表头,即工作内容。分项工程表头说明是定额的重要组成部分之一,如果表头说明不够准确明了,就会造成定额项目的错套、重套和漏套。

2)定额项目表

当为有量无价的定额时,定额项目表就是各个分项工程定额的人工、材料和机械台班的消耗量指标;当为量价合一的定额时,定额项目表所反映的就是定额分项工程的人工、材料、机械价格。定额项目表是定额的核心内容,表头标有分项工程名称、规格和幅度范围、定额计量单位,有统一编排的项目编号,表后有的列有附注,说明调整的范围和方法,有些附注还带有补充定额的性质。

工作内容如下所述。

(1)调制砂浆(包括筛砂子及淋灰膏)、砌砖,基础包括清理基槽。

(2)砌窗台虎头砖、腰线、门窗套。

(3)安放木砖、铁件。

3.附录

附录放在定额手册的最后,供定额换算之用,是定额应用的重要补充资料。《贵州省建筑与装饰工程计价定额》(GZ 01—31—2016)附录包括如下内容。

附录一:附图。

附录二:混凝土及砂浆配合比。

附录三:建筑装饰工程材料、半成品、成品损耗率表。

附录四:主要材料运输损耗率表。

二、预算定额手册的应用

在使用预算定额手册,套用定额基价时,由于施工环境复杂多变,施工方案多种多样,实际施工方案与定额规定的情况可能一致,也可能不一致,因此套定额的方法也要随着施工的具体情况而定。

(一)设计要求与定额项目完全一致

当设计要求与定额项目完全一致,直接套用预算定额。

【例2.6】 已知某工程砖基础清单工程量为 16.18 m³,查《贵州省建筑与装饰工程计价定额》(GZ 01—31—2016),由表 2-2 可知,其人工费:131.52 元/m³,定额计价材料费:31.751 元/m³,定额未计价材料费:199.956 元/m³(用市场单价 380 元乘以定额消耗量所得),机械费:5.722元/m³,管理费:29.543 元/m³,利润:29.908 元/m³,风险费用不计,试计算该砖基础的分部分项工程费。

表 2-2 《贵州省建筑与装饰工程计价定额》(GZ 01—31—2016)砖基础表

工作内容:清理基槽坑,调、运、铺砂浆,运、砌砖。　　　　　　　　　　　　计量单位:10 m³

定额编号						A4-1	A4-2
项目						砖基础	
						现拌砂浆	预拌砂浆
综合单价/元						2284.44	1798.92
其中			人工费/元			1315.20	1203.36
			材料费/元			317.51	6.27
			机械费/元			57.22	45.34
			管理费/元			295.43	270.31
			利润/元			299.08	273.64
	编码	名称		单位	单价/元	消耗量	
人工	00010003	二类综合用工		工日	120.00	10.960	10.028
材料	04130001	普通砖 240×115×53		千块	—	(5.262)	(5.262)
	80051010	干混砌筑砂浆 DM		m³	—	—	(2.399)
	80010565	水泥砂浆 M5.0		m³	130.78	2.399	—
	34110121	水		m³	3.59	1.050	1.746
机械	99050690	灰浆搅拌机拌桶容量 200(L)		台班	143.06	0.400	—
	99050980	干混砂浆罐式搅拌机		台班	188.92	—	0.240

【解】　分部分项工程费＝16.18×(131.52＋31.751＋199.956＋5.722＋29.543

　　　　　　　　　　　　　＋29.908)

　　　　　　　　　　＝16.18×428.4

　　　　　　　　　　＝6931.51(元)

(二)设计要求与定额项目不完全一致

(1)定额规定不允许换算时,直接套用定额的预算基价。

(2)定额允许换算时,对定额进行相应的调整,再套用换算后的基价。

当设计要求的材料材质、种类、规格、强度、配合比等与定额子目不一致时,须将定额子目的材料换算成设计要求的材料。

1)材料换算,混凝土(砂浆)的换算

换算后的基价计算公式如下:

换算后的基价＝原定基价＋定额混凝土(砂浆)用量×(换入混凝土(砂浆)的预算单价

　　　　　　　－换出混凝土(砂浆)的预算单价) 　　　　　　　　　　　　(2-48)

【例 2.7】　已知某工程砖基础采用 M7.5 现拌水泥砂浆砌筑(单价:141.66 元/m³),而定额子目是按 M5.0 水泥砂浆编制,如表 2-2 所示。请计算现拌砂浆砖基础的定额子目费用。

【解】　按照定额规定,表 2-2 中的水泥砂浆 M5.0 须换成 M7.5,而消耗量和其他单价不变。

根据表 2-2,水泥砂浆 M5.0 材料费＝2.399×130.78＝313.74(元)

水泥砂浆 M7.5 材料费＝2.399×141.66＝339.84(元)

定额 A4-1 中的材料费则由 317.51 元变成:317.51－313.74＋339.84＝343.61(元)

A4-1 定额子目经过材料换算后综合单价＝2284.44－317.51＋343.61＝2310.54(元)

2)运距、高度、厚度换算

当设计要求的运距、高度、厚度与定额子目不一致时,须将定额子目的相关内容换算成设计要求的运距、高度、厚度。

【例 2.8】 已知某工程内墙面抹灰厚度为 13＋8 mm(基层 13 mm,面层 8 mm),而定额子目是按 13＋5 mm 编制,见表 2-3。请计算该工程内墙抹灰的定额子目费用。

表 2-3 《贵州省建筑与装饰工程计价定额》(GZ 01—31—2016) 墙面抹水泥砂浆

工作内容:1.清理、修补、湿润基层表面、堵墙眼、调运砂浆、清扫落地灰。　　　　　　计量单位:100 m³

2.分层抹灰找平、刷浆、洒水湿润、罩面压光(包括门窗洞口侧壁及护角抹灰)。

定额编号			A12-3	A4-2
项目			墙面抹水泥砂浆	
			内墙	抹灰层厚度
			13＋5 mm	每增减 1 mm
综合单价/元			2599.53	68.76
其中		人工费/元	1741.50	44.55
		材料费/元	4.70	0.29
		机械费/元	66.12	3.78
		管理费/元	391.19	10.01
		利润/元	396.02	10.13
	编码	名称	单位	单价/元	消耗量	
人工	00010004	三类综合用工	工日	135.00	12.900	0.330
材料	80050985	干混抹灰砂浆 DP	m³	—	(2.080)	(0.120)
	34110121	水	m³	3.59	1.310	(0.080)
机械	99050980	干混砂浆罐式搅拌机	台班	188.92	0.350	0.020

【解】 根据已知条件和表 2.3 中的定额子目可知,需要在 A12-3 的基础上增加 3 mm 抹灰厚度的费用。

增加 3 mm 厚度需增加的定额子目综合单价＝68.76×3＝206.28(元)

该工程内墙抹灰的定额子目综合单价＝2599.53＋206.28＝2805.81(元)

3)系数调整

在定额文字说明或定额表下方的附注中,经常会说明档出现哪些情况应乘以相应系数,计算公式如下:

$$换算后的基价＝原定额基价＋(规定系数－1)×说明项目费用 \qquad (2-49)$$

【例2.9】 已知某工程机械挖、运湿土,而定额子目是按天然湿度土编制,见表2-4。定额第一章说明中规定当机械挖、运湿土时,相应定额子目人工、机械乘以系数1.15。

请计算工程挖湿土时的定额子目费用。

表2-4 《贵州省建筑与装饰工程计价定额》(GZ 01—31—2016) 挖掘机挖、装一般土方

工作内容:挖土、装土、清理机下余土。 计量单位:100 m³

定额编号					A1-30
项目					挖掘机挖、装一般土方
					斗容量0.6 m³
综合单价/元					422.93
其中	人工费/元				48.00
	材料费/元				—
	机械费/元				344.4
	管理费/元				15.17
	利润/元				15.36
	编码	名称	单位	单价/元	消耗量
人工	00010002	一类综合用工	工日	80.00	1.870
机械	99070030	履带式推土机 功率75(kW)	台班	790.44	0.107
	99010101	履带式单斗挖掘机(液压) 斗容量0.6 m³	台班	773.52	0.355

【解】 按照定额规定,人工、机械乘以系数1.15。

人工费:48×1.15＝55.2(元)

机械费:344.4×1.15＝396.06(元)

A1-30定额子目经过换算后综合单价＝55.2＋396.06＋15.17＋15.36＝481.79(元)

(三)当设计要求与定额完全不一致

当设计要求与定额完全不一致时,对施工图预算造价中的分项工程费用应做如下处理。

(1)对分项工程费用进行实际发生额的估算。这种方法要求操作者具备一定的实践经验,适用于那些数量相对较少,价值水平不高的分项工程。

(2)对于预算定额中未涉及的新工艺、新材料、新结构,可以由一线施工人员编制补充定额,对此类缺项进行弥补,补充定额必须经造价管理部门审批后方可使用。

三、工料分析

(一)工料分析的概念

对单位工程所需的人工工日数及各种材料需要量进行的分析计算,称为工料分析。用分项工程中某种材料(或某工种,或某种机械台班)的定额消耗量乘以其工程量,就是该分项工程中某种材料(或某工种,或某种机械台班)的消耗量。消耗量定额中有的项目只

列出半成品消耗量(例如砂浆、混凝土等),为此,在进行工料分析时,除按定额计算出半成品消耗量外,还必须依据配合比进行二次分析,计算出水泥、砂、石等材料用量。

工料分析汇总时应按不同工种的人工和不同品种、规格的材料分别进行汇总。计算公式表述如下:

$$某工种人工工日数 = \Sigma 分项工程量 \times 相应分项定额人工消耗量 \quad (2\text{-}50)$$

$$某种材料需要量 = \Sigma 分项工程量 \times 相应分项该材料的定额消耗量 \quad (2\text{-}51)$$

(二)工料分析的作用

单价法施工图预算在分部分项及单价措施项目费计算后进行工料分析,工料分析主要是为计算人工、材料价差提供所需的数据。实物法施工图预算在直接费计算之前进行工料分析,工料分析主要是为了计算直接费,用分析得出的工料机用量分别乘以相应的人工单价、材料预算价格、施工机械台班费,就得出相应的人工费、材料费和施工机械费。

工料分析的结果也是施工单位安排劳动力以及制定材料采购计划与供应计划,进行成本核算的依据。

任务五　建筑工程定额计价过程

一、贵州省建筑安装工程费用组成

建筑安装工程费由分部分项工程费、措施项目费、其他项目费、规费、税金五部分组成。

(一)分部分项工程费

分部分项工程费是指各专业工程的分部分项工程应予列支的各项费用,也是施工过程中耗费的构成工程实体的各项费用。其计算公式如下:

分部分项工程费 = Σ(分部分项工程量 × 分部分项工程项目综合单价)

综合单价包括人工费、材料费、施工机械使用费、企业管理费和利润以及一定范围内的风险费用。

(1)人工费:是指直接从事建筑安装工程施工的生产工人开支的各项费用。具体内容见任务三。

(2)材料费:是指施工过程中耗费的构成工程实体的原材料、辅助材料、构配件、零件、半成品的费用。具体内容见任务三。

(3)施工机械使用费:是指施工机械作业所发生的机械使用费以及机械安拆费和场外运费。具体内容见任务三。

(4)企业管理费:是指建筑安装企业组织施工生产和经营管理所需费用。具体内容包括如下。

①管理人员工资:是指管理人员的基本工资、工资性补贴、职工福利费、劳动保护

费等。

②办公费：是指企业管理办公用的文具、纸张、账表、印刷、邮电、书报、会议、水电、烧水和集体取暖(包括现场临时宿舍取暖)用煤等费用。

③差旅交通费：是指职工因公出差、调动工作的差旅费、住勤补助费,市内交通费和午餐补助费,职工探亲路费,劳动力招募费,职工离退休、退职一次性路费,工伤人员就医路费,工地转移费以及管理部门使用的交通工具的油料、燃料、养路费及牌照费。

④固定资产使用费：是指管理和试验部门及附属生产单位使用的属于固定资产的房屋、设备仪器等的折旧、大修、维修或租赁费。

⑤工具用具使用费：是指管理使用的不属于固定资产的生产工具、器具、家具、交通工具和检验、试验、测绘、消防用具等的购置、维修和摊销费。

⑥劳动保险费：是指由企业支付给离退休人员的易地安家补助费,职工退职金,六个月以上的病假人员工资,职工死亡丧葬补助费、抚恤费,按规定支付给离休干部的各项经费。

⑦职工福利费：是指按规定标准计提的职工福利费。

⑧劳动保护费：是指按规定标准发放的劳动保护用品的购置费及修理费,徒工服装补贴,防暑降温费,在有碍身体健康环境中施工的保健费用等。

⑨检验试验费：是指对建筑材料、构件和建筑安装物进行一般鉴定、检查发生的费用,包括自设试验室进行试验所耗用的材料和化学药品等费用,不包括新结构、新材料的试验费和建设单位对具有出厂合格证明的材料进行检验、对构件做破坏性试验及其他特殊要求检验试验的费用。

⑩工会经费：是指企业按职工工资总额计提的工会经费。

⑪工教育经费：是指企业按工资总额的一定比例提取用于职工教育事业的一项费用。

⑫财产保险费：是指施工管理用财产、车辆保险费用。

⑬财务费：是指企业为筹集资金而发生的各种费用。

⑭税金：是指企业按规定缴纳的房产税、车船使用税、土地使用税、印花税等。

⑮其他：包括技术转让费、技术开发费、业务执行费、绿化费、广告费、公证费、法律顾问费、审计费、咨询费、服务费等。

(5)利润：是指施工企业完成所承包工程获得的盈利。

(6)风险费用：由投标人根据工程情况自行考虑。

(二)措施项目费

措施项目费是指为完成工程项目施工,发生于该工程施工前和施工过程中非工程实体项目的费用,分为单价措施项目、总价措施项目。

具体见各专业消耗量定额相关章、节、项目。下面以建筑与装饰工程专业为例进行介绍。

(1)单价措施项目：包括脚手架工程费、模板工程费、垂直运输工程费、建筑物超高增加费、施工排水降水费、大型机械进出场及安拆费等。

(2)总价措施项目：包括安全文明施工费(安全施工费、环境保护费、临时设施费、文明施工费)、夜间和非夜间施工增加费、二次搬运费、冬雨季施工增加费、工程及设备保护费、工程定位复测费、赶工费等。

(三)其他项目费

其他项目费是指除分部分项工程费、措施项目费所包含的内容外,因招标人的特殊要求而发生的与拟建工程有关的其他费用项目。工程建设标准的高低、工程的复杂程度、工程的工期长短、工程的组成内容、发包人对工程管理要求等都直接影响其他项目费的具体内容。其他项目费包括暂列金额、暂估价(包括材料暂估价、工程设备暂估价、专业工程暂估价)、计日工、总承包服务费。

(1)暂列金额:是指招标人在工程量清单中暂定并包括在合同价款中的一笔款项。用于工程合同签订时尚未确定或者不可预见的所需材料、工程设备、服务的采购,施工中可能发生的工程变更、合同约定调整因素出现时的合同价款调整,以及发生的索赔、现场签证确认等的费用。

(2)暂估价:是指招标人在工程量清单中提供的用于支付必然发生但暂时不能确定价格的材料、工程设备的单价以及专业工程的金额,包括材料暂估单价、工程设备暂估单价和专业工程暂估价。

(3)计日工:是指在施工过程中,承包人完成发包人提出的工程合同范围以外的零星项目或工作所需的费用。

(4)总承包服务费:是指总承包人为配合协调发包人进行的专业工程发包,对发包人自行采购的材料、工程设备筹进行保管以及施工现场管理、竣工资料汇总整理等服务所需的费用。

(四)规费

规费是指根据国家法律、法规规定,由政府和有关权力部门规定施工企业必须缴纳的,应计入建筑安装工程造价的费用。具体内容包括如下。

(1)社会保险费,包括养老保险费、医疗保险费、失业保险费、生育保险费、工伤保险费。

①养老保险费:是指企业按规定标准为职工缴纳的基本养老保险费。

②医疗保险费:是指企业按照规定标准为职工缴纳的基本医疗保险费。

③失业保险费:是指企业按照规定标准为职工缴纳的失业保险费。

④生育保险:是指企业按照规定标准为职工缴纳的生育保险费。

⑤工伤保险:是指企业按照规定标准为职工缴纳的工伤保险费。

(2)住房公积金:是指企业按照规定标准为职工缴纳的住房公积金。

(3)工程排污费:是指施工现场按规定缴纳的工程排污费。

(五)税金

税金是指国家税法规定的应计入建筑安装工程造价内的增值税。

二、建筑与装饰工程费用计算顺序表(一般计税)

建筑与装饰工程费用计算顺序表见二维码。

建筑与装饰工程
费用计算顺序表

三、建筑工程定额计价的步骤

(1)熟悉设计文件和资料。熟悉施工图纸及有关的标准图集,是进行定额计价的首要环节。其目的是了解建设工程全貌和设计意图,这样才能准确、及时地计算工程量和正确地选套定额项目。

(2)收集有关文件和资料。定额计价需要收集有关文件和资料,主要包括施工组织设计、概预算定额、费用定额、造价信息、招标文件、答疑纪要、当地政府主管部门颁发的相关文件、预算计算手册等。这些文件和资料是定额计价必不可少的依据。

(3)列项。即写出组成该工程的各分项工程的名称。对于初搞预算的人员,可以根据概预算定额手册中的各分项工程项目从前到后逐一筛选,以防漏项。列项的正确与否,直接关系到工程计价的准确性。

(4)计算工程量。工程量是编制预算的基本数据,其计算的准确程度直接影响到工程造价,加之计算工程量的工作量很大,而且将影响到与之关联的一系列数据,如计划、统计、劳动力、材料等。因此必须认真细致地进行这项工作。

(5)套用定额单价计算分部分项工程费和措施项目费。工程量计算经核对无误,且无重复和缺漏,即可套用定额单价。

(6)计算其他项目费。根据工程实际情况和招标文件要求计算其他项目费。

(7)计算规费和税金。根据定额或当地政府主管部门颁发的相关文件要求计算规费和税金。

(8)计算工程造价。在项目工程量、单价及其他费用经复查均无误后,即可进行各项费用的汇总,经逐步汇总即可得单位工程造价。

(9)工料分析及汇总。根据已经填写好的预算表中的所有分项工程,按分项工程在定额中的编号顺序,逐项从建筑工程消耗量定额中查出各分项工程计量单位对应的各种材料和人工、机械的数量,然后分别乘以该分项工程的工程量,计算出各分项工程的各种材料、人工和机械消耗数量,再按各种不同的材料规格、工种、机械型号,分别汇总,计算出该单位工程所需要的各种材料、人工和机械的总数量。工料分析一般以表格形式进行。

(10)编写编制说明,填计价书封皮、整理计价书。工程造价计算完成后,要写好编制说明,以使各有关方面了解计价依据、编制情况以及存在的问题,考虑处理的办法。另外,根据计价结果填好计价书封皮,并依据定额计价书的一般顺序格式装订成册。

任务六　建筑工程定额计价工程量计算

一、建筑面积的概念及作用

1.建筑面积的概念

建筑面积是指建筑物外墙勒脚以上结构的各层外围水平面积之和。

建筑面积可以分为使用面积、辅助面积和结构面积。使用面积与辅助面积的总和称为"有效面积"。

使用面积是指建筑物各层平面布置中,可直接为生产或生活使用的净面积总和。居室净面积在民用建筑中,亦称为"居住面积"。例如:住宅建筑面积中的居室、客厅、书房面积等。

辅助面积是指建筑物各层平面布置中为辅助生产或生活所占净面积的总和。例如:住宅建筑面积的楼梯、走道、卫生间、厨房面积等。

结构面积是指建筑物各层平面布置中的墙体、柱等结构所占面积的总和(不包括抹灰厚度所占的面积)。

2.建筑面积的作用

(1)建筑面积是确定建筑、装饰工程技术经济指标的重要依据。

(2)建筑面积是计算建筑相关分部分项工程量与有关费用项目的依据。

(3)建筑面积是编制、控制与调整施工进度计划和竣工验收的重要指标。

(4)建筑面积的计算对于建筑施工企业实行内部经济承包责任制、投标报价编制施工组织设计、配备施工力量、成本核算及物资供应等,都具有重要的意义。

二、建筑面积计算规则

住房和城乡建设部关于发布国家标准《建筑工程建筑面积计算规范》的公告(269号公文)批准《建筑工程建筑面积计算规范》为国家标准,编号为 GB/T 50353—2013,自 2014年 7 月 1 日起实施。原《建筑工程建筑面积计算规范》(GB/T 50353—2005)同时废止。

根据《建筑工程建筑面积计算规范》(GB/T 50353—2013),计算建筑面积的规定如下。

(一)计算建筑面积的范围

(1)建筑物的建筑面积应按自然层外墙结构外围水平面积之和计算。结构层高在2.20 m 及以上的,应计算全面积;结构层高在 2.20 m 以下的,应计算 1/2 面积。

【例 2.10】　以图 2-4 为例,墙厚均为 240 mm,轴线居墙中,其面积为:

$$建筑面积 = (5.76 + 0.24) \times (9.76 + 0.24) = 60(m^2)$$

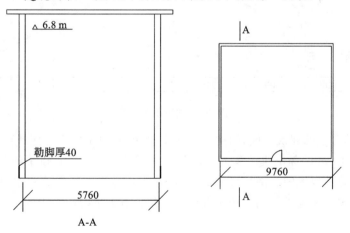

图 2-4　建筑物的建筑面积

(2)建筑物内设有局部楼层时,对于局部楼层的二层及以上楼层,有围护结构的应按其围护结构外围水平面积计算,无围护结构的应按其结构底板水平面积计算,且结构层高在2.20 m及以上的,应计算全面积,结构层高在2.20 m以下的,应计算1/2面积,如图2-5所示。

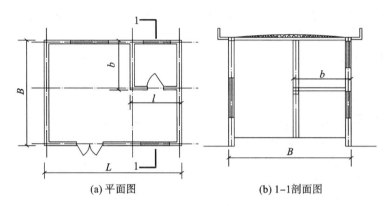

(a)平面图　　　　　　(b) 1-1剖面图

图 2-5　单层建筑物示意图

建筑物建筑面积计算公式:

建筑物建筑面积=单层建筑物建筑面积+楼层建筑面积=$L \times B + l \times b$　(2-52)

(3)形成建筑空间的坡屋顶,结构净高在2.10 m及以上的部位应计算全面积;结构净高在1.20~2.10 m的部位应计算1/2面积;结构净高在1.20 m以下的部位不应计算建筑面积。

【例2.11】　以图2-6为例,某建筑物长度18 m,坡屋顶空间的建筑面积为

$$S_1 = (2.1+2.1) \times 18 = 75.6 (\text{m}^2)$$

$$S_2 = (1.8+1.8) \times 18/2 = 32.4 (\text{m}^2)$$

$$S_3 = 75.6+32.4 = 108 (\text{m}^2)$$

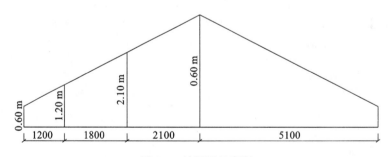

图 2-6　坡屋顶示意图

(4)场馆看台下的建筑空间,结构净高在2.10 m及以上的部位应计算全面积;结构净高在1.20~2.10 m的部位应计算1/2面积;结构净高在1.20 m以下的部位不应计算建筑面积。室内单独设置的有围护设施的悬挑看台,应按看台结构底板水平投影面积计算建筑面积。有顶盖无围护结构的场馆看台应按其顶盖水平投影面积的1/2计算面积。具体如图2-7所示。

(a) 有围护设施　　　　　　　　　(b) 无围护结构

图 2-7　看台示意图

(5)地下室、半地下室应按其结构外围水平面积计算。结构层高在 2.20 m 及以上的，应计算全面积；结构层高在 2.20 m 以下的，应计算 1/2 面积。

(6)出入口外墙外侧坡道有顶盖的部位，应按其外墙结构外围水平面积的 1/2 计算面积。具体如图 2-8 所示。

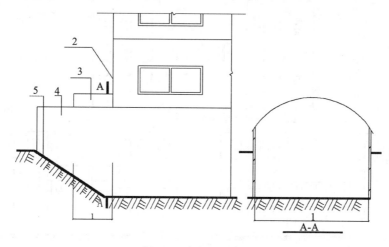

图 2-8　出入口示意图

1——计算 1/2 投影面积部位；2——主体建筑；3——出入口顶盖；4——封闭出入口侧墙；5——出入口坡道

(7)建筑物架空层及坡地建筑物吊脚架空层，应按其顶板水平投影计算建筑面积。结构层高在 2.20 m 及以上的，应计算全面积；结构层高在 2.20 m 以下的，应计算 1/2 面积。

【例 2.12】　以图 2-9 为例，吊脚架空层的建筑面积为：

$$S = 5.44 \times 2.8 = 15.23 (m^2)$$

(8)建筑物间的架空走廊，有顶盖和围护结构的，应按其围护结构外围水平面积计算全面积；无围护结构、有围护设施的，应按其结构底板水平投影面积计算 1/2 面积。具体如图 2-10 所示。

(9)立体书库、立体仓库、立体车库，有围护结构的，应按其围护结构外围水平面积计算建筑面积；无围护结构、有围护设施的，应按其结构底板水平投影面积计算建筑面积。无结构层的应按一层计算，有结构层的应按其结构层面积分别计算。结构层高在 2.20 m 及以上的，应计算全面积；结构层高在 2.20 m 以下的，应计算 1/2 面积。具体如图 2-11 所示。

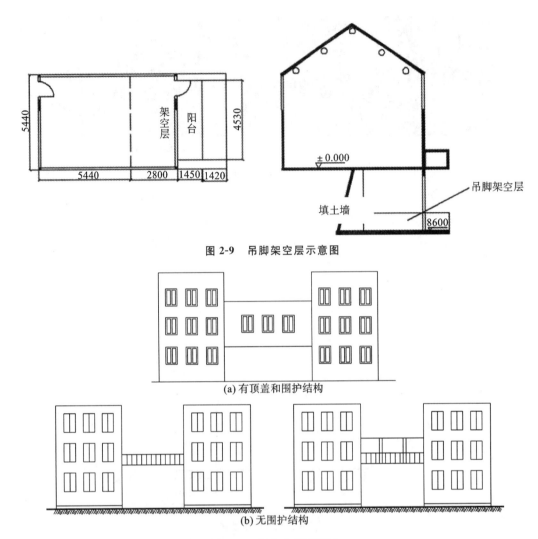

图 2-9　吊脚架空层示意图

（a）有顶盖和围护结构

（b）无围护结构

图 2-10　架空走廊示意图

图 2-11　仓库的立体货架示意图

（10）有围护结构的舞台灯光控制室，应按其围护结构外围水平面积计算。结构层高在 2.20 m 及以上的，应计算全面积；结构层高在 2.20 m 以下的，应计算 1/2 面积。

（11）附属在建筑物外墙的落地橱窗，应按其围护结构外围水平面积计算。结构层高在 2.20 m 及以上的，应计算全面积；结构层高在 2.20 m 以下的，应计算 1/2 面积。具体如图 2-12 所示。

图 2-12　间断式橱窗与连续式橱窗示意图

（12）窗台与室内楼地面高差在 0.45 m 以下且结构净高在 2.10 m 及以上的凸（飘）窗，应按其围护结构外围水平面积计算 1/2 面积。具体如图 2-13 所示。

图 2-13　飘窗示意图

（13）有围护设施的室外走廊（挑廊），应按其结构底板水平投影面积计算 1/2 面积；有围护设施（或柱）的檐廊，应按其围护设施（或柱）外围水平面积计算 1/2 面积。具体如图2-14所示。

（14）门斗应按其围护结构外围水平面积计算建筑面积，结构层高在 2.20 m 及以上的，应计算全面积；结构层高在 2.20 m 以下的，应计算 1/2 面积。具体如图 2-15 所示。

（15）门廊应按其顶板的水平投影面积的 1/2 计算建筑面积；有柱雨篷应按其结构板水平投影面积的 1/2 计算建筑面积；无柱雨篷的结构外边线至外墙结构外边线的宽度在 2.10 m 及以上的，应按雨篷结构板的水平投影面积的 1/2 计算建筑面积。具体如图 2-16 所示。

【例 2.13】　如图 2-16 所示，有柱雨篷与无柱雨篷的建筑面积为：
$$S = 2.5 \times 1.5 \times 0.5 = 1.88 (m^2)$$

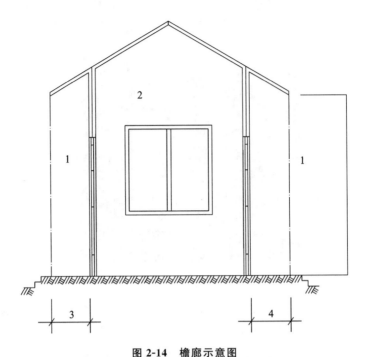

图 2-14 檐廊示意图

1——檐廊;2——室内;3——不计算建筑面积部位;4——计算 1/2 建筑面积部位

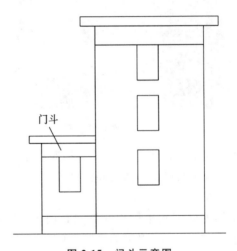

门斗

图 2-15 门斗示意图

(16)设在建筑物顶部的、有围护结构的楼梯间、水箱间、电梯机房等,结构层高在 2.20 m 及以上的应计算全面积;结构层高在 2.20 m 以下的,应计算 1/2 面积。具体如图 2-17 所示。

(17)围护结构不垂直于水平面的楼层,应按其底板面的外墙外围水平面积计算。结构净高在 2.10 m 及以上的部位,应计算全面积;结构净高在 1.20~2.10 m 的部位,应计算 1/2 面积;结构净高在 1.20 m 以下的部位,不应计算建筑面积。具体如图 2-18 所示。

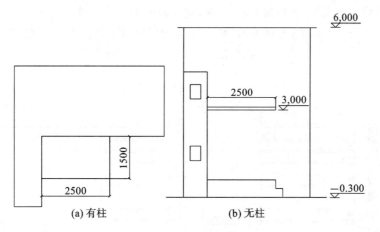

图 2-16　雨篷示意图

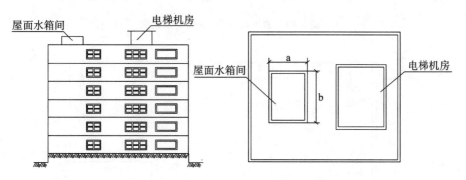

图 2-17　建筑物屋面水箱间、电梯机房建筑面积示意图

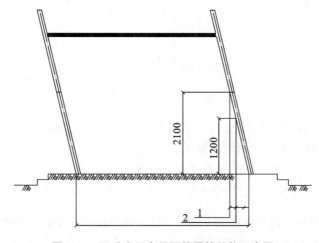

图 2-18　不垂直于水平面的围护结构示意图

(18)建筑物的室内楼梯、电梯井、提物井、管道井、通风排气竖井、烟道,应并入建筑物的自然层计算建筑面积。有顶盖的采光井应按一层计算面积,结构净高在 2.10 m 及以上的,应计算全面积;结构净高在 2.10 m 以下的,应计算 1/2 面积。具体如图 2-19 所示。

【例 2.14】　如图 2-19 和图 2-20 所示,建筑面积(共 8 层)为:

$$F(电梯井面积)=15\times10\times8=1200(m^2)$$

$$S(垃圾道面积)=1\times1\times8=8(m^2)$$

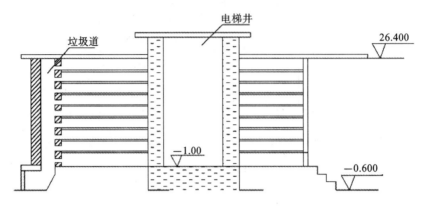

图 2-19　室内电梯井、垃圾道示意图

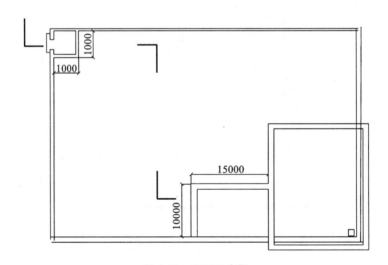

图 2-20　平面示意图

(19)在主体结构内的阳台,应按其结构外围水平面积计算全面积;在主体结构外的阳台,应按其结构底板水平投影面积计算 1/2 面积。

【例 2.15】　以图 2-21 为例,阳台建筑面积为:

$$S=3.4\times1.2\times2+1.5\times4.4\times0.5\times2=14.76(m^2)$$

(20)室外楼梯应并入所依附建筑物自然层,并应按其水平投影面积的 1/2 计算建筑面积。但室外楼梯无顶盖,应将顶层楼梯视为顶盖,按两层计算其建筑面积。

(21)有顶盖无围护结构的车棚、货棚、站台、加油站、收费站等,应按其顶盖水平投影面积的 1/2 计算建筑面积。

(22)以幕墙作为围护结构的建筑物,应按幕墙外边线计算建筑面积。具体如图 2-22 所示。

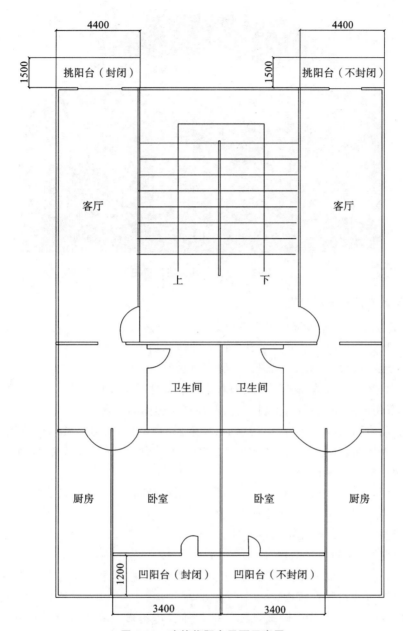

图 2-21 建筑物阳台平面示意图

(23)建筑物的外墙外保温层,应按其保温材料的水平截面积计算,并计入自然层建筑面积。

(24)与室内相通的变形缝,应按其自然层合并在建筑物建筑面积内计算。对于高低联跨的建筑物,当高低跨内部连通时,其变形缝应计算在低跨面积内。

(25)对于建筑物内的设备层、管道层、避难层等有结构层的楼层,结构层高在 2.20 m及以上的,应计算全面积;结构层高在 2.20 m 以下的,应计算 1/2 面积。

图 2-22　围护性幕墙示意图

(二)不计算建筑面积的范围

(1)与建筑物内不相连通的建筑部件。

(2)骑楼、过街楼底层的开放公共空间和建筑物通道。

(3)舞台及后台悬挂幕布和布景的天桥、挑台等。

(4)露台、露天游泳池、花架、屋顶的水箱及装饰性结构构件。

(5)建筑物内的操作平台、上料平台、安装箱和罐体的平台。

(6)勒脚、附墙柱、垛、台阶、抹灰墙面、装饰面、镶贴块料面层、装饰性幕墙,主体结构外的空调室外机搁板(箱)、构件、配件,挑出宽度在 2.10 m 以下的无柱雨篷和顶盖高度达到或超过两个楼层的无柱雨篷。

(7)窗台与室内地面高差在 0.45 m 以下且结构净高在 2.10 m 以下的凸(飘)窗,窗台与室内地面高差在 0.45 m 及以上的凸(飘)窗。

(8)室外爬梯、室外专用消防钢楼梯。

(9)无围护结构的观光电梯。

(10)建筑物以下的地下人防通道,独立的烟囱、烟道、地沟、油(水)罐、气柜、水塔、贮油(水)池、贮仓、栈桥等构筑物。

【例 2.16】　某住宅楼平面图如图 2-23 所示。已知内外墙厚均为 240 mm,设有悬挑雨篷及非封闭阳台,试计算建筑面积。

【解】　(1)房屋建筑面积 S_1。

S_1 按照外墙勒脚以上结构外围水平面积计算,则有:

$$S_1 = (3+3.6 \times 2+0.12 \times 2) \times (4.8 \times 2+0.12 \times 2)+(1.5+0.12-0.12)$$
$$\times (2.4+0.12 \times 2) = 102.73+3.96 = 106.69 \ (\text{m}^2)$$

(2)非封闭阳台建筑面积 S_2。

S_2 水平投影面积的一半计算,则有

$$S_2 = \frac{1}{2} \times (3.6+3.6) \times 1.5 = 5.4 \ (\text{m}^2)$$

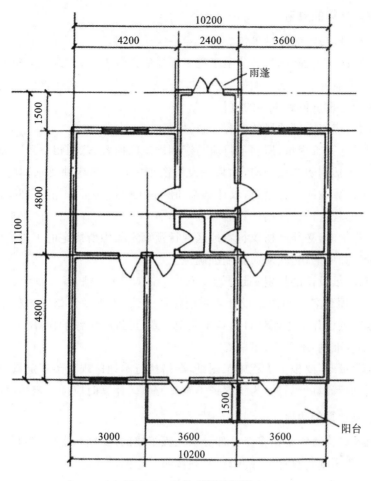

图 2-23　某住宅楼平面图

（3）悬挑雨篷建筑面积不计算。

（4）该住宅楼的总建筑面积 S。

$$S = S_1 + S_2 = 106.69 + 5.4 = 112.09 \ (\text{m}^2)$$

三、工程量的概念及计算

（一）工程量的概念

工程量是指按建筑工程量计算规则计算以自然计量单位或物理计量单位表示各分部分项工程或结构、构件的实物数量。

物理计量单位是以分项工程或结构构件的物理属性为计量单位，如长度、面积、体积和重量等。如混凝土梁、柱、板以立方米为计量单位；楼梯的栏杆、扶手以米为计量单位。

自然计量单位是以客观存在的自然实体为单位的计量单位，当分部分项工程或结构构件没有一定规格，而构件较复杂时，可按个、块、套、座等作为计量单位。如消防栓、洗涤盆以套为计量单位。

（二）工程量计算的原则

（1）计量单位应与定额计量单位一致。

按施工图纸计算工程量时，各分项工程工程量的计量单位，必须与定额中相应项目的计量单位一致，不能随意改变。例如：钢筋的工程量单位是"t"，则计算出钢筋的长度后还要乘以钢筋的理论重量得到钢筋的重量。

（2）计算项目应与定额项目的内容一致。

按施工图纸计算工程量，所列项目应与定额规定的内容、范围相一致。如在金属构件制作项目中，已包括刷防锈漆一遍，如果在设计图纸中该金属构件要求刷防锈漆一遍，调和漆两遍，那么计算油漆工程量时，仅计算调和漆的工程量即可，不能再列防锈漆的项目。

（3）必须按工程量计算规则计算。

在计算工程量时，必须严格执行本地区现行预算定额中所规定的工程量计算规则，避免造成工程量计算中的误差，从而影响准确性。

（4）必须与图纸设计的规定一致。

工程量计算项目名称与图纸设计规定应保持一致，不得随意修改名称去高套定额或低套定额。若图纸设计与定额项目内容不完全一致，可进行定额的换算。

（5）计算必须准确，不重算、不漏算。

在计算工程量时，要根据工程施工图纸，严格执行本地区现行预算定额中所规定的工程量计算规则进行计算。另外，为了保证不重算、漏算，计算时应按一定顺序进行。

（三）工程量计算的顺序

一个建筑物或构筑物是由多个分部分项工程组成的，少则几十项，多则上百项。计算工程量时，为避免出现重复计算或漏算，必须按照一定的顺序进行。

确定各部分工程之间工程量的计算顺序一般有以下三种方法。

（1）规范顺序法。即完全按照预算定额中分部分项工程的编排顺序进行工程量的计算。其主要优点是能依据预算定额的项目划分顺序逐项计算，通过工程项目与定额之间的对照，能清楚地反映已算和未算项目，防止漏项，并有利于工程量的整理与报价，此法比较适合初学者。

（2）施工顺序法。即根据工程项目的施工工艺特点，按其施工的先后顺序，同时考虑到计算的方便，由基层到面层或从下至上逐层计算。此法打破了定额分章的界限，计算过程流畅，但对使用者的专业技能要求较高。

（3）统筹原理计算法。即通过对预算定额的项目划分和工程量计算规则进行分析，找出各建筑、装饰分项项目之间的内在联系，运用统筹法原理，合理安排计算顺序，从而达到以点带面、简化计算、节省时间的目的。此法通过统筹安排，使各分项项目的计算结果互相关联，并将后面要重复使用的基数先计算出来。

实际工作中，往往综合应用上述三种方法。建筑分部工程量计算的参考顺序如下：

门窗构件统计→混凝土及钢筋混凝土工程→砌筑工程→土石方工程→金属结构工程→构件运输及安装工程→屋面工程→防腐保温隔热工程

装饰分部工程量计算的参考顺序如下：

门窗构件统计→楼地面工程→顶棚工程→墙柱面工程→油漆、涂料、裱糊工程→其他装饰工程

四、工程量计算中常用的基数

运用统筹原理计算法计算工程量时,我们可以借助一些重复使用的数据来实现分项工程量的计算,从而减少工作量、提高效率。我们将计算分项工程量时重复使用的数据称为基数。

经过对土建工程施工图预算中分项工程量计算过程的分析,我们发现:各分项工程量计算尽管各有特点,但都离不开"三线""一面""一册"。

1. 三线

(1)外墙外边线($L_{外}$):是指外墙外侧与外侧之间的距离。其计算式如下:

$$L_{外} = 外墙定位轴线长 + 外墙定位轴线至外墙外侧的距离 \qquad (2\text{-}53)$$

(2)外墙中心线($L_{中}$):是指外墙中心至中心之间的距离。其计算式如下:

$$L_{中} = 外墙定位轴线长 + 外墙定位轴线至外墙中心的距离 \qquad (2\text{-}54)$$

(3)内墙净长线($L_{内}$):是指内墙与外墙(内墙)交点之间的距离。其计算式如下:

$$L_{内} = 外墙定位轴线长 - 墙定位轴线至所在墙体内侧的距离 \qquad (2\text{-}55)$$

2. 一面

一面是指建筑物底层建筑面积(S_1),可参考建筑面积计算规则进行计算。

3. 一册

一册是指造价员工作手册,即对于有些不能用"线"和"面"计算而又经常使用的数据、公式和系数,汇编而成的手册。当计算有关分项工程量时,可查阅手册快速计算。

五、工程量计算规则及示例

贵州省 2016 年预算定额《贵州省建筑与装饰工程计价定额》(GZ 01—31—2016)实体项目包括以下分部工程:土石方工程,地基处理及基坑支护工程,桩基础工程,砌筑工程,混凝土及钢筋混凝土工程,金属结构工程,木结构工程,门窗工程,屋面及防水工程,保温、隔热、防腐工程,楼地面装饰工程,墙、柱面装饰与隔断、幕墙工程,天棚工程,油漆、涂料、裱糊工程,其他装饰工程,拆除工程;单价措施项目工程包括:脚手架工程,垂直运输,超高施工增加,施工排水、降水,大型机械进出场及安拆。

(一)土石方工程

1. 说明

本定额包括人工土方、机械土方、人工石方、机械石方、石方爆破、回填及其他六节。

(1)土壤、岩石分类表。

①土壤分类,土壤按一、二类土,三类土、四类土分类,其具体分类见表 2-5。

表 2-5　土壤分类表

土壤分类	代表性土壤	开挖方法
一、二类土	粉土、砂土(粉砂、细砂、中砂、粗砂、砾砂)、粉质黏土、弱中盐渍土、软土(淤泥质土、泥炭、泥炭质土)、软塑红黏土、冲填土	主要用锹,少许用镐、条锄开挖。机械能全部直接铲挖满载者
三类土	黏土、碎石土(圆砾、角砾)混合土、可塑红黏土、硬塑红黏土、强盐渍土、素填土、压实填土	主要用镐、条锄,少许用锹开挖。机械需部分刨松方能铲挖满载者,或可直接铲挖但不能满载者
四类土	碎石土(卵石、碎石、漂石、块石)、坚硬红黏土、超盐渍土、杂填土	全部用镐、条锄挖掘,少许用撬棍挖掘。机械须普遍刨松方能铲挖满载者

②岩石分类,岩石按极软岩、软岩、较软岩、较硬岩、坚硬岩分类,其具体分类见表 2-6。

表 2-6　岩石分类表

岩石分类		代表性岩石	饱和单轴抗压强度/MPa	开挖方法
极软岩		1.全风化的各种岩石 2.强风化的软岩 3.各种半成岩	$f_r \leqslant 5$	部分用手凿工具、部分用爆破法开挖
软质岩	软岩	1.强风化的坚硬岩或较硬岩 2.中等(弱)风化～强风化的较坚硬岩 3.中等(弱)风化的较软岩 4.未风化泥岩、泥质页岩、绿泥石片岩、绢云母片岩等	$5 < f_r \leqslant 15$	用风镐和爆破法开挖
	较软岩	1.强风化的坚硬岩 2.中等(弱)风化的较坚硬岩 3.未风化～微风化的凝灰岩、千枚岩、泥灰岩、砂质泥岩、泥质砂岩、粉砂岩、矿质页岩等	$15 < f_r \leqslant 30$	用爆破法开挖
硬质岩	较坚硬岩	1.中等(弱)风化的坚硬岩 2.未风化～微风化的熔结凝灰岩、大理岩、板岩、石灰岩、白云岩、钙质砂岩粗晶大理岩等	$30 < f_r \leqslant 60$	用爆破法开挖
	坚硬岩	未风化～微风化的花岗岩、正长岩、闪长岩、辉绿岩、玄武岩、安山岩、片麻岩、石英岩、石英砂岩、硅质胶结的砾岩、硅质板岩、硅质石灰岩等	$f_r > 60$	用爆破法开挖

(2)天然湿度土、湿土、淤泥的划分。

天然湿度土、湿土的划分以地质勘测资料为准。地下常水位以上为天然湿度土,地下常水位以下为湿土。地表水排出后,土壤含水率≥25%时为湿土。含水率超过液限,土和水的混合物呈现流动状态时为淤泥。

(3)沟槽、基坑、一般土石方的划分。

底宽(含工作面,下同)≤7 m且底长>3倍底宽为沟槽;底长≤3倍底宽且底面积(含工作面,下同)≤150 m² 为基坑;超出上述范围,为一般土石方。

(4)土方定额项目按挖运天然湿度土编制。人工挖、运湿土时,相应定额项目人工乘以系数1.18;机械挖、运湿土时,相应定额项目人工、机械乘以系数1.15。采取降水措施后,人工挖、运土相应定额项目人工乘以系数1.09,机械挖、运土不再乘以系数。

(5)挡土板内人工挖槽坑时,相应定额项目人工乘以系数1.2。

(6)桩间挖土不扣除桩体和空孔所占体积。桩间挖土时,相应挖土定额项目的人工、机械乘以系数1.5。

(7)满堂基础垫层底以下局部加深的槽坑,按槽坑相应规则计算工程量,相应定额项目人工、机械乘以系数1.25。

(8)挖掘机(含小型挖掘机)挖土石方,机械不能作业的边角,需要人工配合清理挖运的,其工程量按施工组织设计规定计算,土方执行相应的人工挖土方定额项目,人工乘以系数1.5;石方执行人工凿石定额项目,人工乘以系数1.2。

(9)小型挖掘机,系指斗容量≤0.3 m³ 的挖掘机,适用于基础(含垫层)底宽≤1.2 m的沟槽土石方工程或底面积≤8 m² 的基坑土石方工程。

(10)推土机推土,当土层平均厚度≤0.3 m 时,相应定额项目人工、机械乘以系数1.25。

(11)挖掘机在垫板上作业时,相应定额项目人工、机械乘以系数1.25。挖掘机下铺设垫板、汽车运输道路上铺设材料时,其费用按施工组织设计另行计算。

(12)人工挖沟槽、基坑深度超过6 m时,按6 m以内相应定额项目乘以系数1.25。

(13)人工开挖底宽≤7 m且底长>3倍沟槽或底面积≤150 m² 基坑以外的土石方,其垂直提运按垂直深度每米折合水平运距5 m计算。

(14)推土机、铲运机推、铲未经压实的积土时,按相应定额项目乘以系数0.73。

(15)推土机、装载机、铲运机重车上坡,坡度大于5%时,其降效因素按坡道斜长乘以重车上坡降效系数计算,重车上坡降效系数见表2-7。

表 2-7　重车上坡降效系数表

坡度/(%)	5~10	≤15	≤20	≤25
系数	1.75	2.00	2.25	2.50

(16)施工现场范围内土石方运距,按挖土区重心至填方区(或堆放区)重心间的最短距离计算。

(17)土石方外运距离按≤30 km编制。超出该运距上限的土石方运输,不适用本定额。

(18)定额未包含弃土处理费用,发生时,另行计算。

(19)淤泥、流砂运输按即挖即运考虑。对没有即时运走经晾晒后的淤泥、流砂按运一般土方定额项目计算。

(20)人工及人力车运土、石渣定额,适用于道路坡度≤15%,如遇上坡坡度>15%且≤40%时,其运距按坡段斜长乘以系数1.5;坡度>40%时,按坡底至坡顶平均标高计算垂直深度,每1 m折算成水平运距10 m计算。在同一条线路上坡度不同时,分段计算。遇有下坡时,运距按斜长计算。

(21)回填及其他。

①平整场地是指建筑场地土石方厚度≤30 cm的就地挖、填及平整。挖填土石方厚度>30 cm时,挖、填土石方根据场地土方平衡竖向布置图,按一般土石方相应规定计算,不再计算平整场地。

②回填土定额项目分为松填、夯填。松填是指设计要求有回填范围(面积)、标高及堆积土的平整度;夯填除了松填的上述要求,还应按设计密实度要求分层回填并夯实。没有设计回填范围(面积)、标高和平整度要求的弃土,不得按松填计算。

③人工、机械回填石渣时,执行相应的土方回填定额项目,人工、机械乘以系数1.2。如外购石渣,石渣主材可另行计算。

④定额未考虑卸土区平整费用,发生时另行计算。

(22)未包括的现场障碍物清除、地下常水位以下的施工降水、土石方开挖过程中的排水与边坡支护,实际发生时,另按相应规定计算。

2.相关规定

(1)挖土石方以交付施工场地实际标高为准计算。沟槽、基坑土石方的开挖深度,按图示沟槽、基坑底面至交付施工场地标高深度计算。

(2)土石方的开挖、运输,均按开挖前的天然密实体积计算。土石方回填,按回填后的竣工体积计算。土方体积应按挖掘前的天然密实体积计算。如需按天然密实体积折算,应按表2-8中系数计算。

表2-8 土方体积折算系数表

天然密实度体积	虚方体积	夯实后体积	松填体积
1.00	1.30	0.87	1.08
0.77	1.00	0.67	0.83
1.15	1.50	1.00	1.25
0.92	1.20	0.80	1.00

(3)放坡系数的确定。

土石方工程施工时,为了防止土壁坍塌,保持边壁稳定,一般土壁要放坡或支挡土板。

放坡系数用K表示:

$$K=D/H \qquad (2-56)$$

式中:H——挖土深度;

D——边坡上口一侧放坡宽度。

挖沟槽、地坑、土方需放坡者,可按表2-9规定的放坡起点及放坡系数计算工程量。

表 2-9　土方放坡起点深度和放坡坡度表

土壤类别	放坡起点深度/m	人工挖土	机械挖土		
			在坑内作业	在坑上作业	顺沟槽在坑上作业
一、二类土	1.20	1∶0.50	1∶0.33	1∶0.75	1∶0.50
三、四类土	1.70	1∶0.30	1∶0.18	1∶0.50	1∶0.30

注:1.计算基础土方放坡时,不扣除交接处的重复工程量。放坡自基础(含垫层)底面开始计算。

2.沟槽、基坑中土壤类别不同时,其放坡起点深度和放坡坡度,按不同土类厚度加权平均计算。

3.挖沟槽、基坑支挡土板时,不再计算放坡。

(4)挖土工作面的确定。

当组成基础的材料不同或施工方式不同时,基础施工的工作面宽度按表 2-10 计算。

表 2-10　基础施工工作面宽度计算表

基础材料	每边各增加工作面宽度/mm
砖基础	200
浆砌毛石、条石基础	150
混凝土基础垫层支模板	300
混凝土基础支模板	300
基础垂直面做防水层或防腐层	1000(自防水层或防腐层面)
支挡土板	100(另加)

①基础施工需要搭设脚手架时,基础施工的工作面宽度,条形基础按 1.50 m 计算(只计算一面),独立基础按 0.45 m 计算(四面均计算)。

②基坑土方大开挖需做边坡支护时,基础施工的工作面宽度按 2.00 m 计算。

③基坑内施工各种桩时,基础施工的工作面宽度按 2.00 m 计算。

(5)管道沟槽的宽度,设计有规定的,按设计规定尺寸计算;设计无规定时,管道施工所需每边工作面宽度按表 2-11 计算。

表 2-11　管道施工所需每边工作面宽度计算表

管道材质	管道基础外沿宽度(无管道基础时管道外径)/mm			
	≤500	≤1000	≤2500	>2500
混凝土管、水泥管	400	500	600	700
其他管道	300	400	500	600

3.工程量计算方法

(1)平整场地。

平整场地是指建筑场地土石方厚度≤30 cm 的就地挖、填及平整。

平整场地工程量按建筑物首层建筑面积计算。建筑物地下室结构外边线突出首层结构外边线时,其突出部分的建筑面积合并计算。平整场地示意图如图 2-24 所示。

计算公式如下:

$$平整场地工程量＝a×b \quad\quad (2\text{-}57)$$

式中：a——平整场地长度；

　　　b——平整场地宽度。

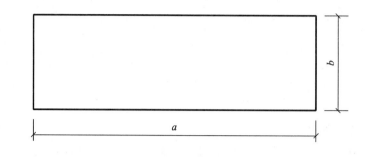

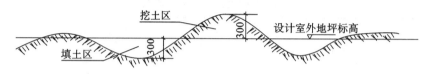

图 2-24　平整场地示意图

（2）挖土方。

挖土方可划分为沟槽、基坑、一般土方。

沟槽：当图示底宽≤7 m 且底长＞3 倍底宽为沟槽。

基坑：当图示底长≤3 倍底宽且底面积≤150 m² 为基坑。

一般土方：凡图示沟槽底宽＞7 m，坑底面积＞150 m²，平整场地挖土方厚度大于 300 mm 的挖土方均为一般挖土方项目。

①沟槽开挖工程量计算。

沟槽土石方，按设计图示沟槽长度乘以沟槽断面面积，以体积计算。条形基础的沟槽长度，设计无规定时，按下列规定计算：外墙沟槽，按外墙中心线长度计算，突出墙面的墙垛，按墙垛突出墙面的中心线长度，并入相应工程量内计算；内墙沟槽、框架间墙沟槽，按基础（含垫层）之间垫层（或基础底）的净长度计算。

a. 不放坡不支挡土板开挖。

不放坡不支挡土板开挖是指沟槽的开挖深度不超过表里放坡起点深度，如图 2-25（a）所示，其计算公式为：

$$不放坡不支挡土板开挖沟槽工程量＝(a+2c)HL \quad\quad (2\text{-}58)$$

式中：a——图示基础垫层的宽度；

　　　c——每边各增加工作面宽度；

　　　H——所挖沟槽的深度，沟槽、基坑深度，按图示槽、坑底面至室外地坪深度计算；

　　　L——所挖沟槽的长度。

b. 放坡开挖。

如图 2-25（b）所示，其计算公式为：

$$放坡开挖沟槽工程量＝(a+2c+KH)HL \quad\quad (2\text{-}59)$$

式中:K——放坡系数。

计算放坡和支挡土板挖土时,在交接处的重复工程量不予扣除。

c. 支挡土板开挖。

如图 2-25(c)所示,其计算公式为:

$$支挡土板开挖沟槽工程量 = (a+2c+0.2)HL \qquad (2\text{-}60)$$

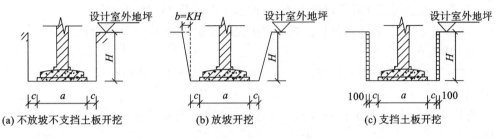

图 2-25　挖沟槽示意图

②基坑开挖工程量计算。

挖基坑土方需考虑工作面、是否放坡或支挡土板等情况,以下是分别考虑这些后挖基坑土方的计算公式。

a. 不放坡不支挡土板开挖,此时所挖基坑是一长方体。

为长方体时:

$$挖基坑工程量 = (a+2c)(b+2c)H \qquad (2\text{-}61)$$

b. 放坡开挖。

为棱台时:

$$挖基坑工程量 = (a+2c+KH)(b+2c+KH)H + \frac{1}{3}K^2H^3 \qquad (2\text{-}62)$$

式中:a——垫层的长度;

b——垫层的宽度;

c——工作面宽度;

K——放坡系数;

H——挖土的深度,同挖沟槽确定方法相同。

c. 土方开挖工程量计算。

基坑土石方,按设计图示基础(含垫层)尺寸,另加工作面宽度、土方放坡宽度或石方允许超挖量乘以开挖深度,以体积计算。

一般土石方,按设计图示基础(含垫层)尺寸,另加工作面宽度、土方放坡宽度或石方允许超挖量乘以开挖深度,以体积计算。机械上下行驶坡道的土方或石方,其开挖工程量合并在相应工程量内计算。

基坑土方大开挖后再挖沟槽、基坑,其深度以大开挖后底面标高至沟槽、基坑底面标高计算。

(3)管道沟槽长度,按设计规定计算;设计无规定时,按设计图示管道中心线长度(不扣除下口直径或边长≤1.5 m 的井池)计算。下口直径或边长>1.5 m 的井池的土石方,另按基坑的相应规定计算。沟槽的断面面积,应包括工作面宽度、放坡宽度或石方允许超挖量的面积。

(4)人工凿岩石,按图示尺寸以体积计算。

(5)爆破岩石每边允许超挖宽度:软质岩为 0.20 m,硬质岩为 0.15 m。

(6)岩石爆破后人工清理基底与修整边坡,按岩石爆破的规定尺寸(含工作面宽度和允许超挖量),以面积计算。

(7)石方微差爆破和静力爆破工程量,按施工组织设计以体积计算。

(8)原土夯实与碾压,按设计或施工组织设计规定的尺寸,以面积计算。

(9)回填土。

沟槽、基坑回填,按挖方体积减去设计室外地坪以下建筑物(构筑物)、基础(含垫层)的体积计算。

管道沟槽回填,按挖方体积减去管道基础和管道折合回填体积计算,管道折合回填体积见表 2-12。

表 2-12　管道折合回填体积表　　　　　　　　　　单位:m³/m

管道材质	公称直径/(mm 以内)					
	500	600	800	1000	1200	1500
混凝土管及钢筋混凝土管道	—	0.33	0.60	0.92	1.15	1.45
其他材质管道	—	0.22	0.46	0.74	—	—

①基础回填。

基础回填指基础工程完成后,将槽、坑四周未做基础部分进行回填至设计地坪标高。基础回填土必须夯填密实,工程量计算公式为:

基础回填土工程量＝挖土体积－设计室外地坪以下建筑物(构筑物)、基础(含垫层)的体积 (2-63)

②房心回填土。

房心(含地下室内)回填,按主墙(厚度＞120 mm 的墙)间净面积乘以回填厚度以体积计算。其计算公式为:

$$房心回填土工程量＝主墙间净面积×回填土厚度 \qquad (2-64)$$
$$回填土厚度＝设计室内外标高差－地面垫层、找平层、面层的厚度 \qquad (2-65)$$

③场区(含地下室顶板以上)回填。

场区(含地下室顶板以上)回填按回填面积乘以平均回填厚度以体积计算。

【例 2.17】　某建筑物基础平面图,详图如图 2-26 所示,外墙为 370 墙(墙体厚 370 mm),内墙为 240 墙(墙体厚 240 mm),三类土,C10 混凝土垫层,人工挖土,计算平整场地及挖沟槽的工程量。

分析:平整场地工程量按建筑物底面积计算。挖沟槽工程量的计算,先确定是否需要放坡,根据土的类别和挖土深度可以确定不需要放坡;根据基础材料确定工作面宽度为 20 cm;计算外墙下挖沟槽工程量用公式,放坡沟槽工程量＝$(a+2c)HL$,注意外墙中心线长度与轴线没有重合,轴线需向外偏 0.06 m 才是外墙中心线的位置,内墙一共 5 道要分别计算。

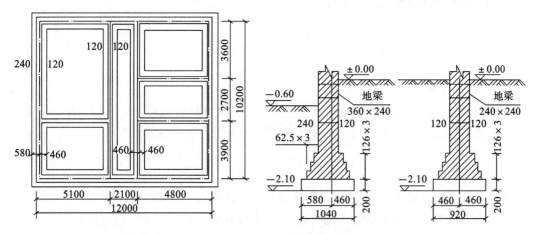

图 2-26　某建筑物基础图

【解】　(1)平整场地：$(12+0.24\times2)\times(10.2+0.24\times2)=133.29(m^2)$

(2)挖沟槽：

外墙下沟槽长度 $L_{外}=(12+0.06\times2+10.2+0.06\times2)\times2=44.88(m)$

内墙下沟槽长度 $L_{内}=(10.2-0.46\times2)\times2+(5.1-0.46\times2)+(4.8-0.46\times2)\times2$
$=30.5(m)$

外墙挖沟槽工程量 $=(1.04+2\times0.2)\times1.5\times44.88=96.94(m^3)$

内墙挖沟槽工程量 $=(0.92+2\times0.2)\times1.5\times30.5=60.39(m^3)$

挖沟槽工程量 $=96.94+60.39=157.33(m^3)$

【例 2.18】　如图 2-27 所示,土壤类别为二类土,求建筑物人工平整场地工程量。

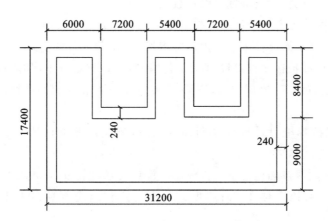

图 2-27　某建筑物底层平面示意图

【解】

人工平整场地工程量 $=(31.2+0.24)\times(17.4+0.24)-(7.2-0.24)\times8.4\times2$
$=437.67(m^2)$

(二)地基处理与基坑支护工程

1.说明

本定额包括地基处理、基坑与边坡支护两部分。

1)地基处理

(1)填料加固。

①填料加固定额项目用于软弱地基挖土后的换填材料加固。

②填料加固夯填灰土就地取土时,应扣除灰土配比中的黏土。

(2)强夯地基。

①强夯定额项目中每单位面积夯点数,指设计文件规定单位面积内的夯点数量,若设计文件中夯点数量与定额不同,采用内插法计算消耗量。

②强夯的夯击击数系指强夯机械就位后,夯锤在同一夯点上下起落的次数。

(3)填料桩。

碎石桩与砂石桩的充盈系数按 1.30、损耗率按 2% 计。实际砂石配合比及充盈系数不同时可以调整。其中灌注砂石桩除上述充盈系数和损耗率外,还包括级配密实系数 1.334。

(4)搅拌桩。

①深层搅拌水泥桩定额项目按 1 喷 2 搅施工编制,实际施工为 2 喷 4 搅时,人工、机械乘以系数 1.43;实际施工为 2 喷 2 搅、4 喷 4 搅时分别按 1 喷 2 搅、2 喷 4 搅计算。

②深层水泥搅拌桩的水泥掺入量按加固土重(1.8 t/m³)的 10% 编制,设计与定额不同时,按水泥掺量每增加 1% 定额项目调整。

③深层水泥搅拌桩定额项目综合了正常施工工艺需要的重复喷浆(粉)和搅拌。空搅部分按相应定额项目的人工、机械乘以系数 0.50。

④三轴水泥搅拌桩定额项目水泥掺入量按加固土重(1.8 t/m³)的 18% 编制,设计与定额不同时,按深层水泥搅拌桩水泥掺量每增加 1% 定额项目调整。

⑤三轴水泥搅拌桩按 2 搅 2 喷施工工艺编制,设计与定额不同时,每增(减)搅、喷次数,按相应定额项目人工、机械增(减)40%。空搅部分按相应定额项目的人工、机械乘以系数 0.50。

⑥三轴水泥搅拌桩设计要求全断面套打时,相应定额项目的人工、机械乘以系数 1.50。

(5)打桩定额项目按陆地打垂直桩编制。设计要求打斜桩,斜度≤1∶6 时,相应定额项目的人工、机械乘以系数 1.25;斜度>1∶6 时,相应定额项目人工、机械乘以系数 1.43。

(6)桩间补桩或在沟槽(基坑)中及强夯后的地基上打桩时,相应定额项目人工、机械乘以系数 1.15。

(7)单独打试验桩、锚桩,按相应定额项目人工、机械乘以系数 1.50。

(8)单位工程的碎石桩、砂石桩的工程量≤60 m³ 时,相应定额项目人工、机械乘以系数 1.25。

2）基坑与边坡支护

（1）地下连续墙未包括导墙挖土石方、泥浆处理及外运、钢筋加工，实际发生时，另按相应定额项目计算。

（2）钢制桩。

①打拔槽钢或钢轨，按钢板桩定额项目机械乘以系数0.77，其他不变。

②现场制作的永久性型钢桩、钢板桩，制作执行"金属结构工程"中钢柱制作相应定额项目。临时性型钢桩、钢板桩，每拔打一次按主材消耗量的7%计取摊销。

③型钢桩、钢板桩除锈、刷油执行相应定额项目。

（3）土钉与锚喷联合支护的工作平台执行"脚手架工程"相应定额项目。

（4）喷射混凝土护坡钢筋网执行"混凝土及钢筋混凝土工程"现浇钢筋相应定额项目，人工、机械乘以系数2.40。

（5）土钉采用钻孔置入法施工时，执行锚杆（锚索）相应定额项目。

（6）岩层锚杆（锚索）机械钻孔、灌浆定额项目，适用于岩石类别为软质岩及硬质岩的岩层钻孔、灌浆。

（7）挡土板定额项目分为疏板和密板。疏板是指间隔支挡土板，且板间净空≤150 cm；密板是指满堂支挡土板或板间净空≤30 cm。

（8）未单列的混凝土格构定额项目，实际发生时，执行"混凝土及钢筋混凝土工程"基础梁相应定额项目，其中模板、混凝土定额项目人工乘以系数1.20。

2. 工程量计算规则

工程量计算规则主要包括地基处理、基坑与边坡支护两个部分。

1）地基处理

（1）填料加固按设计图示尺寸以体积计算。

（2）强夯地基（用起重机械将夯锤起吊到6～30 m高度后，自由落下，给地基土以强大的冲击能量的夯击，迫使土层空隙压缩，孔隙水和气体逸出，从而提高地基承载力）区别不同夯击能量和夯点密度，按设计图示强夯处理范围、夯击遍数以面积计算。设计无规定时，按建筑物外围轴线每边各加4 m计算。

（3）填料桩：灰土桩、砂石桩、碎石桩、水泥粉煤灰碎石桩，按设计桩长（包括桩尖）乘以桩截面积（或钢管钢箍最大外径截面积）以体积计算。

（4）搅拌桩。

①深层搅拌水泥桩、三轴水泥搅拌桩、高压旋喷水泥桩，按设计桩长加50 cm乘以桩截面积以体积计算。

②三轴水泥搅拌桩中的插、拔型钢桩按设计图示尺寸以质量计算。

2）基坑与边坡支护

（1）地下连续墙（沿着深开挖工程的周边轴线，在泥浆护壁条件下，开挖出一条狭长的深槽，清槽后，在槽内吊放钢筋笼，然后用导管法灌筑水下混凝土筑成一个单元槽段，如此逐段进行，在地下筑成一道连续的钢筋混凝土墙壁，作为截水、防渗、承重、挡水结构）。

①现浇导墙混凝土按设计图示尺寸以体积计算。现浇导墙混凝土模板按混凝土与模板接触面积计算。

②成槽按设计长度乘以墙厚及成槽深度以体积计算。

③锁口管按段(指槽壁单元槽段)计算,锁口管吊拔按连续墙段数计算。

④清底置换按段计算。

⑤连续墙混凝土按设计长度乘以墙厚及墙深加 0.50 m,以体积计算。

⑥凿地下连续墙超灌混凝土,按设计规定计算。设计无规定时,按墙体断面面积乘以0.50 m,以体积计算。

(2)打拔钢板桩按设计图示尺寸以质量计算。安、拆导向夹具按设计图示尺寸以长度计算。

(3)土钉与锚杆。

①土钉、锚杆的钻孔、灌浆,按设计图示钻孔深度,以长度计算。

②喷射混凝土护坡按设计图示喷射面积计算。

③钢筋锚杆、钢管锚杆、锚索按设计图示尺寸(包括外锚段)质量计算。

④锚头制作、安装、张拉、锁定按设计图示数量以套计算。

(4)挡土板按设计图示尺寸或施工组织设计支挡范围,以面积计算。

(三)桩基础工程

1.说明

本定额包括打桩、灌注桩二节。

(1)本定额适用于陆地上桩基工程,所列打桩机械的规格、型号是按常规施工工艺和方法综合取定,施工场地的土质级别也进行了综合取定。

(2)桩基施工前场地平整、压实地表、地下障碍处理等,定额均未考虑,发生时另行计算。

(3)探桩位已综合考虑在各类桩基定额内,不另行计算。

(4)一个单位工程的桩基工程量少于表 2-13 对应数量时,相应定额项目人工、机械乘以系数 1.25。灌注桩单位工程的桩基工程量指灌注混凝土量。

表 2-13　单位工程的桩基工程量表

项目	工程量/m³
预制钢筋混凝土方桩	200
预制钢筋混凝土板桩	100
钻孔、旋挖成孔灌注桩	150
沉管、冲孔成孔灌注桩	100

(5)打预制钢筋混凝土桩未包括接桩,如需接桩,另按接桩定额项目计算。

(6)焊接桩接头钢材用量,设计与定额用量不同时,可按设计材料用量换算,人工、机械不变。

(7)打桩。

①单独打试验桩、锚桩,按相应定额项目的打桩人工及机械乘以系数 1.5。

②打桩定额以打垂直桩为准,设计要求打斜桩时,斜度≤1∶6 时,相应定额项目人工、机械乘以系数 1.25。斜度>1∶6 时,相应定额项目人工、机械乘以系数 1.43。

③打桩定额以平地(坡度≤15°)打桩为准,坡度>15°打桩时,按相应定额项目人工、机械乘以系数1.15。如在基坑内(基坑深度>1.5 m,基坑面积≤500 m²)打桩或在地坪上打沟槽、基坑内(沟槽、基坑深度>1 m)桩,按相应定额项目人工、机械乘以系数1.11。

④在桩间补桩或强夯后的地基打桩时,按相应定额项目人工、机械乘以系数1.15。

⑤打桩工程,如遇送桩,可按相应打桩定额项目人工、机械乘以表2-14规定系数计算。

表2-14 送桩深度系数表

送桩深度	系数
≤2 m	1.25
2~4 m	1.43
>4 m	1.67

⑥定额项目内的金属周转材料中包括桩帽、送桩器、桩帽盖、活瓣桩尖、钢管、料斗等。

⑦打、压预制钢筋混凝土桩,已包含桩位半径在15 m范围内的移动、起吊、就位;超过15 m时的场内运输,按"混凝土及钢筋混凝土工程"相应定额项目计算。外购混凝土桩,不执行预制混凝土桩制作定额项目,也不计算该桩的钢筋及模板等费用。其外购桩价格按合同约定或签证,打桩损耗、场外运输损耗及运输费用计算按定额规定计算。

(8)灌注桩。

①钻孔、冲孔、旋挖成孔等灌注桩设计要求入岩时,执行相应岩层钻孔定额项目。岩石类别按照"土石方工程"说明中岩石分类表确定。极软岩不做入岩计算,软质岩和硬质岩分别做入岩计算。

②旋挖钻机成孔、冲击成孔机成孔、冲孔桩机成孔灌注桩定额项目按湿作业成孔考虑,如采用干作业成孔工艺,应扣除定额中的黏土、水和泥浆泵的费用。

③灌注桩定额项目中的混凝土消耗量,均已包括了充盈系数和材料损耗,见表2-15。

表2-15 灌注桩充盈系数和材料损耗率表

项目名称	充盈系数	损耗率/(%)
冲孔桩机成孔灌注混凝土桩	1.3	1
旋挖、冲击钻机成孔灌注混凝土桩	1.25	1
沉管桩机成孔灌注混凝土桩	1.15	1

④人工挖孔桩护壁及无护壁填芯混凝土的充盈系数,未包括在定额项目的材料消耗量内,编制预算时,其充盈系数可按10%计算。

⑤充盈系数均为编制预算时使用。实际出槽量不同时,可以调整。

⑥灌注混凝土桩桩芯混凝土按预拌混凝土编制,实际采用现场搅拌时,按"混凝土及钢筋混凝土工程"中的相应定额项目执行。

⑦灌注桩在成孔时,若出现大体积的垮塌、流砂等无法成孔的施工情况,采取的各项施工措施所发生的费用,另行计算。

⑧孔桩内人工挖淤泥、流砂,按三、四类土定额项目乘以系数1.50。

⑨人工挖孔桩同一孔内土壤及岩石类别不同时,其工程量按不同类别分别计算,以孔桩总深度套用相应定额项目。

⑩桩孔空钻部分回填应根据施工组织设计,填土时执行"土石方工程"松填土方定额项目。

⑪旋挖桩、人工挖孔桩等干作业成孔桩的土石方场内、场外运输,执行"土石方工程"中相应定额项目。

⑫泥浆池制作,实际发生时按"砌筑工程"的相应定额项目执行。

⑬泥浆场外运输,实际发生时执行"土石方工程"中泥浆灌车运淤泥流砂定额项目。

⑭桩钢筋笼、铁件制安,实际发生时按"混凝土及钢筋混凝土工程"的相应定额项目执行。护壁钢筋执行"混凝土及钢筋混凝土工程"中的砌体内钢筋加固定额项目。

⑮沉管灌注桩的预制桩尖制安项目,实际发生时按"混凝土及钢筋混凝土工程"中的预制小型构件定额项目执行。

⑯声测管、注浆管埋设定额项目中的声测管、注浆管的材质、规格设计与定额不同时,可以换算,其余不变。

⑰注浆管埋设定额项目按桩底注浆编制,采用侧向注浆,人工、机械乘以系数 1.2。

⑱爆破定额项目中的爆破材料(炸药、雷管),设计或施工组织设计与定额取定不同时,可以调整。

⑲爆破定额项目已包含爆破材料现场运输用工,未包含由相关部门规定配送而发生的配送费,发生时另行计算。

⑳灌注桩后压浆定额项目适用于设计有要求时使用。

㉑钢护筒无法拔出时,按现场签证处理。

2. 工程量计算规则

桩基础是一种常见的基础形式,当荷载较大而不能在天然地基上做基础时,往往采用桩基础。桩基础由桩身和承台组成,其形式见图 2-28。

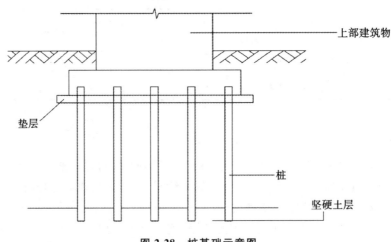

图 2-28 桩基础示意图

桩基础按施工方法分为预制桩和灌注桩。预制桩是把预制好的钢筋混凝土桩,用打桩机打入地下,作为基础承重结构。灌注桩是先从地面钻孔或挖孔成型,再在成型孔内放入钢筋笼并灌注混凝土制成桩。

1)打桩

(1)打、压预制钢筋混凝土桩按设计桩长(包括桩尖)乘以桩截面面积,以体积计算。如管桩的空心部分按设计要求灌注混凝土或其他填充材料,应另行计算。桩示意图如图2-29所示。

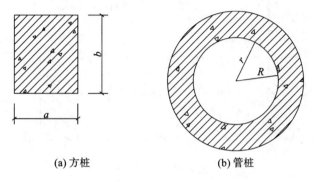

(a)方桩　　　　　　(b)管桩

图 2-29　桩示意图

计算公式:

$$预制混凝土方桩的工程量 = abLN \tag{2-66}$$

$$预制混凝土管桩的工程量 = \pi(R^2 - r^2)LN \tag{2-67}$$

式中:L——桩长;

N——桩的根数;

a——方桩截面的长;

b——方桩截面的宽;

R——管桩截面外半径;

r——管桩截面内半径。

(2)送桩。

在打桩过程中有时要求将桩顶面打到低于桩架操作平台以下,或由于某种原因要求将桩顶面打入自然地面以下,这时桩锤就不能直接触击到桩头,因而需要用送桩器加在桩帽上以传递桩锤的力量,使桩锤将桩打到要求的位置,最后将送桩器拔出,这一过程叫送桩。

送桩按桩截面面积乘以送桩长度(即设计桩顶标高至打桩前的自然地面标高另加0.5 m)计算。送桩后孔洞如需回填,按"土石方工程"相应项目计算。送桩示意图如图2-30所示。

送桩长度是指打桩架底至桩顶面高度或自桩顶面至自然地面另加0.5 m。计算公式:

$$送桩工程量 = 桩的断面面积 \times 送桩长度 \tag{2-68}$$

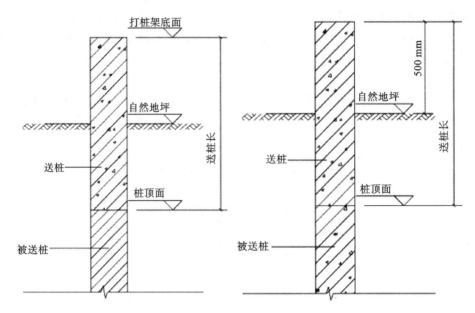

图 2-30　送桩示意图

（3）接桩。

电焊接桩按设计接头，以个计算；电焊接桩按设计要求的接桩头数量，以根计算；硫磺胶泥接桩按桩断面面积计算。

（4）预制混凝土桩截桩按设计要求截桩的数量计算。截桩长度≤1 m 时，不扣减相应桩的打桩工程量；截桩长度＞1 m 时，其超过部分按实扣减打桩工程量，但桩体的材料费不扣除。

（5）预制混凝土桩凿桩头按设计图示桩截面积乘以凿桩头长度，以体积计算。凿桩头长度设计无规定时，桩头长度按桩体高 40d（d 为桩体主筋直径，主筋直径不同时取大者）计算；灌注混凝土桩凿桩头，按设计超灌高度（设计无规定按 0.5 m）乘以桩身设计截面积，以体积计算。

（6）桩头钢筋整理，按所整理的桩的数量计算。

2）灌注桩

（1）机械成孔工程量分别按进入土层和岩石层的成孔长度乘以设计桩径截面积，以体积计算。

（2）钻孔桩、旋挖桩、冲孔桩灌注混凝土工程量按设计桩径截面积乘以设计桩长另加加灌长度，以体积计算。加灌长度设计无规定的，按 0.5 m 计算。

（3）沉管成孔工程量按打桩前自然地坪标高至设计桩底标高（不包括预制桩尖）的成孔长度乘以钢管外径截面积，以体积计算。

（4）沉管桩灌注混凝土工程量按钢管外径截面积乘以设计桩长（不包括预制桩尖）另加加灌长度，以体积计算。加灌长度设计无规定的，按 0.5 m 计算。

（5）人工挖孔桩土石方工程量，按设计图示桩断面面积（含桩壁）分别乘以土层、岩石层的成孔中心线长度，以体积计算。

(6)人工挖孔桩模板工程量,按现浇混凝土桩壁与模板的接触面积计算。

(7)人工挖孔桩混凝土桩壁、砖桩壁工程量分别按设计图示截面积乘以设计桩长另加加灌长度,以体积计算。人工挖孔桩桩芯工程量按设计图示截面积乘以设计桩长另加加灌长度,以体积计算。加灌长度设计无规定的,按 0.25 m 计算。

(8)机械成孔桩、人工挖孔桩,设计要求扩底时,扩底工程量按设计图示尺寸,以体积计算,并入相应的工程量内。

(9)泥浆护壁成孔桩中泥浆运输工程量按成孔体积乘以系数 0.3(试桩 0.6)以体积计算,执行"土石方工程"中淤泥流砂运输相应定额项目。

(10)钻孔压浆桩工程量按设计桩长,以长度计算。

(11)注浆管、声测管埋设工程量按打桩前的自然地坪标高至设计桩底标高另加 0.5 m,以长度计算。

(12)桩底(侧)后压浆工程量按设计注入水泥用量,以质量计算。

(四)砌筑工程

砌筑工程划分为砖砌体、砌块砌体、轻质隔墙、石砌体和垫层等五个部分。

1.说明

1)砖砌体、砌块砌体、石砌体

(1)砖、砌块和石料按标准或常用规格编制,设计规格与定额不同时,砌体材料和砌筑(黏结)材料用量可以换算,人工按砂浆比例调整。

(2)砌筑砂浆按现拌砂浆和干混预拌砂浆分别编制,使用湿拌预拌砂浆的将定额中的干混预拌砂浆调换为湿拌预拌砂浆,再按相应定额中每立方米砂浆扣减人工 0.20 工日,并扣除干混砂浆罐式搅拌机台班数量。

(3)定额所列砌筑砂浆种类和强度等级、砌块专用砌筑黏结剂及砌块专用砌筑砂浆品种设计与定额不同时可以换算。

(4)定额中的墙体砌筑层高按 3.6 m 编制,层高超过 3.6 m 时,其超过部分工程量,定额人工乘以系数 1.3。

(5)基础与墙(柱)身的划分,如图 2-31 所示。

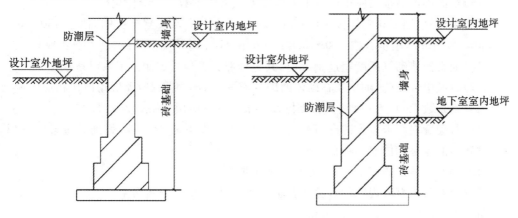

图 2-31 基础与墙身的划分

①基础与墙(柱)身使用同一种材料时,以设计室内地面为界(有地下室者以地下室室内设计地面为界)以下为基础、以上为墙(柱)身。

②基础与墙(柱)身使用不同材料时,设计室内地面高度≤300 mm时以不同材料为分界线,高度>300 mm时以设计室内地面为分界线。

③砖砌地沟不分墙基和墙身按不同材质合并工程量套用相应定额项目。

④砖、石围墙以设计室外地坪为界,以下为基础、以上为墙身。围墙内外地坪标高不同时以较低地坪标高为界,以下为基础、以上为墙身。围墙内外地坪标高之差为挡土墙时,挡土墙以上为墙身。

(6)石基础、石勒脚、石墙的划分:基础与勒脚以设计室外地坪为界,勒脚与墙身以设计室内地面为界。

(7)混凝土构件所用砖模、砖砌挡土墙执行砖基础定额项目。

(8)砖砌体和砌块砌体不分内、外墙执行相应的定额项目。

①定额中均已包括了立门窗框的调直用工以及腰线、窗台线、挑檐等一般出线用工。

②清水砖砌体均包括了原浆勾缝用工,设计需加浆勾缝时另行计算。

③轻集料混凝土小型空心砌块墙的门窗洞口等镶砌的同类实心砖部分已包含在定额内,不另行计算。

(9)填充墙以填炉渣、炉渣混凝土为准,当设计与定额不同时可以换算,其余不变。

(10)加气混凝土砌块墙定额已包括砌块零星切割改锯的损耗费用。

(11)零星砌体系指台阶、台阶挡墙、梯带、蹲台、室内小型池槽、池槽腿、单个体积≤1 m³的小型花台花池、楼梯栏板、阳台栏板、单个面积≤0.3 m²的孔洞填塞、突出屋面的烟囱、屋面伸缩缝砌体、隔热板砖墩等。地垄墙执行砖基础定额项目,当其高度>1.2 m时,执行墙体定额项目。

(12)贴砌砖定额项目适用于地下室外墙保护墙部位的贴砌砖。框架外表面的镶贴砖部分套用零星砌体定额。

(13)多孔砖、空心砖及砌块砌筑墙体有防水、防潮要求时,若以普通(实心)砖作为导墙砌筑的,导墙与上部墙身主体应分别计算,导墙部分套用零星砌体定额项目。

(14)双面清水墙按相应单面清水墙定额人工乘以系数1.15计算。

(15)粗石料、细石料砌体按400 mm×220 mm×200 mm规格编制,柱按450 mm×220 mm×200 mm,踏步石按400 mm×200 mm×100 mm规格编制。

(16)毛石护坡砌筑高度超过4 m时,其超过部分工程量定额人工乘以系数1.3。

(17)定额中各类砖、砌块及石砌体的砌筑均按直形砌筑编制,弧形砌体按相应定额项目人工乘以系数1.10,砖、砌块及石砌体及砂浆(黏结剂)用量乘以系数1.03。

(18)石砌墙内均未考虑砖砌门窗洞口立边、窗台虎头砖、砖平拱、钢筋砖过梁的体积,发生时套砖的零星砌体定额项目计算。

(19)毛石砌体定额按平毛石、乱毛石综合取定。

(20)料石为具有较规则的六面体石块,按表面加工的平整度分类。

粗料石:表面凹凸深度<20 mm。

细料石:表面凹凸深度<2 mm。

（21）砖烟囱筒身的原浆勾缝和烟囱帽抹灰等，已包括在定额项目内，不另计算。设计规定加浆勾缝者另行计算。

3）轻质隔墙

轻质墙板项目适用于框架填充内外墙。

4）垫层

（1）人工级配砂石垫层是按中（粗）砂15%（不含填充石子空隙）、碎石85%（含填充砂）的级配比例编制的。

（2）垫层是按地面垫层编制的，基础垫层套用定额时人工乘以1.2系数。

2.工程量计算方法

（1）砖基础。

砖基础工程量按设计图示尺寸以体积计算。

①附墙垛基础宽出部分体积并入基础工程量内，扣除地梁（圈梁）、构造柱所占体积，不扣除基础大放脚T形接头处的重叠部分及嵌入基础内的钢筋、铁件、管道、基础砂浆防潮层和单个面积≤0.3 m²的孔洞所占体积。

②基础长度。外墙按外墙中心线长度计算，内墙按内墙净长线计算。

$$条形基础的工程量＝基础断面积×基础的长度＋增加的体积－扣除的体积 \quad (2\text{-}69)$$
$$基础断面积＝基础墙墙厚×基础厚度＋大放脚增加面积$$
$$＝基础墙墙厚×（基础厚度＋折加高度） \quad (2\text{-}70)$$

增加的体积：附墙垛、基础宽出部分应并入基础的工程量。

扣除的体积：扣除地梁（圈梁）、构造柱所占体积。

在计算扣除的体积时，需注意基础大放脚T形接头处的重叠部分以及嵌入基础的钢筋、铁件、管道、基础防潮层及单个面积在0.3 m²以内孔洞所占体积不予扣除。

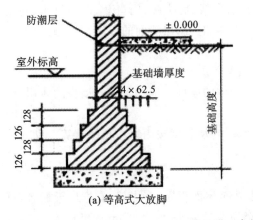
(a) 等高式大放脚

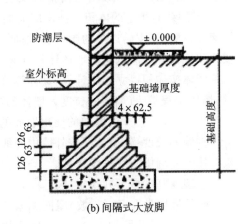
(b) 间隔式大放脚

图 2-32　大放脚砖基础示意图

图 2-32 为大放脚砖基础示意图，其基础断面积计算方法为：

$$折加高度＝\frac{大放脚增加面积}{基础墙墙厚} \quad (2\text{-}71)$$

大放脚增加面积及增加高度可查表 2-16 获得。折加高度是指大放脚增加面积按其相应基础墙厚折合而成的高度。

表 2-16 等高、不等高砖基础大放脚折加高度和大放脚增加断面积表

放脚层数	折加高度/m												增加断面	
	1/2砖 (0.115)		1砖 (0.24)		1½砖 (0.365)		2砖 (0.49)		2½砖 (0.615)		3砖 (0.74)		m²	
	等高	不等高	等高	不等高	等高	不等高	等高	不等高	等高	不等高	等高	不等高	等高	不等高
一	0.137	0.137	0.066	0.066	0.043	0.043	0.032	0.032	0.026	0.026	0.021	0.021	0.0158	0.0158
二	0.411	0.342	0.197	0.164	0.129	0.108	0.096	0.08	0.077	0.064	0.064	0.053	0.0473	0.0394
三			0.394	0.328	0.259	0.216	0.193	0.161	0.154	0.128	0.128	0.106	0.0945	0.0788
四			0.656	0.525	0.432	0.345	0.321	0.253	0.256	0.205	0.213	0.17	0.1575	0.126
五			0.984	0.788	0.647	0.518	0.482	0.38	0.384	0.307	0.319	0.255	0.2363	0.189
六			1.378	1.083	0.906	0.712	0.672	0.53	0.538	0.419	0.447	0.351	0.3308	0.2599
七			1.838	1.444	1.208	0.949	0.9	0.707	0.717	0.563	0.596	0.468	0.441	0.3465
八			2.363	1.838	1.553	1.208	1.157	0.9	0.922	0.717	0.766	0.596	0.567	0.4411
九			2.953	2.297	1.942	1.51	1.447	1.125	1.153	0.896	0.958	0.745	0.7088	0.5513
十			3.61	2.789	2.372	1.834	1.768	1.366	1.409	1.088	1.171	0.905	0.8663	0.6694

(2)砖墙、砌块墙。

墙体按体积以立方米计算,扣除门窗、洞口、嵌入墙内的钢筋混凝土柱、梁、圈梁、挑梁、过梁及凹进墙内的壁龛、管槽、暖气槽、消火栓箱所占体积,不扣除梁头、板头、檩头、垫木、木楞头、沿缘木、木砖、门窗框走头、砖墙内加固钢筋、木筋、铁件、钢管及单个面积≤0.3 m² 的孔洞所占的体积。凸出墙面的压顶线、窗台线、虎头砖、门窗套、山墙泛水、附墙烟囱大放脚、三皮砖以内的腰线和挑檐等体积亦不增加。凸出墙面的砖垛、三皮砖以上的腰线和挑檐并入所依附的墙体体积计算。

墙体按体积以立方米计算,其计算公式如下:

墙体工程量=(墙体的长度×墙体的高度)×墙体的厚度-应扣除嵌入墙身的体积

$$+应增加的突出墙面的体积 \qquad (2-72)$$

①墙的长度:外墙长度按外墙中心线长度计算,内墙长度按内墙净长线计算。女儿墙长度按女儿墙中心线长度计算。

②墙身高度按下列规定计算。

a.外墙墙身高度:斜(坡)屋面无檐口天棚者算至屋面板底;有屋架、有檐口天棚者,算至屋架下弦底面另加 200 mm;无天棚者算至屋架下弦底加 300 mm;出檐宽度超过600 mm时,应按实砌高度计算;有钢筋混凝土楼板隔层者算至板顶,平屋面算至钢筋混凝土板底。

b.内墙墙身高度:位于屋架下弦者,其高度算至屋架底;无屋架者算至天棚底另加100 mm;有钢筋混凝土楼板隔层者算至板底;有框架梁时算至梁底面;如同一墙上板高不同时,可按平均高度计算。

c. 内、外山墙墙身高度:按其平均高度计算。

d. 女儿墙:从屋面板上表面算至女儿墙顶面(如有混凝土压顶时算至压顶下表面)。

e. 围墙:高度算至压顶上表面(如有混凝土压顶时算至压顶下表面),围墙柱并入围墙体积内。

③墙厚度。

a. 标准砖尺寸以 240 mm×115 mm×53 mm 为准,其砌体计算厚度,按表 2-17 计算。

表 2-17　标准砖砌体计算厚度表

砖数/砖厚	1/4	1/2	3/4	1	11/2	2	21/2	3
计算厚度/mm	53	115	178	240	365	490	615	740

b. 使用非标准砖时,其砌体厚度应按砖实际规格和设计厚度计算,如设计厚度与实际规格不同按实际规格计算。

④框架间墙:不分内外墙按墙体净尺寸以体积计算。

⑤围墙:高度算至压顶上表面(如有混凝土压顶时算至压顶下表面),围墙柱并入围墙体积内。

⑥加气混凝土墙、空心砌块墙,按设计图示尺寸以体积计算。设计规定需要镶嵌砖砌体部分另行计算,套墙体相应定额项目。

⑦多孔砖、空心砖按设计图示厚度以体积计算,不扣除其孔、空心部分体积。

(3)空斗墙按设计图示尺寸以空斗墙外形体积计算。

①墙角、内外墙交接处、门窗洞口立边、窗台砖、屋檐处的实砌部分体积已包括在空斗墙体积内。

②空斗墙的窗间墙、窗台下、楼板下、梁头下等的实砌部分,应另行计算,套用零星砌体定额。

(4)空花墙按设计图示尺寸以空花部分外形体积计算,不扣除空花部分体积;半空花墙分别计算体积,实砌部分以体积计算,执行砖墙相应定额。

(5)填充墙按设计图示尺寸以填充墙外形体积计算,其中实砌部分已包括在定额内,不另行计算。

(6)砖柱按设计图示尺寸以体积计算,扣除混凝土及钢筋混凝土梁垫、梁头、板头所占体积。

(7)砖散水、地坪按设计图示尺寸以面积计算。

(8)砌体设置导墙时按实砌体积计算。

(9)附墙烟囱、通风道、垃圾道按设计图示尺寸以实砌体积(扣除孔洞所占体积)计算并入所依附的墙体体积内。设计规定孔洞内需抹灰时,按"墙柱面装饰与隔断幕墙工程"相应定额项目计算。

(10)轻质砌块专用连接件的工程量按设计数量计算。

(11)砖烟囱、烟道。

①砖烟囱筒身、烟囱内衬、烟道及烟道内衬均按图示尺寸以实砌体积计算。砖烟囱、烟道不分基础和筒身。

②设计采用楔形砖时,其加工数量按设计规定的数量另列项目计算,套砖加工定额项目。楔形砖为外购半成品时不能套用砖加工定额,其半成品价格按合同约定。

③烟囱、烟道内表面涂抹隔绝层按内壁面积计算扣除单个面积>0.3 m² 的孔洞面积。

④烟道与炉体的划分以第一道闸门为界炉体内的烟道并入炉体工程量内。

(12)砖砌水塔。

①水塔不分基础和塔身按图示尺寸以实砌体积计算并扣除门窗洞口和混凝土构件所占体积,砖平拱及砖出檐等并入塔身体积内计算,套水塔砌筑定额项目。

②砖水箱内外壁不分厚度按图示尺寸以实砌体积计算,套相应的砖墙定额项目。

(13)其他砖砌体。

①砖砌锅台、炉灶不分大小按图示尺寸以实砌体积计算,不扣除各种空洞的所占体积。

②砖砌台阶(不包括梯带)以水平投影面积计算。

③厕所蹲台、水槽(池)腿、灯箱、垃圾箱、台阶挡墙或梯带、小型花台花池、支撑地楞的砖墩、房上烟囱、毛石墙的门窗立边、窗台虎头砖等实砌体积以体积计算,套用零星砌体定额项目。

④检查井及化粪池不分壁厚均按实砌体积计算,洞口上的砖平拱等并入砌体体积内计算。

⑤砖砌地沟不分沟帮、沟底,其工程量合并以体积计算。

⑥砖碹按设计图示尺寸以体积计算。

(14)轻质隔墙按设计图示尺寸以面积计算。

(15)石砌体。

①石基础、石墙的工程量计算规则参照砖砌体相应规定。

②石勒脚、石挡土墙、石护坡、石台阶、地沟按设计图示尺寸以实砌体积计算。台阶两侧砌体体积另行计算。

③石地沟按设计图示尺寸以实砌体积计算;石坡道按设计图示尺寸以面积计算。

④石表面加工按设计要求加工的外表面以面积计算。

(16)墙面加浆勾缝按设计图示尺寸以面积计算。

(17)垫层工程量按设计图示尺寸以体积计算。

【例 2.19】 某单位传达室基础平面图及基础详图见图 2-33,室内地坪标高 0.00 m,防潮层 −0.06 m,防潮层以下用 M10 水泥砂浆砌标准砖基础,防潮层以上为多孔砖墙身。计算砖基础、防潮层的工程量。

【解】 外墙基础长度:$(9.0+5.0)\times2=28$ (m)

内墙基础长度:$(5.0-0.24)\times2=9.52$ (m)

基础高度:$1.30+0.30-0.06=1.54$ (m)

大放脚折加高度等高式,240 厚墙,双面,0.197 m

体积:$0.24\times(1.54+0.197)\times(28+9.52)=15.64$ (m)

防潮层面积:$0.24\times(28+9.52)=9.00$ (m²)

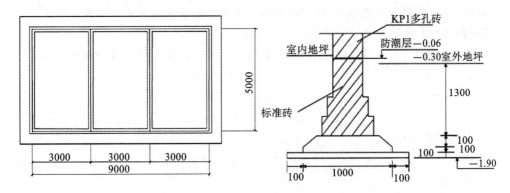

图 2-33　传达室基础平面图及基础详图

【例 2.20】　某单层建筑物平面图如图 2-34 所示,已知层高 3.6 m,内外墙厚均为 240 mm,所有墙身上均设圈梁,且圈梁与现浇板顶平。板厚 100 mm。门窗尺寸及墙体埋件体积分别见表 2-18 及表 2-19。计算砖墙体工程量。

表 2-18　墙体埋件体积表

构件名称	构件所在部位体积/m³	
	外墙	内墙
构造柱	0.81	—
过梁	0.39	0.06
圈梁	1.13	0.22

表 2-19　门窗尺寸表

门窗名称	洞口尺寸/mm	数量/扇
C1	1000×1500	1
C2	1500×1500	3
M1	1000×2500	2

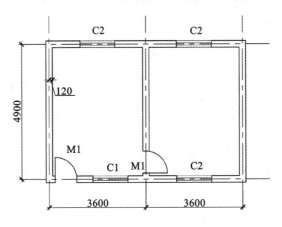

图 2-34　某单层建筑物平面图

分析:墙体工程量按墙体体积计算,扣除门窗洞口和嵌入墙体中的混凝土构件。

【解】 (1)基数计算。

由前面分析可知:计算工程量时,除了要用 $L_{中}$,$L_{内}$,门窗洞口所占面积及墙体埋件所占体积也是重复使用数据。因此,在工程量计算之前,应首先计算基数。

由图可知:
$$L_{中}=(3.6×2+4.9)×2=24.2（m）$$
$$L_{内}=4.9-0.24=4.66（m）$$

门窗洞口面积计算。

外墙上:$1×1.5+1.5×1.5×3+1×2.5=10.75（m^2）$

内墙上:$1×2.5=2.5（m^2）$

(2)砖墙工程量计算。

外墙:$0.24×[24.2×(3.6-0.1)-10.75]-0.81-0.39-1.13=15.42（m^3）$

内墙:$0.24×[4.66×(3.6-0.1)-2.5]-0.22-0.06=3.03（m^3）$

【例2.21】 某单位传达室平面图、剖面图、墙身大样图见图2-35,构造柱240 mm×240 mm,有马牙槎与墙嵌接,圈梁240 mm×300 mm,屋面板厚100 mm,门窗上口无圈梁处设置过梁厚120 mm,窗台板厚60 mm,长度为窗洞口尺寸两边各加60 mm,窗两侧有60 mm宽砖砌窗套,砌体材料为KP1多孔砖,女儿墙为标准砖,女儿墙压顶砖厚60 mm,计算墙体工程量。(M1:1.2 m×2.5 m,M2:0.9 m×2.1 m、C1:1.5 m×1.5 m、C2:1.2 m×1.5 m)

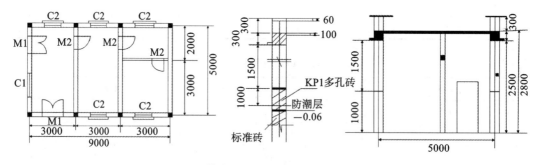

图2-35 传达室平面图、剖面图、墙身大样图

【解】 工程量计算如下。

(1)一砖墙。

①墙长度

外:$(9.0+5.0)×2=28.0（m）$　　　　　　内:$(5.0-0.24)×2=9.52（m）$

②墙高度:$2.8-0.3+0.06=2.56（m）$

③外墙体积

外:$0.24×2.56×28=17.20（m^3）$

减构造柱:$0.24×0.24×2.56×8=1.18（m^3）$

减马牙槎:$0.24×0.06×2.56×0.5×16=0.29（m^3）$

减C1窗台板:$0.24×0.06×1.62×1=0.02（m^3）$

减C2窗台板:$0.24×0.06×1.32×5=0.10（m^3）$

减 M1:$0.24 \times 1.20 \times 2.50 \times 2 = 1.44$（m³）

减 C1:$0.24 \times 1.50 \times 1.50 \times 1 = 0.54$（m³）

减 C2:$0.24 \times 1.20 \times 1.50 \times 5 = 2.16$（m³）

外墙体积=11.47（m³）

④内墙体积

内:$0.24 \times 2.56 \times 9.52 = 5.85$（m³）

减马牙槎:$0.24 \times 0.06 \times 2.56 \times 0.5 \times 4 = 0.07$（m³）

减过梁:$0.24 \times 0.12 \times 1.40 \times 2 = 0.08$（m³）

减 M2:$0.24 \times 0.90 \times 2.10 \times 2 = 0.91$（m³）

内墙体积=4.79（m³）

⑤一砖墙合计:$11.47 + 4.79 = 16.28$（m³）

(2)半砖墙。

①内墙长度:$3.0 - 0.24 = 2.76$（m）

②墙高度:$2.80 - 0.10 = 2.70$（m）

③体积:$0.115 \times 2.70 \times 2.76 = 0.86$（m³）

减过梁:$0.115 \times 0.12 \times 1.40 = 0.02$（m³）　　减 M2:$0.115 \times 0.90 \times 2.10 = 0.22$（m³）

④半砖墙合计=0.62（m³）

(3)女儿墙。

①墙长度:$(9.0 + 5.0) \times 2 = 28.0$（m）

②墙高度:0.30（m）

③体积:$0.24 \times 0.3 \times 28 = 2.02$（m³）

(五)混凝土及钢筋混凝土工程

混凝土及钢筋混凝土工程主要包括现浇、预制的各种构件及钢筋的安装以及模板,如基础、柱、梁、板、墙等结构构件。

1.说明

1)混凝土

(1)混凝土按预拌混凝土编制,采用现场搅拌时,执行相应的预拌混凝土定额项目,并将预拌混凝土调整为现拌混凝土,再执行现场搅拌混凝土调整费定额项目。

(2)预拌混凝土是指在混凝土厂集中搅拌、用混凝土罐车运输到施工现场的混凝土。

(3)毛石混凝土定额均按毛石占毛石混凝土体积 20% 编制,毛石混凝土墙定额按毛石占毛石混凝土体积 15% 编制,设计要求不同时,毛石及混凝土用量可以换算。

(4)混凝土结构构件实体积的最小几何尺寸>1 m,且按规定需要进行温度控制的大体积混凝土,温度控制费用按专项施工方案另行计算。

(5)独立桩承台执行独立基础定额项目,带形桩承台执行带形基础定额项目,与满堂基础相连的桩承台并入满堂基础定额项目计算。高杯基础杯口高度大于杯口大边长度 3 倍以上时,杯口高度部分执行柱定额项目,杯型基础部分执行独立基础定额项目。

(6)地下室底板执行满堂基础的有关定额项目。

（7）二次灌浆，设计灌注材料与定额不同时，可以换算，如空心砖内灌注混凝土，执行现浇小型构件定额项目。

（8）现浇钢筋混凝土柱、墙定额项目，均综合了每层底部灌注水泥砂浆的消耗量。

（9）钢管柱制作、安装执行"金属结构工程"的相应定额项目；钢管柱浇筑混凝土使用反顶升浇筑法施工时，增加的材料、设备按施工组织设计计算。

（10）斜梁、斜板定额项目是按坡度＞10°且≤30°综合编制。斜梁、斜板坡度≤10°时执行梁、板相应项目；坡度＞30°且≤45°时人工乘以系数 1.05；坡度＞45°且≤60°时人工乘以系数 1.10；坡度＞60°时人工乘以系数 1.20。

（11）异形柱、梁，是指断面形状为 L 形、十字形、T 形、Z 形等的柱、梁。

（12）柱断面为弧形或弧形与异形组合时，执行圆柱定额项目。

（13）短肢剪力墙是指截面厚度≤300 mm，并且各肢截面高度与厚度之比的最大值＞4 且≤8 的剪力墙。各肢截面高度与厚度之比的最大值≤4 的剪力墙执行矩形柱定额项目。

（14）叠合梁、板，分别按梁、板相应定额项目执行。

（15）压型钢板上浇捣混凝土板，执行平板定额项目，人工乘以系数 1.10。

（16）型钢组合混凝土构件，执行普通混凝土相应构件定额项目，人工、机械乘以系数 1.20。

（17）挑檐、天沟壁高度≤400 mm 时，执行挑檐定额项目；挑檐、天沟壁高度＞400 mm 时，按全高执行栏板定额项目。单体体积≤0.1 m³ 时，执行小型构件定额项目。

（18）阳台板、阳台栏板及压顶分别执行相应定额项目。

（19）预制板间补缝定额项目，适用于按预制板底宽度排列后所剩余板缝的宽度＞20 mm时的板件补缝。

（20）楼梯是按建筑物一个自然层双跑楼梯编制，单跑直行楼梯（一个自然层无休息平台）按相应定额项目乘以系数 1.20；三跑楼梯（一个自然层两个休息平台）按相应定额项目乘以系数 0.90；四跑楼梯（一个自然层三个休息平台）按相应定额项目乘以系数 0.75。剪刀楼梯执行单跑直行楼梯相应系数。当设计板式楼梯梯段底板（不含踏步三角部分）厚度＞150 mm、梁式楼梯梯段底板（不含踏步三角部分）厚度＞80 mm 时，混凝土消耗量按实调整，人工按相应比例调整。

（21）弧形楼梯是指一个自然层旋转弧度≤180°的楼梯，螺旋楼梯是指一个自然层旋转弧度＞180°的楼梯。

（22）散水混凝土按厚度 60 mm 编制，设计与定额不同时，材料可以换算；散水包括了混凝土浇筑、表面压实抹光及嵌缝内容，不包括基础夯实、垫层内容。

（23）台阶混凝土设计含量与定额含量不同时，混凝土消耗量可以调整，人工按相应的比例调整；台阶包括了混凝土浇筑及养护内容，不包括基础夯实、垫层及面层装饰内容，发生时执行相应定额项目。

（24）厨房、卫生间墙体下部的现浇混凝翻边执行圈梁相应定额项目。

（25）现浇独立门框按构造柱定额项目执行。

（26）凸出混凝土柱、梁的线条，并入相应柱、梁构件内，执行相应柱、梁定额项目；凸出混凝土外墙面、阳台梁、栏板外侧≤300 mm 的装饰线条,执行扶手、压顶定额项目;凸出混凝土外墙、梁外侧>300 mm 的板,按伸出外墙的梁、板体积合并计算,执行悬挑板定额项目。

(27)后浇带定额项目包括与原混凝土接缝处的钢丝网用量,设计与定额不同时可以调整。

(28)外形尺寸体积≤1 m³ 的独立池槽执行小型构件定额项目;外形尺寸体积>1 m³ 的独立池槽执行构筑物水(油)池相应定额项目;与建筑物相连的梁、板、墙结构式池槽,分别执行梁、板、墙相应定额项目。

(29)小型构件是指单件体积≤0.1 m³ 的未列项目构件。

(30)构筑物混凝土按其构件套用相应的定额项目;构筑物基础执行建筑物基础相应定额项目。

(31)贮水(油)池不分平底、锥底、坡底,均执行池底定额项目;壁基梁、池壁不分圆形壁和矩形壁,均执行池壁定额项目;其他构件执行现浇混凝土相应定额项目。

(32)定额不包括贮水(油)池蓄水试验内容,发生时另行计算。

(33)预制混凝土构件,仅适用在现场制作使用。

(34)使用外购的混凝土预制构件时,不执行预制混凝土构件制作定额项目,不计算该构件的钢筋及模板等费用。

(35)未尽事宜,可参照模板中的有关规定执行。

2)钢筋

(1)钢筋工程按钢筋的不同品种和规格以现浇构件、预制构件、预应力构件以及箍筋等分别列项,钢筋的品种、规格比例按常规工程设计综合编制。

(2)各类现浇构件钢筋定额项目均包含制作、运输、绑扎、安装、接头、固定等工作内容。当设计、规范要求钢筋接头采用机械连接或焊接连接时,按设计或施工组织设计规定计算,执行相应的钢筋连接定额项目。

(3)现浇构件冷拔钢丝按≤Φ10 钢筋制安定额项目执行。

(4)型钢组合混凝土构件中,型钢骨架执行"金属结构工程"的相应定额项目;钢筋执行现浇构件钢筋相应定额项目,其中人工乘以系数 1.50、机械乘以系数 1.15。

(5)弧形构件,其钢筋执行钢筋相应定额项目,人工乘以系数 1.05。

(6)现浇混凝土空心楼板(GBF 高强薄壁蜂巢芯板)中钢筋网片,执行现浇构件钢筋相应定额项目,人工乘以系数 1.30、机械乘以系数 1.15。

(7)预应力混凝土构件中的非预应力钢筋按钢筋相应定额项目执行。

(8)非预应力钢筋不包括冷加工,设计要求时,另行计算。

(9)预应力钢筋,设计要求人工时效处理时,另行计算。

(10)后张法钢筋的锚固是按钢筋帮条焊、U 型插垫编制的,采用其他方法锚固时,另行计算。

(11)预应力钢丝束、钢绞线定额项目综合了一端、两端张拉;锚具按单锚、群锚分别列项,单锚按单孔锚具列入,群锚按 3 孔列入。用于地面预制构件时,应扣除定额项目中张拉平台摊销费。

（12）植筋不包括植入的钢筋制作、化学螺栓。钢筋制作，执行现浇构件钢筋制安定额项目。使用化学螺栓，应扣除植筋胶的消耗量，螺栓另行计算。

（13）地下连续墙钢筋笼安放，不包括钢筋笼制作，钢筋笼制作按现浇钢筋制安相应定额项目执行。

（14）成型钢筋的运输适用于钢筋加工场地至施工现场，且运距≤30 km 的运输。运距>30 km 的，不适用本定额。

（15）表 2-20 中的构件，其钢筋人工、机械予以调整。

表 2-20　混凝土构件钢筋调整系数

项目	现浇构件	预制构件	构筑物			
					贮仓	
	小型构件	折线型屋架	烟囱	水塔	矩形	圆形
人工、机械调整系数	2	1.16	1.7	1.7	1.25	1.50

3）模板

（1）模板定额项目不分模板、支撑材质，综合编制。

（2）弧形带形基础模板执行带形基础相应定额项目，人工、材料、机械乘以系数 1.15。

（3）地下室底板模板执行满堂基础定额项目，满堂基础模板已包括集水井模板杯壳。

（4）满堂基础下翻构件的砖胎膜砌体执行"砌筑工程"砖基础相应定额项目。水平面抹灰执行"楼地面装饰工程"相应项目，垂直面抹灰执行"墙、柱面装饰与隔断、幕墙工程"相应定额项目。

（5）独立桩承台执行独立基础定额项目，带形桩承台执行带形基础定额项目，与满堂基础相连的桩承台并入满堂基础定额项目计算。高杯基础杯口高度大于杯口大边长度 3 倍以上时，杯口高度部分执行柱定额项目，杯形基础部分执行独立基础定额项目。

（6）现浇混凝土柱（不含构造柱）、墙、梁（不含圈梁、过梁）、板定额项目是按高度（板面或地面、垫层面至上层板面的高度）3.6 m 综合编制。如遇斜板面结构，柱分别按各柱的中心高度为准；墙按分段墙的平均高度为准；框架梁按每跨两端的支座平均高度为准；板（含有梁板）按高点与低点的平均高度为准。支模高度>3.6 m 且≤8 m 时（不含构造柱、圈梁和过梁），执行支撑超高定额项目；支模高度>8 m、搭设跨度>18 m、施工总荷载>15 kN/m² 或集中线荷载>20 kN/m 的高大模板支撑系统，按批准的施工专项方案，另行计算，不再执行模板定额项目。

（7）异形柱、梁，是指断面形状为 L 形、十字形、T 形、Z 形等的柱、梁。

（8）短肢剪力墙是指截面厚度≤300 mm，并且各肢截面高度与厚度之比的最大值>4 且≤8 的剪力墙。各肢截面高度与厚度之比的最大值≤4 的剪力墙执行矩形柱定额项目。

（9）外墙设计采用一次性摊销止水螺杆支模时，将定额项目中的对拉螺栓调整为止水螺杆，其消耗量按对拉螺栓数量乘以系数 12，取消塑料套管数量，其余不变。柱、梁面对拉螺栓堵眼增加费，执行墙面相应定额项目。柱面螺栓堵眼人工、机械乘以系数 0.30，梁面螺栓堵眼人工、机械乘以系数 0.35。

（10）斜板或拱形结构按板顶平均高度确定支模高度，电梯井壁按建筑物自然层层高确定支模高度。

（11）斜梁、斜板定额项目是按坡度＞10°且≤30°综合编制。斜梁、斜板坡度≤10°时执行梁、板相应项目；坡度＞30°且≤45°时人工乘以系数 1.05；坡度＞45°且≤60°时人工乘以系数 1.10；坡度＞60°时人工乘以系数 1.20。

（12）现浇空心板执行平板定额项目，内膜按相应定额项目执行。

（13）薄壳板模板不分筒式、球形、双曲形等，均执行同一定额项目。

（14）屋面混凝土女儿墙高度＞1.2 m 时，执行相应墙定额项目；高度≤1.2 m 时，执行相应栏板定额项目。

（15）混凝土栏板（含压顶扶手及翻沿）按净高≤1.2 m 编制，净高＞1.2 m 时执行相应墙定额项目。

（16）现浇混凝土阳台板、雨篷板、悬挑板按三面悬挑形式编制，其中一面为弧形且半径≤9 m 时，执行圆弧形阳台板、雨篷板、悬挑板定额项目；非三面悬挑形式的阳台板、雨篷板、悬挑板，则执行梁、板相应定额项目。

（17）挑檐、天沟壁高度≤400 mm 时，执行挑檐定额项目；挑檐、天沟壁高度＞400 mm 时，按全高执行栏板定额项目。混凝土构件单体体积≤0.1 m³ 时，执行小型构件项目。

（18）预制板间补现浇板缝执行平板定额项目。

（19）现浇飘窗板、空调板执行悬挑板定额项目。

（20）楼梯是按建筑物一个自然层双跑楼梯编制，单跑直行楼梯（一个自然层无休息平台）按相应定额项目乘以系数 1.20；三跑楼梯（一个自然层两个休息平台）按相应定额项目乘以系数 0.90；四跑楼梯（一个自然层三个休息平台）按相应定额项目乘以系数 0.75。剪刀楼梯执行单跑直行楼梯相应系数。

（21）弧形楼梯是指一个自然层旋转弧度≤180°的楼梯，螺旋楼梯是指一个自然层旋转弧度＞180°的楼梯。

（22）厨房、卫生间墙体下部的现浇混凝土翻边执行圈梁相应定额项目。

（23）散水模板执行垫层相应定额项目。

（24）凸出混凝土柱、梁、墙面的线条，其面积并入相应构件内计算，再按凸出的线条道数执行模板增加费定额项目；但窗台板、栏板扶手、墙上压顶的单阶挑沿不另计算模板增加费；其他单阶线条凸出宽度＞200 mm 的执行挑檐定额项目。

（25）外形尺寸体积在 1 m³ 以内的独立池槽执行小型构件定额项目，1 m³ 以上的独立池槽执行构筑物水（油）池相应定额项目；与建筑物相连的梁、板、墙结构式水池，分别执行梁、板、墙相应定额项目。

（26）小型构件是指单件体积 0.1 m³ 以内的未列项目的构件。

（27）设计要求为清水混凝土模板时，执行相应模板定额项目，模板材料调整为镜面胶合板，人工按表 2-21 增加工日，机械不变。

表 2-21 清水混凝土模板增加工日表　　　　单位：100 m²

项目	柱			梁			墙		有梁板、无梁板、平板
	矩形柱	圆形柱	异形柱	矩形梁	异形梁	弧形、拱形梁	直型墙、弧形墙、电梯井壁墙	短肢剪力墙	
工日	4	5.2	6.2	5	5.2	5.8	3	2.4	4

(28)预制构件地模的摊销,已包括在预制构件的模板中。

(29)用钢滑升模板施工的烟囱、水塔及贮仓是按无井架施工计算的,并综合了操作平台,不再计算脚手架及竖井架。

(30)倒锥壳水塔筒身液压滑升钢模定额项目,适用于一般水塔塔身滑升模板工程。

(31)烟囱液压滑升钢模定额项目,均已包括烟囱筒身、牛腿、烟道口;水塔模板均已包括直筒、门窗洞口等模板消耗量。

(32)未尽事宜,可参照混凝土中有关规定执行。

4)预制混凝土构件运输

(1)构件运输定额适用于构件堆放场地或构件加工厂至施工现场,且运距≤30 km 的运输,运距>30 km 的构件运输另按相关规定计算。

(2)定额项目已综合施工现场内、外(现场、城镇)运输道路等级、路况、重车上下坡等不同因素。

(3)构件运输过程中,如遇路桥限载(高)而发生的加固、拓宽,或发生的管线、路灯迁移等费用,或公交管理部门要求的措施等费用,另行计算。

(4)预制混凝土构件运输,按表 2-22 分类。表中 1、2 类构件的单体体积、面积、长度三个指标中,以符合其中一项指标为准。

表 2-22　预制混凝土构件分类表

类别	项目
1	桩、柱、梁、板、墙单件体积≤1 m³、面积≤4 m²、长度≤5 m
2	桩、柱、梁、板、墙单件体积>1 m³、面积>4 m²、5 m<长度≤6 m
3	6 m 以上至 14 m 的桩、柱、梁、板、屋架、析架、托架(14 m 以上另行处理)
4	天窗架、侧板、端壁板、天窗上下档及小型构件

5)预制混凝土构件安装

(1)构件安装定额不分履带式起重机或轮胎式起重机,综合编制。构件安装是按单机作业考虑的,因构件超重需要采用双机抬吊时,按相应项目人工、机械乘以系数 1.20。

(2)构件安装是按机械起吊点中心回转半径≤15 m 计算。如半径>15 m 时,构件采用起重机移运就位,且运距≤50 m 的,起重机械乘以系数 1.25;运距>50 m 的,另按构件运输项目计算。

(3)小型构件安装是指单件体积≤0.1 m³的构件安装。

(4)构件安装不包括运输、安装过程中起重机械、运输机械场内行驶道路的加固、铺垫工作的人工、材料、机械等费用,发生时按施工组织设计另行计算。

(5)构件安装定额项目按高度≤20 m 编制,安装高度(塔吊施工除外)>20 m 且≤30 m 时,按相应项目人工、机械乘以系数 1.20。安装高度(塔吊施工除外)>30 m 时,另行计算。

(6)构件安装需另行搭设的脚手架,按施工组织设计要求,执行"措施项目"相应定额项目。

(7)塔式起重机的机械台班均已包括在垂直运输机械费项目中。

(8)单层房屋屋盖系统预制混凝土构件,必须在跨外安装的,按相应项目的人工、机械乘以系数 1.18;使用塔式起重机施工时,不乘系数。

6)其他说明

(1)预制混凝土构件,仅适用在现场制作使用。

(2)使用外购的混凝土预制构件时,不执行预制混凝土构件制作定额项目,不计算该构件的钢筋及模板等费用。

2.工程量计算规则

1)混凝土

(1)现浇混凝土。

①混凝土工程量除另有规定者外,均按设计图示尺寸以体积计算。不扣除构件内钢筋、预埋铁件及墙、板中≤0.3 m² 的孔洞所占体积。型钢混凝土中型钢骨架所占体积按密度 7850 kg/ m³ 扣除。

②基础:按设计图示尺寸以体积计算,不扣除伸入承台基础的桩头所占体积。

a.带形基础:不分有肋式与无肋式均按带形基础定额项目计算。有肋式带形基础,肋高(指基础扩大顶面至梁顶面的高)≤1.2 m 时,合并计算;肋高>1.2 m 时,扩大顶面以下的基础部分,按无肋带形基础定额项目计算,扩大顶面以上部分,按墙定额项目计算。有肋式带形基础肋高如图 2-36 所示。

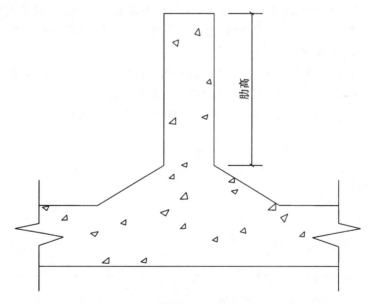

图 2-36　有肋式带形基础肋高示意图

带形基础混凝土工程量＝基础断面面积×基础长度　　　　(2-73)

基础长度:外墙基础以外墙基中心线计算,内墙基以内墙基础净长线计算。

基础断面面积:按图纸设计截面计算。

若基础断面形式为梯形,则需计算基础与基础的搭接工程量。

如图 2-37 所示,内墙基础搭在外墙基础上,则有

$$搭接工程量 = \frac{1}{6} L h_1 (2b + B) \qquad\qquad (2\text{-}74)$$

式中:L、h_1、b、B 含义如图 2-37 所示。

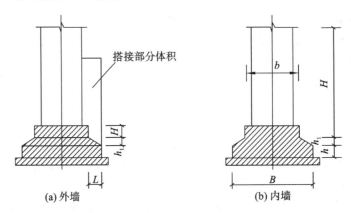

图 2-37　梯形截面基础图

b.独立基础:高度从垫层上表面至柱基上表面。

c.满堂基础:无梁式满堂基础有扩大或角锥形柱墩时,并入无梁式满堂基础内计算。有梁式满堂基础梁高(不含板厚)≤1.2 m 时,基础和梁合并计算;梁高>1.2 m 时,底板按无梁式满堂基础定额项目计算,梁按混凝土墙模板定额项目计算。箱式满堂基础中柱、墙、梁、板应分别按柱、墙、梁、板的相关规定计算;箱式满堂基础底板按无梁式满堂基础定额项目计算。地下室底板按满堂基础的有关规定计算。

d.设备基础:设备基础除块体(块体设备基础是指没有空间的实心混凝土形状)以外,其他类型设备基础分别按基础、柱、墙、梁、板等有关规定计算。

【例 2.22】　如图 2-38 所示为有梁式带形基础,计算混凝土基础工程量。

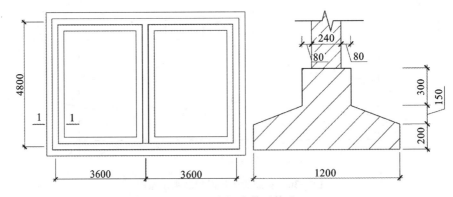

图 2-38　有梁式带形基础

分析:本案例在计算基础工程量时,将基础梁与基础分开计算,基础梁为矩形截面形式的条形构件以体积计算。外墙下基础按外墙中心线长度乘以外墙基础断面积(梯形+矩形),内墙按内墙基础净长乘以内墙基础断面积,另外注意加内外墙的搭接体积。

【解】　(1)外墙基础体积。

$$L_{外}=(3.6\times2+4.8)\times2=24\ (\text{m})$$

下部矩形体体积：$1.2\times0.2\times24=5.76\ (\text{m}^3)$

梯形体体积：$[(0.24+0.08\times2)+1.2]\times0.15\times0.5\times24=2.88\ (\text{m}^3)$

$$V_{外墙}=5.76+2.88=8.64\ (\text{m}^3)$$

（2）内墙基础体积。

$$L_{内}=4.8-1.2=3.6\ (\text{m})$$

下部矩形体体积：$1.2\times0.2\times3.6=0.864\ (\text{m}^3)$

梯形体体积：$[(0.24+0.08\times2)+1.2]\times0.15\times0.5\times3.6=0.432\ (\text{m}^3)$

$$V_{内墙}=0.864+0.432=1.296\ (\text{m}^3)$$

（3）内外墙搭接体积。

$$V_{搭接}=\frac{1}{6}\times0.15\times(2\times0.24+1.2)=0.04\ (\text{m}^3)$$

（4）基础梁体积。

$$V_{外}=(0.24+0.08\times2)\times0.2\times24=1.92\ (\text{m}^3)$$

$$V_{内}=(0.24+0.08\times2)\times0.2\times(4.8-0.24-0.16)=0.352\ (\text{m}^3)$$

（5）混凝土基础工程量$=8.64+1.296+0.04+1.92+0.352=12.25\ (\text{m}^3)$

③柱子。柱子按设计图示尺寸以体积计算。其计算公式为：

$$柱体积＝柱高\times柱截面面积 \tag{2-75}$$

a.有梁板的柱高,应自柱基上表面（或楼板上表面）至上一层楼板上表面之间的高度计算。

b.无梁板的柱高,应自柱基上表面（或楼板上表面）至柱帽下表面之间的高度计算。

c.框架柱的柱高,应自柱基上表面至柱顶面高度计算。

d.构造柱按全高计算,嵌接墙体部分（马牙槎）并入柱体积计算。构造柱的体积按柱截面面积乘以柱高计算。构造柱处的墙体砌成锯齿形,俗称马牙槎。马牙槎伸出的体积并入柱内计算。一般马牙槎间距净距为 300 mm,伸出高度为 300 mm,宽度为 60 mm。在计算断面时,咬接边的尺寸应增加 60 mm 的一半,如图 2-39 所示。

e.依附柱上的牛腿,并入柱体积计算。

f.钢管混凝土柱以钢管高度乘以钢管净断面以体积计算。

④墙。墙按设计图示尺寸以体积计算,扣除门窗洞口及 $>0.3\ \text{m}^2$ 孔洞所占体积,墙垛及凸出部分并入墙体积内计算。墙与柱连接时墙算至柱边;墙与梁连接时墙算至梁底;墙与板连接时板算至墙侧;未凸出墙面的暗梁暗柱并入墙体积计算。

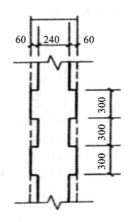

图 2-39　马牙槎示意图

⑤梁。梁按设计图示尺寸以体积计算,伸入砖墙内的梁头、梁垫并入梁体积计算。

a.梁与柱连接时,梁长算至柱侧面。

b.主梁与次梁连接时,次梁长算至主梁侧面。

计算公式如下：

$$梁混凝土体积＝梁断面面积×梁长 \qquad (2\text{-}76)$$

⑥板。按设计图示尺寸以体积计算，不扣除单个面积≤0.3 m² 的柱、垛以及孔洞所占体积。

a.有梁板包括梁与板，按梁、板体积之和计算。

b.无梁板按板和柱帽体积之和计算。

c.各类板伸入砖墙内的板头并入板体积内计算，薄壳板的肋、基础梁并入薄壳体积内计算。

d.空心板按设计图示尺寸以体积（扣除空心部分）计算。

e.栏板、扶手按设计图示尺寸以体积计算，伸入砖墙内的部分并入栏板、扶手体积计算。

f.挑檐、天沟按设计图示尺寸以挑出墙外部分体积计算。挑檐、天沟板与板（包括屋面板、楼板）连接时，以外墙外边线为分界线；与梁（包括圈梁等）连接时，以梁外边线为分界线；外墙外边线以外为挑檐、天沟。

g.三面悬挑阳台，按梁、板工程量合并计算执行阳台定额项目；非三面悬挑的阳台，按梁、板分别计算；阳台栏板、压顶分别按栏板、压顶定额项目计算。

h.三面悬挑雨棚按梁、板工程量合并以体积计算，高度≤400 mm 的栏板并入雨篷体积内计算执行雨棚定额项目，栏板高度＞400 mm 时，按栏板全高计算执行栏板定额项目。

⑦其他。

a.楼梯（包括休息平台，平台梁、斜梁及楼梯与楼板的连接梁）按设计图示尺寸以水平投影面积计算，不扣除宽度小于 500 mm 的楼梯井，伸入墙内部分亦不增加。当整体楼梯与现浇楼板无梯梁连接时，以楼梯的最后一个踏步边缘加 300 mm 为界。具体如图 2-40 所示。

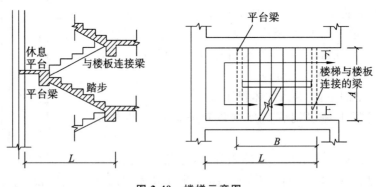

图 2-40 楼梯示意图

b.散水、台阶按设计图示尺寸，以水平投影面积计算。台阶与平台连接时其投影面积应以最上层踏步边缘加 300 mm 计算。

c.场馆看台、地沟、混凝土后浇带按设计图示尺寸以体积计算。

d.二次灌浆、空心砖内灌注混凝土，按实际灌注混凝土体积计算。

e.空心楼板筒芯、箱体安装,按空心楼板中的空心部分体积计算。

(2)预制混凝土。

①预制混凝土均按设计图示尺寸以体积计算,不扣除构件内钢筋、铁件及≤0.3 m² 的孔洞所占体积。空心板及空心板构件均应扣除其空心体积,按实体积计算。

②小型池槽及单体体积在 0.05 m³ 以内的未列定额项目的构件,按小型构件计算。

③混凝土构件接头灌缝,按预制混凝土构件体积计算。空心板堵头的人工、材料已含在定额内,不另计算。

(3)构筑物混凝土。

①构筑物混凝土除另有规定者外,均按设计图示尺寸,扣除门窗洞口及>0.1 m² 孔洞所占体积,以体积计算。

②水塔。

a.筒身与槽底以槽底连接的圈梁底为界,以上部分为槽底、以下部分为筒身。

b.筒式塔身及依附于筒身的过梁、雨篷、挑檐等并入筒身体积计算,柱式塔身的柱梁与塔身合并计算。

(4)预制混凝土构件接头灌缝。

①预制混凝土构件接头灌缝,均按预制混凝土构件体积计算。

②空心板堵头的人工、材料已包括在定额项目内,不另行计算。

【例 2.23】　某高校机修实习车间基础工程,分别为混凝土垫层砖带形基础、混凝土垫层钢筋混凝土独立基础、土壤三类。由于工程较小,采用人工挖土,移挖夯填,余土场内堆放,不考虑场外运输。室外地坪标高为－0.15 m,室内地坪为 6 cm 混凝土垫层、2 cm 水泥砂浆面层。砖基础垫层、柱基垫层与柱混凝土均为 C20 混凝土,基础垫层均考虑支模。基础平面图如图 2-41 所示,基础剖面图如图 2-42 所示。计算各分项工程的工程量(不计算钢筋)。

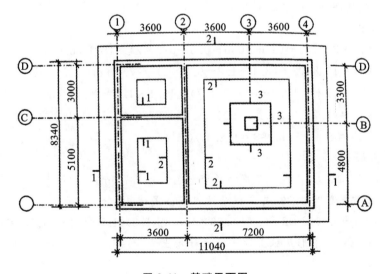

图 2-41　基础平面图

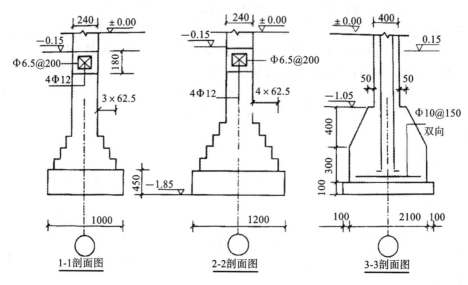

图 2-42 基础剖面图

分析:本案例所含分项工程有:平整场地、挖沟槽、挖地坑、地圈梁、钢筋混凝土独立基础、钢筋混凝土基础垫层、砖带形基础、砖基础垫层、基础回填土、房心回填土、余土外运,因此应遵循合理的统筹顺序,逐项计算各分项工程的工程量。

【解】

(1)平整场地$=11.04×8.34=92.07$(m^2)

(2)人工挖基础土方:

$$挖土深度=1.85-0.15=1.7(\text{m})$$

因此需放坡,放坡系数为 0.33。

由于垫层需支模板,工作面取 300 mm。

砖基础土方:

$$L_{1-1}=8.1×2+(3.6-0.6-0.5-0.3×2)=18.1(\text{m})$$
$$L_{2-2}=10.8×2+(8.1-1.2-0.3×2)=27.9(\text{m})$$
$$V_{1-1}=(1+2×0.3+0.33×1.7)×18.1×1.7=66.49(\text{m}^3)$$
$$V_{2-2}=(1.2+0.3×2+0.33×1.7)×27.9×1.7=111.98(\text{m}^3)$$
$$V_{槽}=66.49+111.98=178.47(\text{m}^3)$$

独立基础土方:

$$挖土深度=1.85-0.15=1.7(\text{m})$$

需放坡,放坡系数为 0.33,其工程量按以下公式计算:

$$V_{坑}=1.7×(2.1+0.1×2+2×0.3+0.33×1.7)2+1/3×1.7×0.33×1.73=20.55(\text{m}^3)$$

基础土方工程量=条形基础土方+独立柱基土方$=178.47+20.55=199.02(\text{m}^3)$

(3)地圈梁。

地圈梁工程量$=(L_{中}+L_{月})×梁截面积=[2×(10.8+8.1)+(8.1-0.24+3.6-0.24)]$
$$×0.18×0.24=2.12(\text{m}^3)$$

(4)独立柱基础。

独立柱基础工程量$=2.1\times2.1\times0.3\times0.4/6\times[2.1\times2.1+0.5\times0.5+$
$$(2.1+0.5)^2]=2.084\text{（m}^3)$$

(5)独立基础混凝土垫层$=2.3\times2.3\times0.1=0.529\text{（m}^3)$

(6)砖带形基础。

$$L_{基础1-1}=8.1\times2+(3.6-0.24)=19.56\text{（m）}$$
$$L_{基础2-2}=10.8\times2+(8.1-0.24)=29.64\text{（m）}$$

$V_{砖基}=$基础长+砖墙宽×（基础深度+折加高度）−嵌入基础的混凝土构件体积
$$=19.56\times0.24\times(1.4+0.394)+29.46\times0.24\times(1.4+0.656)-2.12$$
$$=20.84\text{（m}^3)$$

(7)砖基础垫层。

$$L_{垫层1-1}=8.1\times2+(3.6-0.6-0.5)=18.7\text{（m）}$$
$$L_{垫层2-2}=10.8\times+(8.1-1.2)=28.5\text{（m）}$$

砖基础垫层工程量$=1.0\times0.45\times18.7+1.2\times0.45\times28.5=23.81\text{（m}^3)$

(8)基础回填土。

基础回填土=挖土体积−室外地坪标高−下埋设物的体积

埋设物体积中应加上室外地坪以下柱体积$=0.4\times0.4\times(1.05-0.15)=0.144\text{（m}^3)$

砖基础体积中应扣除室内外高差部分体积$=0.15\times0.24\times(19.56+29.46)=1.764\text{（m}^3)$

基础回填土体积=挖基础土方−（地圈梁+独立柱基+柱基垫层+砖基垫层
$$+部分砖基础+部分柱体积)=199.02-[2.12+2.084+0.529$$
$$+(20.84-1.764)+23.81+0.144]=151.26\text{（m}^3)$$

(9)房心回填。

房心回填=主墙间净面积×（室内外高差−地坪厚度）
$$=[11.04\times8.34-(19.56+29.46)\times0.24]\times(0.15-0.08)=5.62\text{（m}^3)$$

(10)余土外运。

挖土方体积大于基础回填和房心回填土体积之和，因此

余土外运体积=挖土总体积−填土总体积$=199.02-(151.26+5.62)=42.14\text{（m}^3)$

计算结果列入工程量汇总表，见表2-23。

表2-23 某高校机修实习车间工程量汇总表

序号	分项工程名称	计量单位	工程量
1	人工挖沟槽　三类土	m³	178.47
2	人工挖地坑　三类土	m³	20.55
3	平整场地	m²	92.07
4	回填土	m³	151.26
5	房心回填	m³	5.62
6	人工运土方	m³	42.14
7	砖带形基础	m³	20.84

序号	分项工程名称	计量单位	工程量
8	现浇独立柱基础	m³	2.084
9	现浇混凝土地圈梁	m³	2.12
10	砖带形基础垫层	m³	23.81
11	独立柱基础垫层	m³	0.529

2)钢筋

(1)构件钢筋,按设计图示钢筋长度乘以单位理论质量计算。

(2)钢筋的搭接长度应按设计图示或规范要求计算;设计图示及规范要求未注明搭接长度的,不另计算搭接长度。

(3)钢筋的搭接(接头)数量应按设计图示或规范要求计算;设计图示及规范要求未标明的,按以下规定计算:

①Φ10 以内的长钢筋按每 12 m 计算一个钢筋搭接(接头);

②Φ10 以上的长钢筋按每 9 m 计算一个钢筋搭接(接头)。

(4)后张法预应力钢筋(钢绞线、钢丝束)长度按以下确定。

①低合金钢筋两端均采用螺杆锚具时,预应力钢筋长度按孔道长度减 0.35 m 计算,螺杆另行计算。

②低合金钢筋一端采用锻头插片,另一端采用螺杆锚具时,预应力钢筋长度按孔道长度计算,螺杆另行计算。

③低合金钢筋一端采用锻头插片,另一端采用帮条锚具时,预应力钢筋长度按孔道长度增加 0.15 m 计算;两端均采用帮条锚具时,钢筋长度按孔道长度增加 0.3 m 计算。

④低合金钢筋采用后张混凝土自锚时,预应力钢筋长度按孔道长度增加 0.35 m 计算。

⑤低合金钢筋(钢绞线)采用 JM、XM、QM 型锚具,孔道长度≤20 m 时,预应力钢筋长度按孔道长度增加 1 m 计算;孔道长度>20 m 时,预应力钢筋长度按孔道长度增加 1.8 m计算。

⑥碳素钢丝采用锥形锚具,孔道长度≤20 m 时,钢丝束长度按孔道长度增加 1 m 计算;孔道长度>20 m 时,钢丝束长度按孔道长度增加 1.8 m 计算。

⑦碳素钢丝采用墩头锚具时,钢丝束长度按孔道长度增加 0.35 m 计算。

(5)预应力钢丝束、钢绞线锚具安装按套数计算。

(6)设计要求钢筋接头采用机械连接或焊接连接时,按数量计算,不再计算该处的钢筋搭接长度。

(7)植筋按设计或施工组织设计以数量计算,植入钢筋按植入和外露部分合计长度乘以单位理论质量计算。

(8)混凝土灌注桩钢筋笼、地下连续墙钢筋笼按设计图示钢筋长度乘以单位理论质量计算。

(9)混凝土构件预埋铁件、螺栓,按设计图示尺寸,以质量计算。

(10)现浇构件中固定位置的支撑钢筋、双层钢筋用的"铁马凳"等,按设计或施工组织设计以质量计算,执行现浇构件圆钢筋≤25的定额项目。

【例2.24】 某框架结构房屋,抗震等级为二级,其框架梁的配筋如图2-43所示。已知,梁的混凝土强度等级为C30,柱的断面尺寸为450 mm×450 mm,板厚100 mm,正常室内环境使用,试计算梁内的钢筋工程量。

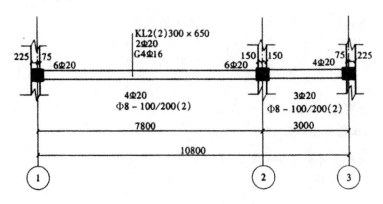

图2-43　其框架梁的配筋图

【解】 1.识图

图2-43所示是梁配筋的平法表示。它的含义如下。

(1)①、②轴线间的KL2(2)300×650表示KL2共有两跨,截面宽度为300 mm,截面高度为650 mm;2Φ20表示梁的上部贯通筋为2根Φ20;G4Φ16表示按构造要求配置了4根Φ16的腰筋;4Φ20表示梁的下部贯通筋为4根Φ20;Φ8−100/200(2)表示箍筋直径为Φ8,加密区间距为100 mm,非加密区间距为200 mm,采用两肢箍。

(2)①轴支座处的6Φ20,表示支座处的负弯矩筋为6根Φ20,其中两根为上部贯通筋;②轴及③轴支座处的6Φ20和4Φ20与①轴表示意思相同。

(3)②、③轴线间的标注表示的含义与①、②轴线间的标注相同。

以上各位置钢筋的放置情况见图2-44,一、二抗震等级梁平面配筋示意图所示。

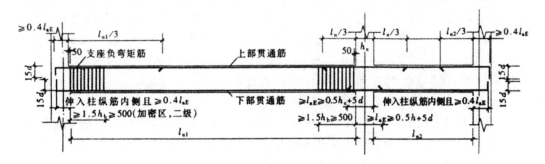

图2-44　一、二抗震等级梁平面配筋示意图

2.工程量计算

(1)上部贯通筋2Φ20。

每根上部贯通筋的长度=各跨净长度+中间支座的宽度+两端支座的锚固长度

$$= (7.8 - 0.225 \times 2 + 3 - 0.225 \times 2) + 0.225 \times 2 + (0.4 \times 34 \times 0.02 + 15 \times 0.02)$$

$$= 9.9 + 0.45 + 0.57 = 10.92 \text{（m）}$$

上部贯通筋总长度=每根上部贯通筋的长度×根数=10.92×2=21.84（m）

（2）①轴支座处负弯矩筋 4Φ20。

①轴支座处每根负弯矩筋长度 $= \dfrac{l_{n1}}{3} + $ 支座锚固长度

$$= \dfrac{1}{3} \times (7.8 - 0.225 \times 2) + (0.4 \times 34 \times 0.02 + 15 \times 0.02)$$

$$= 2.45 + 0.57 = 3.02 \text{（m）}$$

①轴支座处负弯矩筋总长度=3.02×4=12.08（m）

（3）②轴支座处负弯矩筋 4Φ20。

②轴支座处每根负弯矩筋长度 $= \dfrac{l_n}{3} \times 2 + $ 支座宽度

$$= \dfrac{1}{3} \times (7.8 - 0.225 \times 2) \times 2 + 0.225 \times 2$$

$$= 4.9 + 0.45 = 5.35 \text{（m）}$$

②轴支座处负弯矩筋总长度=5.35×4=21.4（m）

（4）③轴支座处负弯矩筋 2Φ20。

因②、③轴间跨长 3 m，其中②轴支座处负弯矩筋伸入第二跨连同支座长共为 0.225 +2.45=2.675（m），故②轴支座处 4Φ20 直接伸入③轴支座处。

③轴支座处每根负弯矩筋计算长度$= (3 - 2.675 - 0.225) + (0.4 \times 34 \times 0.02 + 15$
$$\times 0.02) = 0.1 + 0.57 = 0.67 \text{（m）}$$

③轴支座处负弯矩筋总长度=0.67×2=1.3（m）

（5）第一跨（①②轴线间）下部贯通筋 4Φ20。

每根下部贯通筋的长度=本跨净长度+两端支座锚固长度

在②轴支座处的锚固长度应取 l_{aE} 和 $0.5h_c + 15d$ 的最大值，因 $l_{aE} = 34d = 34 \times 0.02 =$ 0.68（m）,$0.5h_c + 15d = 0.5 \times 0.225 \times 2 + 15 \times 0.02 = 0.525$（m），故②轴支座处的锚固长度应取 0.68（m）。则有每根下部贯通的长度=(7.8 - 0.225 \times 2) + 0.4l_{aE} + 15d + 0.68 = (7.8 - 0.225 \times 2) + (0.4 \times 34 \times 0.02 + 15 \times 0.02) + 0.68 = 8.6（m）

第一跨（①②轴线间）下部贯通筋 4Φ20：总长度=8.6×4=34.4（m）

（6）第二跨（②③轴线间）下部贯通筋 3Φ20。

每根下部贯通筋的长度$= (3 - 0.225 \times 2) + 0.68 + (0.4 \times 34 \times 0.02 + 15 \times 0.02) = 3.8$（m）

第二跨（②③轴线间）下部贯通筋 3Φ20：总长度=3.8×3=11.4（m）

（7）箍筋 Φ8。由于第一跨与第二跨的截面尺寸不同，所以箍筋长度也不同。

第一跨每根箍筋长度=梁周长-8 混凝土保护层厚度+两弯钩长度

$$= (0.3 + 0.65) \times 2 - 8 \times 0.025 + 11.87 \times 0.008$$

$$= 1.89 \text{（m）}$$

由图可知：箍筋加密区长度应大于或等于 $1.5h_b$ 且大于 500 mm，因 $1.5h_b = 1.5 \times$

$0.65=0.975(\mathrm{m})=975(\mathrm{mm})>500\mathrm{mm}$，故第一跨箍筋加密区长度$=0.975(\mathrm{m})$

第一跨箍筋设置个数$=$加密区个数$+$非加密区个数

$$=\left(\frac{0.975-0.05}{0.1}+1\right)\times2+\frac{7.8-0.225\times2-0.975\times2}{0.2}-1$$

$$=(9+1)\times2+(27-1)=46(\text{根})$$

第一跨箍筋总长度$=1.89\times46=86.9(\mathrm{m})$

第二跨每根箍筋长度$=$梁周长$-8\times$混凝土保护层厚度$+$两弯钩长度

$$=(0.3+0.65)\times2-8\times0.025+11.87\times0.008$$

$$=1.89(\mathrm{m})$$

由图可知：箍筋加密区长度应大于或等于$1.5h_b$且大于$500\ \mathrm{mm}$，因$1.5h_b=1.5\times$ $0.65=0.975(\mathrm{m})=975(\mathrm{mm})>500\ \mathrm{mm}$，故第一跨箍筋加密区长度$=0.975(\mathrm{m})$。

第二跨箍筋设置个数$=$加密区个数$+$非加密区个数

$$=\left(\frac{0.975-0.05}{0.1}+1\right)\times2+\frac{3-0.225\times2-0.975\times2}{0.2}-1$$

$$=(9+1)\times2+(7-1)=26(\text{根})$$

第二跨箍筋总长度$=1.89\times26=49.14(\mathrm{m})$

梁内箍筋总长度$=$第一跨箍筋总长度$+$第二跨箍筋总长度

$$=86.9+49.14=136.04(\mathrm{m})$$

（8）腰筋 $4\Phi16$ 及其拉筋。按构造要求，当梁高大于 $450\ \mathrm{mm}$ 时，在梁的两侧沿高度配腰筋，其间距$\leqslant200\ \mathrm{mm}$，当梁宽$\leqslant350\ \mathrm{mm}$ 时，腰筋上拉筋直径为 $6\ \mathrm{mm}$，间距为非加密区箍筋间距的两倍，即间距 $400\ \mathrm{mm}$，拉筋弯钩长度为 $10d$。

目前，市场供应钢筋直径为 $\Phi6.5$。

因梁腹板高为$(650-100)=500\ \mathrm{mm}>450\ \mathrm{mm}$，故梁应沿梁高每侧设 $2\Phi16$ 的腰筋，即共计 4 根，其锚固长度取 $15d$。

腰筋长度$=$每根腰筋长度$\times$根数

$$=[(10.8-0.225\times2)+2\times15\times0.016]\times4$$

$$=10.83\times4=43.32(\mathrm{m})$$

拉筋长度$=$每根拉筋长度$\times$根数

$$=(\text{梁宽}-2\times\text{保护层厚度}+2\times\text{弯钩长度})\times\left(\frac{\text{腰筋长度}}{\text{拉筋间距}}+1\right)\times\text{沿梁高每侧}$$

设置腰筋的根数

$$=(0.3-0.225\times2+2\times10\times0.0065)\times\left(\frac{10.38}{0.4}+1\right)\times2$$

$$=21.28(\mathrm{m})$$

钢筋重量$=$钢筋总长度$\times$每米钢筋重量

$\Phi20$ 钢筋重量$=(21.84+12.08+21.4+1.34+34.4+11.4)\times2.47=102.46\times2.47$

$\qquad=253.08(\mathrm{kg})$

$\Phi16$ 钢筋重量$=43.32\times1.58=68.54(\mathrm{kg})$

$\Phi8$ 钢筋重量$=136.04\times0.395=53.74(\mathrm{kg})$

$\Phi6.5$ 钢筋重量$=21.28\times0.26=5.53(\mathrm{kg})$

【例2.25】 计算图2-45所示现浇钢筋混凝土板中钢筋工程量,已知板四周与梁相连,板厚为110 mm,板上分布钢筋为Φ6@200。

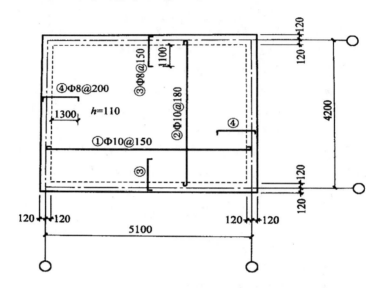

图 2-45 板配筋图

分析:板中有受力筋、负弯矩筋和分布筋。受力筋长度按两个梁的中心线距离加两个180度弯钩;负弯矩筋长度算至梁边减一个保护层另加两个弯折,弯折按板厚减两个保护层计算长度;分布筋从距梁边1/2板筋间距开始布置,长度按梁中心线到梁中心线计算。

【解】

(1)①号钢筋(Φ10@150)。

单根钢筋长度=5.1+2×6.25×0.01=5.225(m)

钢筋根数=(4.2-0.24-0.075×2)÷0.15+1=27(根)

①号钢筋总长度=27×5.225=141.08(m)

(2)②号钢筋(Φ10@180)。

单根钢筋长度=4.2+2×6.25×0.01=4.325(m)

钢筋根数=(5.1-0.24-0.09×2)÷0.18+1=27(根)

②号钢筋总长度=27×4.325=116.78(m)

(3)③号钢筋(Φ8@150)。

单根钢筋长度=1.1+0.24-0.02+15×0.008+0.11-2×0.015=1.52(m)

钢筋根数=(5.1-0.24-0.075×2)÷0.15+1=32.4(根),取33根

③号钢筋总长度=2×33×1.52=100.32(m)

(4)④号钢筋(Φ8@200)。

单根钢筋长度=1.3+0.24-0.02+15×0.008+0.11-2×0.015=1.72(m)

钢筋根数=(4.2-0.24-0.1×2)÷0.2+1=19.8(根),取20根

④号钢筋总长度=2×20×1.72=68.8(m)

(5)分布筋(Φ6.5@200)。

在③号钢筋上,可排放(1.1−0.1)÷0.2+1=6(根)

单根长=5.1−0.24−1.3×2+0.3=2.56(m)

在③号钢筋上分布筋总长度为:2×2.56×6=30.72(m)

在④号钢筋上,可排放(1.3−0.1)÷0.2+1=7(根)

单根长=4.2−0.24−1.1×2+0.3=2.06(m)

在④号钢筋上分布筋总长度为:2×2.06×7=28.84(m)

3)模板

(1)现浇混凝土构件模板。

①现浇混凝土构件模板,除另有规定者外,均按模板与混凝土的接触面积(扣除后浇带所占面积)计算。

②基础。

a.有肋式带形基础,肋高(指基础扩大顶面至梁顶面的高)≤1.2 m 时,合并计算;肋高>1.2 m 时,基础底板模板按无肋带形基础定额项目计算,扩大顶面以上部分模板按混凝土墙定额项目计算。

b.独立基础:高度从垫层上表面至柱基上表面。

c.满堂基础:无梁式满堂基础有扩大或角锥形柱墩时,并入无梁式满堂基础内计算。有梁式满堂基础梁高(不含板厚)≤1.2 m 时,基础和梁合并计算;梁高>1.2 m 时,底板按无梁式满堂基础模板项目计算,梁按混凝土墙模板定额项目计算。箱式满堂基础应分别按无梁式满堂基础、柱、墙、梁、板的有关规定计算。地下室底板按满堂基础规定计算。

d.设备基础:块体设备基础按不同体积,分别计算模板工程量。框架设备基础应分别按基础、柱以及墙的相应定额项目计算;楼层面上的设备基础并入梁、板定额项目计算,同一设备基础中部分为块体,部分为框架时,应分别计算。框架设备基础的柱模板高度由底板面或柱基的上表面算至板的下表面;梁的长度按净长计算,梁的悬臂部分并入梁内计算。

e.设备基础地脚螺栓按不同深度以个数计算。

③构造柱应按图示外露部分计算模板面积。带马牙槎构造柱的宽度按马牙槎处的宽度计算。

④现浇混凝土墙、板上单孔面积≤0.3 m² 的孔洞,不予扣除,洞侧壁模板亦不增加;单孔面积>0.3 m² 时,应予扣除,洞侧壁模板面积并入墙、板模板工程量计算。施工组织设计采用对拉螺栓固定模板,堵眼增加费按墙面、柱面、梁面模板接触面积分别计算工程量。

⑤现浇混凝土框架分别按柱、梁、板有关规定计算,附墙柱突出墙面部分按柱工程量计算,暗梁、暗柱并入墙体工程量计算。

⑥挑檐、天沟与板(包括屋面板、楼板)连接时,以外墙外边线为分界线;与梁(包括圈梁等)连接时,以梁外边线为分界线;外墙外边线以外或梁外边线以外为挑檐、天沟。

⑦现浇混凝土悬挑板、雨篷、阳台按图示外挑部分尺寸的水平投影面积计算。挑出墙外的悬臂梁及板边不另计算。

⑧现浇混凝土楼梯(包括休息平台、平台梁、斜梁和楼层板的连接梁),按设计图示尺寸的水平投影面积计算。不扣除宽度小于 500 mm 楼梯井所占面积,楼梯的踏步、踏步板、平台梁等侧面模板不另行计算。当整体楼梯与现浇楼板无梯梁连接时,以楼梯的最后一个踏步边缘加 300 mm 为界。

⑨混凝土台阶不包括梯带,按设计图示尺寸的水平投影面积计算,台阶端头两侧不另计算模板面积;架空式混凝土台阶按现浇楼梯计算;场馆看台按设计图示尺寸,以水平投影面积计算。

⑩凸出的线条模板增加费,以凸出棱线的道数分别按长度计算,两条及多条线条相互之间净距≤100 mm 的,每两条按一条计算。

(2)预制混凝土构件模板。

①预制混凝土模板,除地模按模板与混凝土的接触面积计算外,其余构件均按设计图示尺寸以混凝土构件体积计算。

②预制桩尖按体积(不扣除桩尖虚体积部分)计算。

③空心构件工程量按实体积计算,后张预应力构件不扣除灌浆孔道所占体积。

(3)构筑物混凝土模板。

①贮水(油)池、贮仓、水塔按模板与混凝土构件的接触面积计算。

②池槽等分别按基础、柱、墙、梁等有关规定计算。

③液压滑升钢模板施工的烟筒、水塔塔身、筒仓等,均按混凝土体积计算。

4)预制混凝土构件运输与安装

(1)预制混凝土构件运输及安装除另有规定外,均按构件设计图示尺寸,以体积计算。

(2)预制混凝土构件制作、运输及安装损耗,规定计算后并入构件工程量内(见表 2-24)。

表 2-24 预制混凝土构件制作、运输及安装损耗表

名 称	制作损耗	运输堆放损耗	安装(打桩)损耗
各类预制构件	0.2%	0.8%	0.5%
预制混凝土桩	0.1%	0.4%	1.5%

(3)预制混凝土构件安装。

①预制混凝土矩形柱、工形柱、双肢柱、空格柱、管道支架等安装,均按柱安装定额项目计算。

②组合屋架安装,按混凝土部分体积计算,钢杆件部分不另计算。

③预制板安装,扣除空心板空洞体积及单个面积>0.3 m² 的孔洞所占体积。

【例 2.26】 计算如图 2-46 基础平面图及剖面图所示的基础模板工程量。

分析:由图 2-46 可以看出,本基础为有梁式条形基础,其支模位置在基础底板(厚200 mm)的两侧和基础梁高(300 mm)的两侧。所以,混凝土与模板的接触面积是基础底板的两侧和基础梁的两侧面积。

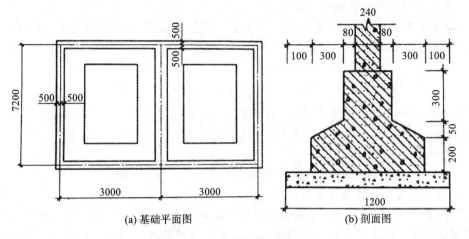

(a)基础平面图　　　　　　　　　(b)剖面图

图 2-46　基础平面图及剖面图

【解】

基础模板工程量＝混凝土与模板接触面的面积＝基础支模的长度×支模高度
按图示长度计算模板的工程量。

1)基础底板模板的工程量

(1)外墙基础底板模板的工程量。

①外墙基础底板外侧模板的工程量

基础支模长度＝(3×2+0.5×2+7.2+0.5×2)×2＝30.4(m)

支模高度为 0.2 m

外墙基础底板外侧模板的工程量＝30.4×0.2＝6.08(m²)

②外墙基础底板内侧模板的工程量

基础支模长度＝[(3×2−0.5×2)+(7.2−0.5×2)]×2−(0.5×2)×2＝12.4(m)

支模高度为 0.2 m

外墙基础底板内侧模板的工程量＝12.4×0.2＝2.48(m²)

外墙基础底板模板的工程量＝4.08+6.08＝10.16(m²)

(2)内墙基础底板模板的工程量。

基础支模长度＝7.2−0.5×2＝6.2 m×2＝12.4(m)

支模高度为 0.2 m

内墙基础底板模板的工程量＝12.4×0.2＝2.48(m²)

汇总:基础底板模板的工程量＝10.16+2.48＝12.64(m²)

2)基础梁模板的工程量

(1)外墙基础梁模板的工程量。

①外墙基础梁外侧模板的工程量

基础支模长度＝(3×2+0.2×2+7.2+0.2×2)×2＝28(m)

支模高度为 0.3 m

外墙基础梁外侧模板的工程量＝28×0.3＝8.4(m²)

②外墙基础梁内侧模板的工程量

基础支模长度=[(3×2−0.2×2)+(7.2−0.2×2)]×2−(0.2×2)×2=24(m)

支模高度为 0.3 m

外墙基础梁内侧模板的工程量=24×0.3=7.2(m²)

外墙基础梁模板的工程量为=8.4+7.2=15.6(m²)

(2)内墙基础梁模板的工程量。

基础支模长度=7.2−0.2×2=13.6(m)

支模高度为 0.3 m

内墙基础梁模板的工程量=13.6×0.3=4.08(m²)

汇总:基础梁模板的工程量=15.6+4.08=19.68(m²)

总计:基础模板的工程量=基础底板模板+基础梁模板=12.64+19.68=32.32(m²)

【例 2.27】 某工程在图 2-47 构造柱示意图所示的位置上设置了构造柱。已知构造柱尺寸为 240 mm×240 mm,柱支撑高度为 3.0 m,墙厚为 240 mm,试计算构造柱模板工程量。

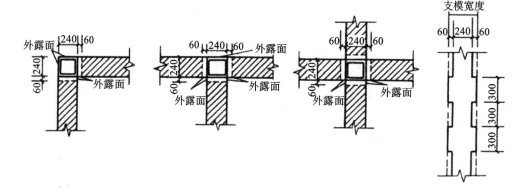

图 2-47 构造柱示意图

【解】 (1)L 形转角处

构造柱模板工程量=[(0.24+0.06)×2+0.06×2]×3=2.16(m²)

(2)T 形接头处

构造柱模板工程量=(0.24+0.06×2+0.06×2×2)×3=1.8(m²)

(3)十字接头处

构造柱模板工程量=0.06×2×4×3=1.44(m²)

注意:构造柱模板的工程量计算与构造柱混凝土工程量计算的区别。

(六)金属结构工程

1.说明

本定额包括金属结构制作安装、金属结构楼(墙)面板及其他、金属结构运输三节。

1)金属结构制作、安装

(1)钢结构构件制作定额项目适用于现场或施工企业附属加工厂制作的钢构件。住宅钢结构工程发生的钢构件现场制作或施工企业附属加工厂制作,执行厂(库)房钢结构制作相应定额项目。

(2)大卖场、物流中心等钢结构工程,参照厂(库)房钢结构相应定额项目;高层商务楼、办公楼、商住楼等参照住宅钢结构相应定额项目。

(3)构件制作定额项目钢材按钢号 Q235 编制,设计使用的钢材强度等级、型材组成与定额不同时,钢材、焊材型号可以调整,消耗量不变。

(4)构件制作定额项目钢材的损耗量已包括了切割和制作损耗,对于设计有特殊要求的,消耗量可以调整。

(5)构件制作定额已包括施工企业附属加工厂预装配所需的人工、材料、机械台班用量及预拼装平台摊销费用。

(6)钢网架制作、安装定额项目按平面网格结构编制,设计为筒壳、球壳及其他曲面结构的,制作定额项目人工、机械乘以系数 1.30,安装定额项目人工、机械乘以系数 1.20。

(7)钢桁架制作、安装定额项目按直线形桁架编制,设计为曲线、折线桁架,制作定额项目人工、机械乘以系数 1.30.安装定额项目人工、机械乘以系数 1.20。

(8)构件制作定额项目焊接 H 型构件均按钢板加工焊接编制,实际采用成品 H 型钢的,钢板部分未计价材按成品 H 型钢价格计入,人工、机械及其他材料(未计价材除外)乘以系数 0.60。

(9)定额项目中的钢管构件按成品钢管编制,设计或施工组织设计规定采用钢板加工而成的,主材价格应包括加工费,加工费用计算按合同约定执行。

(10)构件安装项目中的质量指按设计图纸所确定的构件单元质量。

(11)轻钢屋架是指单榀质量≤1 t,且用角钢或圆钢、管材作为支撑、拉杆的钢屋架。

(12)焊接实腹钢柱是指箱型钢、T 型钢、L 型钢等;空腹钢柱是指格构型钢。

(13)制动梁、制动板、车档套用钢吊车梁相应定额项目。

(14)柱间、梁间、屋架间 H 型或箱型钢支撑,套用相应的钢柱或钢梁制作、安装定额项目;墙架柱、墙架梁和相配套连接杆件套用钢墙架相应定额项目。

(15)型钢混凝土组合结构中的钢构件套用相应定额项目,制作定额项目人工、机械乘以系数 1.15。

(16)钢支撑(钢拉条)制作不包括花篮螺栓,设计采用时,按相应定额项目计算。

(17)钢构件制作定额项目未包括镀锌费用,设计采用时,另行计算。

(18)钢栏杆(钢护栏)定额项目仅适用于钢楼梯、钢平台及钢走道板等与金属结构相连接的栏杆,其他部位的栏杆、扶手应套用"其他装饰工程"相应定额项目。

(19)钢平台板中的钢格栅板制作定额项目,采用成品格栅时,格栅按成品价格计入,人工、材料(未计价材除外)及机械乘以系数 0.60。

(20)单件质量≤25 kg 的加工铁件,套用定额中的零星构件。需埋入混凝土中的铁件及螺栓套用"混凝土及钢筋混凝土工程"相应定额项目。

(21)构件制作定额项目中未包括除锈工作内容,设计或施工组织设计需要时套用相应定额项目。其中喷砂、抛丸除锈项目按 Sa2.5 除锈等级编制,设计为 Sa3 级时,相应定额项目乘以系数 1.1,设计为 Sa2 级或 Sa1 级时,相应定额乘以系数 0.75;手工及动力工具除锈定额项目按 St3 除锈等级编制,设计为 St2 级时,相应定额项目乘以系数 0.75。

(22)钢构件制作中未包括油漆、防火涂料工作内容,设计要求时,套用"油漆、涂料、裱糊工程"相应定额项目。

(23)钢构件制作、安装定额项目中已包括了施工企业按照质量验收规范要求所需自检的磁粉探伤、超声波探伤等常规检测费用。建设单位对合格的钢构件委托第三方检测时,费用由建设单位承担。

(24)钢结构构件采用塔吊吊装的,将钢构件安装定额中的汽车式起重机 20 t、40 t 分别调整为自升式塔式起重机 2500 kN·m、3000 kN·m,人工及起重机械按汽车式起重机消耗量乘以系数 1.20。

(25)钢构件安装定额项目,未包含分块或整体吊装的钢网架、钢桁架地面拼装平台摊销费用;构件特殊安装方法措施费用。发生时套用现场拼装平台摊销定额项目或参照经审批的方案计算。

(26)钢构件高空分段安装的临时支撑,套用钢构件安装支撑胎架摊销定额项目。

(27)钢网架安装按分块吊装编制,整座网架重量≤120 t 时,安装定额项目人工、机械乘以系数 1.20。

(28)钢桁架单支重量≤0.2 t 时,套用相应的支撑定额项目。

(29)钢支撑定额项目包含柱间支撑、屋面支撑、系杆、拉条、撑杆、隅撑等。

(30)钢天窗架定额项目包括钢天窗架、钢通风气楼、钢风机架,其中钢天窗及通风气楼上 C、Z 型钢,套用钢檩条定额项目。

(31)不锈钢天沟、彩钢板天沟定额项目按展开宽度 600 mm 编制,实际展开宽度与定额不同时,板材按比例调整,其他不变。

(32)钢天沟支架制作、安装执行钢檩条相应定额项目。

(33)厚板电加热定额项目适用于钢板板厚＞50 mm,材质 Q345B 以上重要结构的钢板焊接前加热。

2)金属结构楼(墙)面板及其他

(1)金属结构楼面板和墙面板按成品板编制。

(2)压型楼面板的收边板未包括在楼面板定额项目内,发生时另行计算。

(3)楼面板定额项目未包括楼板栓钉、固定支架等费用。发生时,按设计或施工组织设计执行相应定额项目。

3)金属结构运输

(1)金属结构构件运输适用于钢构件加工厂至施工现场,且运距≤30 km 编制,运距＞30 km 的构件运输,不适用本定额。

(2)金属结构构件运输按表 2-25 分为三类,套用相应定额项目。

表 2-25　金属结构构件分类表

类别	构件名称
一	钢柱、屋架、托架、桁架、吊车梁、网架、钢架桥
二	钢梁、檩条、支撑、拉条、栏杆、钢平台、钢走道、钢楼梯、零星构件

类别	构件名称
三	墙架、挡风架、天窗架、轻钢屋架、其他构件

(3)构件运输过程中,如遇路桥限载(高)而发生的加固、拓宽,或发生的管线、路灯迁移等费用,或公交管理部门要求的措施等费用,另行计算。

2.工程量计算规则

1)金属构件制作安装

(1)金属构件工程量按设计图示尺寸以理论质量计算。

(2)金属构件计算工程量时,不扣除单个面积≤0.3 m² 的孔洞质量,焊缝、铆钉、螺栓等不另增加。

(3)焊接空心球网架工程量包括连接钢管杆件,连接球和支托等零件,螺栓球节点网架工程量包括连接钢管杆件(含高强螺栓、销子、套筒、锥头或封板)、螺栓球和支托等零件。

(4)依附在钢柱上的牛腿、悬臂梁、柱脚板、加劲板、柱顶板、隔板和肋板等并入钢柱工程量。

(5)钢管柱上的节点板、加强环板、内衬板(管)、牛腿等并入钢管柱工程量。

(6)钢平台工程量包括钢平台柱、梁、板、斜撑等的质量,依附于钢平台上的钢扶梯及平台栏杆,应按相应构件另行列项计算。

(7)钢楼梯的工程量包括楼梯平台、楼梯梁、楼梯踏步等,钢楼梯上的扶手、栏杆另行列项计算。

(8)钢栏杆与钢扶手工程量合并计算,套用钢栏杆定额项目。

(9)机械、手工及动力工具除锈以构件质量计算。

(10)厚板电加热按加热焊缝长度计算。

(11)钢构件安装工程量同制作工程量。

(12)钢构件现场拼装平台摊销工程量按实施拼装构件的工程量计算。

(13)钢构件安装支撑胎架摊销工程量按实施安装构件的工程量计算。

2)金属结构楼(墙)面板及其他

(1)楼面板按设计图示尺寸以铺设面积计算,不扣除单个面积≤0.3 m² 的柱、垛及孔洞所占面积。

(2)墙面板按设计图示尺寸以铺挂面积计算,不扣除单个面积≤0.3 m² 的梁、孔洞所占面积。

(3)钢板天沟按设计图示尺寸以质量计算,依附天沟的型钢并入天沟的质量内计算;不锈钢天沟、彩钢板天沟按设计图示尺寸以长度计算。

(4)金属构件安装使用的高强螺栓、花篮螺栓和剪力栓钉按设计数量以套计算。

(5)槽铝檐口端面封边包角、混凝土浇捣收边板高度按 150 mm 编制,工程量按设计图示尺寸以长度计算,其他材料的封边包角、混凝土浇捣收边板按设计图示尺寸以展开面积计算。

（6）屋脊盖板内已包括屋脊托板含量，屋脊托板使用其他材料时，含量可以调整，其他不变。

3）金属结构运输

钢构件运输工程量同制作工程量。

【例2.28】 试计算图2-48所示的钢屋架间水平支撑的制作工程量。

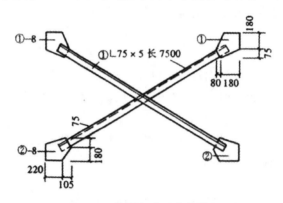

图2-48　钢屋架水平支撑详图

分析：金属结构构件制作工程量＝构件中各钢材重量之和。

钢板的每平方米重量及型钢每米重量可从有关表中查出，也可用下述公式计算：

$$钢板每平方米重量＝7.85×钢板厚度$$

$$角钢每米重量＝0.00795×角钢厚度×（角钢长边＋短边－角钢厚度）$$

【解】 如图2-41钢屋架水平支撑所示，有：

$$
\begin{aligned}
－8\text{钢板重量} &＝1\text{号钢板面积}×\text{钢板每平方米重量}×\text{块数}＋2\text{号钢板面积}\\
&\quad×\text{钢板每平方米重量}×\text{块数}\\
&＝(0.08＋0.18)×(0.075＋0.18)\\
&\quad×62.8×2＋(0.22＋0.105)×(0.075＋0.18)×62.8×2\\
&＝8.33＋10.41＝18.74(\text{kg})
\end{aligned}
$$

L75×5角钢重量＝角钢长度×每米重量×根数＝7.5×5.82×2＝87.3(kg)

水平支撑工程量＝－8钢板重量＋L75×5角钢重量＝19.69＋87.3＝106.99(kg)

（七）木结构工程

1.说明

本定额包括木屋架、木构件、屋面木基层三节。

（1）木材木种均以杉和松杂综合取定，设计与定额不同时，材料可以调整，人工、机械不变。

（2）定额取定的材积均以毛料为准。设计断面或厚度为净料时，增加刨光损耗：方木单面刨光加3 mm，双面刨光加5 mm；原木直径加5 mm。

（3）屋架跨度是指屋架两端上、下弦中心线交点之间的距离。

（4）木屋架、钢木屋架定额项目中的钢板、型钢、圆钢，设计用量不同时，可以调整，其他不变。

(5)屋面板制作定额项目,设计厚度与定额不同时,材料可以调整,人工、机械不变。

(6)定额中木材以自然干燥条件下含水率为准编制,采取其他干燥方式时,费用另行计算。

2.工程量计算规则

1)木屋架

(1)木屋架、檩条按设计图示尺寸以体积计算,附属于其上的木夹板、垫木、风撑、挑檐木、檩条三角条均按木料体积并入木屋架、檩条内。单独挑檐木并入檩条内。檩托木、檩垫木已包括在相应定额项目内,不另计算。

(2)圆木木屋架上的挑檐木、风撑,设计为方木时,应将方木木料体积乘以系数1.70折合成圆木并入圆木木屋架内。

(3)钢木屋架按设计图示尺寸以体积计算。定额内已包括钢构件的用量,不另行计算。

(4)带气楼的屋架,气楼并入所依附屋架内计算。

(5)屋架的马尾、折角和正交部分半屋架,并入相连屋架内计算。

(6)简支檩木长度按设计计算。设计无规定时,按相邻屋架或山墙中距增加0.20 m接头计算,两端出山檩条算至搏风板;连续檩的长度按设计长度增加5%的接头长度计算。

2)木构件

(1)木柱、木梁按设计图示尺寸以体积计算。

(2)木楼梯、钢木楼梯按设计图示尺寸以水平投影面积计算,不扣除宽度≤300 mm的楼梯井,伸入墙内部分亦不计算。

(3)木地楞按设计图示尺寸以体积计算。定额内已包括平撑、剪刀撑、沿油木的用量,不另行计算。

3)屋面木基层

(1)屋面椽子、屋面板、挂瓦条、竹帘子按设计图示尺寸以屋面斜面面积计算,不扣除屋面烟囱、风帽底座、风道、小气窗及斜沟等所占面积。小气窗的出檐部分亦不增加。

(2)封檐板按设计图示檐口外围长度计算。搏风板按斜长计算,每个大刀头增加长度0.50 m。

(八)门窗工程

1.说明

本定额包括木门,金属门,金属卷帘门,厂库房大门,特种门,其他门,木窗,金属窗,门窗套,窗台板,窗帘盒、轨,门窗五金十二节。

(1)本定额是按机械和手工操作综合编制,不论实际采取何种操作方法,均不调整。

(2)定额取定的材积均以毛料为准。设计断面或厚度为净料时,增加刨光损耗:单面刨光加3 mm;双面刨光加5 mm;圆木每立方米加0.05 m³。

(3)定额项目中的小五金费,包括普通铰链、插销、风钩的材料价格。

(4)木门窗安装用木砖已包括在定额项目内,不另计算。

(5)木天窗、木组合窗定额项目已包括组合缝的填充料、盖口条和安装连接的螺栓等,设计需要安装开闭器及各种手动开关时,材料另行计算。

(6)钢窗(成品)安装定额项目不包括铁横档,设计有铁横档时,工程量按图示尺寸以吨计算,套用钢木大门钢骨架定额项目。

(7)铝合金地弹门制作型材(框料)按 101.6 mm×44.5 mm,厚 1.5 mm 方管编制;单扇平开门、双扇平开窗按国标 50 系列编制;推拉门、推拉窗按黔标 90 系列(厚 1.4 mm)编制;断桥铝合金门窗按黔 2009J704 编制。实际采用的型材消耗量与定额不同时,型材用量可以调整,其他不变。

(8)门窗五金。

①成品木门(扇)安装定额项目中五金配件的安装仅包括合页安装人工费和合页材料费,设计要求的其他五金另按"门窗五金"中门特殊五金相应定额项目执行。

②成品金属门窗、金属卷帘、特种门、其他门安装项目包括五金安装人工,五金材料费包括在成品门窗价格中。铝合金门窗制作,安装定额项目中未含五金配件,五金配件按本章附表选用。

③成品全玻璃门扇安装定额项目,按地弹门编制,地弹簧消耗量设计与定额不同时,可以调整,设计要求的其他五金另执行特殊五金相应项目。

④厂库房大门项目均包括五金件安装人工,五金铁件材料费另执行"厂库房大门、特种门五金配件表"中相应定额项目,当设计与定额不同时,可以换算。

(9)其他金属卷帘门安装执行铝合金卷帘门安装定额项目。

(10)电子感应门有固定玻璃门时执行全玻璃隔断定额项目。

(11)保温门的填充料与定额不同时,可以换算,其他不变。

(12)钢木大门及特种门的钢帽架制作按相关定额项目另行计算。发生场外运输时,按金属构件运输定额项目计算。

2.工程量计算规则

(1)各类门窗制作、安装除有注明外,均按设计图示门窗洞口面积计算。

(2)厂库房大门、特种门安装,有框的按框外围面积计算,无框的按扇外围面积计算。

(3)木门扇包括不锈钢板、皮制隔音层、饰面板隔音层、镀锌铁皮,按门扇单面面积计算,设计为双面时,定额乘以系数 2.00。纱扇制作安装按扇外围面积计算。

(4)上部带有半圆形的木窗,应分别计算,以普通窗和半圆窗之间横框上的裁口线为分界线。

(5)各种门带窗应分别计算,以门窗之间的门框外边缘为分界线。

(6)钢门窗安玻璃,按玻璃安装面积计算。

(7)飘窗、阳台封闭、异形窗,按设计图示型材框外边线尺寸以展开面积计算。

(8)卷帘门安装,按设计图示高度(包括卷帘箱高度)乘以宽度以面积计算。电动装置安装按设计图示套数计算,小门安装以扇计算,小门面积不扣除。

(9)防盗门、防盗窗、不锈钢格栅门按框外围面积计算。

(10)成品防火门以框外围面积计算。

(11)实木门框制作安装以延长米计算。实木门扇制作安装及装饰门扇制作以扇外围面积计算。装饰门扇及半成品门扇安装以扇计算。

（12）不锈钢板包门框、门窗套、花岗岩门套、门窗筒子板按设计图示尺寸以展开面积计算。门窗贴脸、窗帘盒、窗帘轨按设计图示尺寸纵延长米计算。

（13）窗台板按设计图示尺寸以实铺面积计算。

（14）电子感应门及转门、不锈钢自动伸缩门安装以樘计算。

（15）特殊五金安装，按设计图示数量计算。

（九）屋面及防水工程

1.说明

本定额包括瓦型材及其他屋面、防水工程、屋面排水、变形缝与止水带四节。

1）屋面工程

（1）瓦屋面、金属板屋面、采光板屋面设计与定额项目不同时，相应项目材料可以换算，人工、机械不变。

（2）黏土瓦采用穿铁丝、钉圆钉，每100 m² 人工增加11工日，增加22♯镀锌低碳钢丝3.5 kg、圆钉2.5 kg。

（3）金属板屋面中一般金属板屋面，执行彩钢板和彩钢夹心板定额项目，装配式单层金属压型板屋面区分不同檩距执行相应定额项目。

（4）采光屋面设计为滑动式采光项的，应按设计增加U形滑动盖帽等部件，相应定额项目人工乘以系数1.05。

（5）膜结构屋面的钢支柱、锚固支座混凝土基础等执行其他相应定额项目。

（6）屋面按坡度≤15%编制，15%＜坡度≤25%时，按相应定额项目人工乘以系数1.18；25%＜坡度≤45%或为人字形、锯齿形、弧形等时，相应定额项目人工乘以系数1.30；坡度＞45%时，相应定额项目人工乘系数1.43。

2）防水工程

（1）防水工程适用于楼地面、墙基、墙身、构筑物、水池、水塔及室内卫生间、浴室等防水、防潮。

（2）立面防水工程定额项目是以直形构件编制的，当弧形构件曲率半径≤9 m时，相应定额项目人工乘系数1.18。

（3）卷材防水定额项目中的卷材，设计与定额不同时，可根据卷材材料的类别按相应定额项目换算，人工、机械不变。

（4）改性沥青卷材、高分子卷材防水层，冷粘法定额项目按满铺编制，设计采用点、条、空铺时按其相应定额项目的人工乘以系数0.91，黏合剂消耗量乘以系数0.30。

（5）涂膜防水定额项目中的涂膜材料，设计与定额不同时，可根据涂膜材料的类别按相应定额项目换算，人工、机械不变。

（6）涂膜防水中"二布三涂"或"一布二涂"项目，其涂数是指涂料构成防水层数，并非涂刷遍数。

（7）防水卷材的搭接、拼缝、压边、留槎，找平层的嵌缝、冷底子油、底胶剂已包含在定额项目内，不另计算。卷材防水附加层套用卷材防水相应定额项目。

3）屋面排水

（1）屋面排水管、水落管定额项目已包含雨水口、落水斗、落水弯头等零配件，不另计算。

(2)铁皮屋面及铁皮排水定额项目已包含铁皮咬口、卷边和搭接等,不另计算。

(3)塑料排水管屋面排水定额项目按 PVC 材质水落管、水斗、水口和弯头编制,设计与定额不同时,相应项目材料可以换算,人工、机械不变。

(4)设计采用不锈钢水落管排水时,执行镀锌钢管定额项目,相应项目材料可以换算,人工乘以系数 1.10。

(5)种植屋面排水定额项目包含屋面滤水层和排(蓄)水层,找平层、保温层等执行其他相应定额项目,防水层按相应定额项目计算。

4)变形缝与止水带

(1)变形缝嵌填缝定额项目中,建筑油膏和聚氯乙烯胶泥断面按 30 mm×20 mm、油浸木丝板按 150 mm×25 mm、其他填料按 150 mm×30 mm 编制。设计断面与定额不同时,相应项目材料可以换算,人工、机械不变。

(2)沥青砂浆填缝,设计与定额不同时,材料可以换算,其他不变。

(3)变形缝盖板定额项目,木板盖板断面按 200 mm×25 mm、铝合金盖板厚度按 1 mm、不锈钢板厚度按 1 mm 编制。变形缝盖板设计与定额不同时,材料可以换算,其他不变。

2. 工程量计算规则

1)屋面工程

(1)屋面(包括挑檐),均按设计图示尺寸以面积计算(斜屋面按斜面面积计算),不扣除屋面烟囱、风帽底座、风道、屋面小气窗、斜沟和脊瓦等所占面积,小气窗的出檐部分亦不增加。

(2)波形瓦屋面的正斜脊瓦、檐口线,按设计图示尺寸以长度计算。瓦面上设计要求安装饰件时,另行计算。

(3)采光屋面按设计图示尺寸以面积计算,不扣除单个面积≤0.3 m² 孔洞所占面积。

(4)膜结构屋面按设计图示尺寸以水平投影面积计算,设计与定额不同时,相应项目材料可以换算,人工、机械不变。

2)防水工程

(1)屋面防水,按设计图示尺寸以面积计算(斜屋面按斜面面积计算),不扣除屋面烟囱、风帽底座、风道、屋面小气窗、斜沟等所占面积,屋面的女儿墙、伸缩缝和天窗等处的弯起部分,按设计图示尺寸以面积计算;设计无规定时,伸缩缝、女儿墙和天窗的弯起部分按 500 mm 计算,并入立面工程量内。

(2)楼地面防水、防潮层按设计图示尺寸以主墙间净面积计算,扣除凸出地面的构筑物、设备基础等所占面积,不扣除间壁墙及单个面积≤0.3 m² 的柱、垛、烟囱和孔洞所占面积。平面与立面交接处,上翻高度≤300 mm 时,按展开面积并入平面工程量内计算,高度>300 mm 时,按立面防水层计算。

(3)墙基水平防水、防潮层,外墙按外墙中心线长度、内墙按墙体净长度乘以宽度,以面积计算。

(4)墙的立面防水、防潮层,不论内墙、外墙,均按设计图示尺寸以面积计算。

(5)基础底板的防水、防潮层按设计图示尺寸以面积计算,不扣除桩头所占面积。

(6)卷材附加层按设计图示尺寸以面积计算。

3)屋面排水

(1)水落管、镀锌铁皮天沟、檐沟，按设计图示尺寸以长度计算。

(2)种植屋面排水按设计图示尺寸以铺设排水层面积计算，不扣除屋面烟囱、风帽底座、风道、屋面小气窗、斜沟、脊瓦以及单个面积≤0.3 m² 的孔洞所占面积，屋面小气窗的出檐部分不增加。

4)变形缝与止水带

变形缝与止水带按设计图示尺寸，以长度计算。

（十）保温、隔热、防腐工程

1.说明

本定额包括保温、隔热，防腐二节。

1)保温、隔热

(1)保温、隔热定额项目只包括保温隔热材料的铺贴，不包括隔气防潮、保护层或衬墙等。

(2)保温层的保温材料配合比、材质、厚度，设计与定额不同时，可以换算。弧形墙墙面保温隔热层，按相应定额项目人工乘以系数1.10。

(3)与无保温墙体相连的柱、梁面保温，按墙面保温定额项目人工乘以系数1.19、材料乘以系数1.04。

(4)墙、柱面保温装饰一体板定额项目，采用钢骨架时，执行"墙、柱面装饰与隔断、幕墙工程"中相应定额项目。

(5)抗裂保护层采用塑料膨胀螺栓固定时，每1 m² 增加：人工0.03工日，塑料膨胀螺栓6.12套。

2)防腐

(1)整体面层、隔离层适用于平面、立面的防腐耐酸工程，包括沟、坑、槽。

(2)各种砂浆、胶泥、混凝土材料的种类，配合比及各种整体面层的厚度，设计与定额不同时，可以换算。

(3)花岗岩板以六面剁斧的板材为准，底面为毛面者，水玻璃砂浆增加0.38 m³；耐酸沥青砂浆增加0.44 m³。

(4)防腐卷材接缝、附加层、收头等人工、材料，已包含在相应定额项目内，不另行计算。

(5)块料防腐中面层材料的规格，设计与定额不同时，可以换算。块料面层的结合层配合比，设计与定额不同时，可以换算。

(6)防腐面层工程的各种面层，除软聚氯乙烯板地面外，均不包括踢脚板。

(7)整体面层踢脚板按整体面层相应定额项目执行，块料面层踢脚板按相应定额项目执行。

2.工程量计算规则

1)保温隔热

(1)屋面保温隔热层区别不同保温隔热材料除另有规定者外均按设计图示尺寸以体

积计算,扣除单个面积＞0.3 m² 的孔洞所占工程量。

（2）天棚保温隔热层按设计图示尺寸以面积计算。扣除单个面积＞0.3 m² 的柱、垛、孔洞所占面积,与天棚相连的梁按展开面积,并入天棚工程量内。混凝土板下(带龙骨)铺贴隔热层以面积计算,不扣除木框架及木龙骨的面积。

（3）墙面保温隔热层按设计图示尺寸以面积计算。扣除门窗洞口及单个面积＞0.3 m² 梁、孔洞所占面积;门窗洞口侧壁、单个面积＞0.3 m² 的孔洞侧壁以及与墙相连的柱及室外梁面,并入保温墙体工程量内。墙体(带龙骨)铺贴隔热层以面积计算,不扣除木框架及木龙骨的面积。外墙隔热层按中心线长度计算,内墙隔热层按净长计算。

（4）柱、梁保温隔热层按设计图示尺寸以面积计算。柱按设计图示柱断面保温层中心线展开长度乘以高度以面积计算,扣除单个面积＞0.3 m² 的梁所占面积。梁按设计图示梁断面保温层中心线展开长度乘保温层长度以面积计算。

（5）柱帽保温隔热层,并入天棚保温隔热层工程量内。

（6）楼地面保温隔热层按设计图示尺寸以面积计算。扣除单个面积＞0.3 m² 的柱、垛、孔洞所占面积,门洞、空圈、暖气包槽、壁龛的开口部分亦不增加。

（7）保温层排气管按设计图示尺寸以长度计算,不扣除管件所占长度,保温层排气孔按不同材料以数量计算。

（8）其他保温隔热层按设计图示尺寸以展开面积计算。扣除单个面积＞0.3 m² 的孔洞等所占面积。

（9）防火隔离带按设计图示尺寸以面积计算。

2）防腐

（1）防腐工程面层、隔离层及防腐油漆均按设计图示尺寸以面积计算。

（2）平面防腐应扣除凸出地面的构筑物、设备基础以及单个面积＞0.3 m² 的孔洞、柱、垛等所占面积,门洞、空圈、暖气包槽、壁龛的开口部分亦不增加。

（3）立面防腐应扣除门、窗以及单个面积＞0.3 m² 的孔洞、梁所占面积,门、窗、洞口侧壁、垛凸出部分按展开面积并入墙面工程量内。

（4）池、沟、槽块料防腐面层按设计图示尺寸以展开面积计算。

（5）砌筑沥青浸渍砖按设计图示尺寸以面积计算。

（6）踢脚板按设计图示尺寸以面积计算,扣除门洞所占面积,增加侧壁展开面积。

（7）混凝土面及抹灰面油漆防腐按设计图示尺寸以面积计算。

【例 2.29】 某工程屋面如图 2-49 示,采用水泥炉渣保温层最薄处为 40 mm 厚(用保温层找坡),计算保温层的工程量。

分析:屋面保温按体积计算,兼做找坡层的其厚度取平均厚度。

【解】 水泥炉渣保温层

屋面面积＝(30－0.37－0.37)×(20－0.37－0.37)＝29.26×19.26＝563.55(m²)

水泥炉渣保温层的平均厚度＝0.04＋(20－0.37－0.37)÷2×3%÷2

＝0.04＋0.14＝0.18(m)

水泥炉渣保温层工程量＝屋面面积×水泥炉渣保温层的平均厚度

＝563.55×0.18＝101.44(m³)

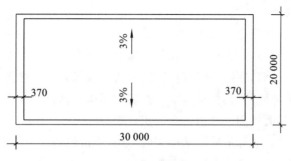

图 2-49 工程屋面示意图

【例 2.30】 某混凝土工程柱结构截面为 $500 \text{ mm} \times 800 \text{ mm}$、高为 4.8 m,柱包隔热层聚苯乙烯 40 mm 厚,试求聚苯乙烯隔热层的工程量。

分析:柱包隔热层,其工程量按隔热材料展开长度的中心线乘以图示高度,以平方米计算。

【解】 聚苯乙烯隔热层

$$柱隔热层中心线 = (0.5 + 0.02 + 0.02) \times 2 + (0.8 + 0.02 + 0.02) \times 2$$
$$= 1.08 + 1.68 = 2.76 (\text{m})$$
$$聚苯乙烯隔热层工程量 = 2.76 \times 4.8 = 13.25 (\text{m}^2)$$

(十一)楼地面装饰工程

1. 说明

本定额包括找平层及整体面层、涂层面层、块料面层、橡塑面层、其他材料面层、踢脚线、楼梯装饰、台阶装饰、零星装饰九节。

(1)定额水泥砂浆按干混预拌砂浆编制,采用现拌砂浆时,按每立方米砂浆增加人工 0.382 工日,扣减用水 0.3 m^3,并将干混砂浆罐式搅拌机调整为同容量的灰浆搅拌机,台班用量不变。采用湿拌预拌砂浆,按每立方米砂浆减少人工 0.20 工日,用水量扣除方式同现拌砂浆,再扣除干混砂浆罐式搅拌机台班消耗量。

(2)镶贴块料定额项目需现场倒角、磨边的,按"其他装饰工程"相应定额项目执行。

(3)石材面层拼花按成品编制。

(4)镶嵌规格 $\leqslant 100 \text{ mm} \times 100 \text{ mm}$ 的石材执行点缀定额项目。

(5)玻化砖按陶瓷地砖相应定额项目执行。

(6)面层喷涂颗粒型跑道厚度按 13 mm 编制,厚度每增减 1 mm 执行弹性纯 PU 球场面层每增减 1 mm 定额项目。

(7)木地板安装按成品企口板编制,采用平口板安装时,人工乘以系数 0.85。

(8)木地板设计有填充材料时,按"保温、隔热、防腐工程"相应定额项目执行。

(9)零星项目面层适用于楼梯侧面、台阶的牵边,小便池、蹲台、池槽,以及面积 $\leqslant 1 \text{ m}^2$ 且定额未列项目的工程。

(10)石材地面精磨、打胶、勾缝,现场实际发生时,执行相应定额项目。

(11)石材、块料弧形切割增加费,现场实际发生时,执行相应定额项目。

2. 工程量计算规则

(1)楼地面找平层及整体面层按设计图示尺寸以面积计算。扣除凸出地面构筑物、设备基础、室内铁道、地沟等所占面积,不扣除间壁墙及单个面积≤0.3 m² 的柱、垛、附墙烟囱及孔洞所占面积。门洞、空圈、暖气包槽、壁龛的开口部分亦不增加。

(2)块料面层、橡塑面层、其他材料面层按实铺面积计算。

(3)石材拼花按最大外围尺寸以矩形面积计算。

(4)点缀按个计算。计算铺贴地面面积时,点缀所占的面积不扣除。

(5)石材勾缝按勾缝部分石材铺贴面积计算。

(6)石材、块料面层弧形切割增加费按切割长度以延长米计算。

(7)橡塑面层按设计图示尺寸以面积计算。

(8)楼梯面层(包括踏步、休息平台以及宽度≤500 mm 的楼梯井)按水平投影面积计算。楼梯与楼地面相连时,算至梯口梁外侧边沿;无梯口梁者,算至最上一层踏步边沿加300 mm。

(9)楼梯及台阶面层防滑条,按设计图示尺寸以延长米计算。设计未注明时,按楼梯踏步两端距离各减 150 mm 以延长米计算。

(10)踢脚线按设计图示长度乘以高度以面积计算。楼梯靠墙踢脚线(含锯齿形部分)贴块料按设计图示尺寸以面积计算。

(11)台阶面层按设计图示尺寸(算至最上踏步边沿加 300 mm)以水平投影面积计算。

(12)零星项目按面积计算。

(13)石材底面刷养护液、表面刷保护液,按实际涂刷面积计算。

【例 2.31】 如图 2-50 所示某建筑物平面图,已知 M1 洞口宽 1.2 m,M2 洞口宽1.0 m,踢脚高为 100 mm,室内混凝土垫层厚 60 mm。计算:

(1)当室内地面为水泥砂浆地面时,面层及找平层工程量,当为水泥砂浆踢脚时,踢脚工程量;

(2)当室内地面为贴地砖地面时,贴地砖工程量,当为瓷砖踢脚时,踢脚工程量;

(3)垫层工程量;

(4)散水工程量。

分析:整体面层与块料面层工程量计算规则的区别:整体面层按主墙间净面积计算,门洞口开口部分面积不增加;而块料面层亦按主墙间净面积计算,但门洞口开口部分面积要并入相应的面层计算。

【解】

(1)水泥砂浆地面。

室内地面面层工程量$=(4.5-0.12\times2)\times(6.0-0.12\times2)+2\times(3.0-0.12\times2)$
$$\times(3.9-0.12\times2)$$
$$=44.74(\text{m}^2)$$

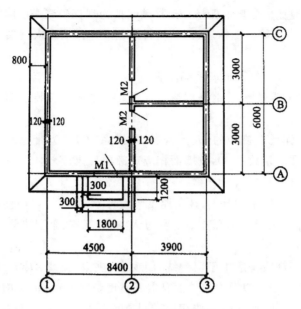

图 2-50 某建筑物平面图

水泥砂浆踢脚工程量＝$[(4.5-0.12\times2)\times2+(6.0-0.12\times2)\times2+(3.9-0.12\times2)$
$\times4+(3.0-0.12\times2)\times4]\times0.10$
$=4.57(\text{m}^2)$

（2）贴地砖地面。

贴地砖面层工程量＝$44.74+2\times1\times0.24+1.2\times0.24=45.51(\text{m}^2)$

瓷砖踢脚工程量＝$[(4.5-0.12\times2)\times2+(6.0-0.12\times2)\times2+(3.9-0.12\times2)$
$\times4+(3.0-0.12\times2)\times4-(1.2+1.0\times2\times2)+0.24\times6]\times0.10$
$=4.20(\text{m}^2)$

（3）混凝土垫层。

垫层工程量＝$44.74\times0.06=2.68(\text{m}^3)$

（4）散水。

散水工程量＝$[(8.4+0.12\times2)\times2+(6.0+0.12\times2)\times2+0.8\times4]$
$\times0.8-(1.8+0.3\times4)\times0.8=23.97(\text{m}^2)$

（十二）墙、柱面装饰与隔断、幕墙工程

1. 说明

本定额包括墙面抹灰、柱（梁）面抹灰、零星抹灰、墙面块料面层、柱（梁）面镶贴块料、镶贴零星块料、墙饰面、柱（梁）饰面、幕墙工程及隔断十节。

（1）定额石灰砂浆按现拌砂浆编制；水泥砂浆、水泥石灰砂浆按干混预拌砂浆编制。采用现拌砂浆时，按每立方米砂浆增加人工 0.382 工日，水泥砂浆抹灰及块料粘贴按每立方米水泥砂浆扣减用水 0.3 m³，水泥石灰砂浆抹灰及块料粘贴按每立方米水泥石灰砂浆扣减用水 0.6 m³，并将干混砂浆罐式搅拌机调整为同容量的灰浆搅拌机，台班用量不变。采用湿拌预拌砂浆，按每立方米砂浆减少人工 0.20 工日，用水量扣除方式同现拌砂浆，再扣除干混砂浆罐式搅拌机台班消耗量。预拌砂浆换为现拌砂浆厚度取定见二维码。

（2）圆弧形、锯齿形等墙面抹灰、镶贴块料按相应定额项目人工乘以系数1.15。

预拌砂浆换为现拌
砂浆厚度取定表

（3）干挂石材、铝（塑）板及玻璃幕墙型钢骨架，均按钢骨架定额项目执行。预埋铁件按"混凝土及钢筋混凝土工程"铁件制作安装定额项目执行。

（4）女儿墙抹灰无泛水挑砖的，人工、机械乘以系数1.10，带泛水挑砖的，人工、机械乘以系数1.30，按墙面相应定额项目执行。

（5）抹灰面层。

①抹灰定额项目中砂浆配合比、抹灰厚度与设计不同时，可以调整。

②零星抹灰项目适用于各种壁柜、碗柜、过人洞、暖气罩、小型池槽、花台以及≤0.5 m² 的其他各种零星抹灰。

③抹灰工程的装饰线条适用于窗台线、门窗套、挑檐、腰线、压项、遮阳板、楼梯边梁、宣传栏边框等项目的抹灰，以及突出墙面且展开宽度≤300 mm的竖横线条抹灰。线条展开宽度＞300 mm且≤400 mm的，按相应项目乘以系数1.33；展开宽度＞400 mm且≤500 mm的，按相应项目乘以系数1.67。展开宽度＞500 mm时，按展开面积并入所依附墙面内。

④墙面基层设计有界面剂时，按相应定额项目执行。

（6）块料面层。

①墙面贴块料、饰面高度≤300 mm时，按踢脚线定额项目执行。

②勾缝镶贴面砖定额项目，面砖消耗量分别按缝宽5 mm和10 mm编制，设计图示灰缝宽度与定额不同时，块料及砂浆用量允许调整。

③玻化砖、干挂玻化砖或玻岩板按面砖相应定额项目执行。

④瓷板厚度按≤7 mm编制，厚度＞7 mm时按面砖相应定额项目执行。

（7）除已列有挂贴石材柱帽、柱墩定额项目外，其他项目的柱帽、柱墩并入相应柱面积内，每个柱帽或柱墩另增加人工：抹灰0.25工日，块料0.38工日，饰面0.50工日。

（8）木龙骨基层是按双向编制的，设计为单向时，相应定额项目乘以系数0.55。金属龙骨定额项目中规格和间距与设计不同时，可以调整。

（9）隔断、幕墙。

①玻璃幕墙中的玻璃按成品玻璃编制，幕墙工程已包含避雷装置。型钢、挂件用量设计与定额不同时，可以调整。

②幕墙饰面中的结构胶与耐候胶用量设计与定额不同时，可以调整。

③玻璃幕墙设计带有平、推拉窗时，并入幕墙面积计算，窗的型材、五金用量可以调整。

④隔墙（间壁）、隔断（护壁）、幕墙等定额项目中龙骨间距、规格设计与定额不同时，允许调整，人工、机械不变。

⑤单元式玻璃幕墙垂直运输无法使用施工电梯时，增加的垂直运输费用按施工组织设计另行计算。

(10)需要做防火、防腐处理的,按"油料、涂料、裱糊工程"相应定额项目执行。

2.工程量计算规则

1)抹灰

(1)内墙、墙裙抹灰按设计图示尺寸以面积计算。扣除门窗洞口和空圈所占面积,不扣除踢脚线、挂镜线、单个面积≤0.3 m²的孔洞和墙与构件交接处的面积,门窗洞口及孔洞侧壁和顶面亦不增加。附墙垛、梁、柱侧面和附墙烟囱侧壁面积并入内墙、墙裙抹灰工程量计算。

(2)内墙、墙裙抹灰长度,按主墙间的图示净长尺寸计算。墙面高度按室内地面或楼面至天棚底面净高计算。墙面抹灰面积应扣除墙裙抹灰面积,墙面和墙裙抹灰种类相同的,工程量合并计算。

(3)有吊顶天棚的内墙面抹灰,高度按室内地面或楼面至天棚底面净高另加100 mm计算。

(4)外墙一般抹灰面积,按外墙面的垂直投影面积计算,扣除门窗洞口、单个面积>0.3 m²的孔洞所占面积,门窗洞口及孔洞侧壁面积亦不增加。附墙垛、梁、柱侧面、飘窗凸出外墙面增加的抹灰面积并入外墙、墙裙抹灰工程量计算。墙面和墙裙抹灰种类相同的,工程量合并计算。栏板、栏杆、窗台线、门窗套、扶手、压顶、挑檐、遮阳板、突出墙外的腰线等,另按相应规定计算。

(5)栏杆、花格(不含压顶)需抹灰的按垂直投影面积乘以系数1.50执行相应定额项目。

(6)女儿墙(包括泛水、挑砖)内侧、阳台栏板(不扣除花格所占孔洞面积)内侧与阳台栏板外侧抹灰工程量按垂直投影面积计算,块料面层按展开面积计算;女儿墙外侧抹灰并入外墙工程量计算。

(7)装饰抹灰分格嵌缝按抹灰面面积计算。

(8)独立柱面抹灰,按设计图示尺寸以柱断面周长乘以高度以面积计算。独立梁面抹灰,按设计图示尺寸以梁断面周长乘以长度以面积计算。

2)块料面层

(1)镶贴、挂贴、干挂块料面层,按设计图示尺寸以实贴面积计算。

(2)挂贴石材柱墩、柱帽按最大外围周长计算;其他类型的柱帽、柱墩按设计图示尺寸以展开面积计算。

(3)干挂石材钢骨架按设计图示尺寸以质量计算。

3)饰面

(1)墙饰面的龙骨、基层、面层按设计图示饰面尺寸以面积计算,扣除门窗洞口及单个面积>0.3 m²的空圈所占面积,不扣除单个面积≤0.3 m²的孔洞所占面积,门窗洞口及孔洞侧壁面积亦不增加。

(2)柱(梁)饰面的龙骨、基层、面层按设计图示饰面尺寸以面积计算,柱帽、柱墩并入相应柱面积计算。

4)幕墙、隔断

(1)玻璃幕墙、铝板幕墙以外围面积计算;玻璃隔断、全玻幕墙有加强肋的,按其展开面积计算;幕墙的封边、封顶另行计算。

(2)隔断按设计图示框外围尺寸以面积计算,扣除门窗洞口及单个面积>0.3 m²的孔洞所占面积。隔断门与隔断的材质相同时,门的面积并入隔断计算。

【例2.32】 某小型住宅平面图如图2-51所示,墙厚240 mm,室内净高为2.9 m,M1洞口尺寸1.0 m×2.0 m,C1洞口尺寸1.1 m×1.5 m,C2洞口尺寸1.6 m×1.5 m,C3洞口尺寸1.8 m×1.5 m,室内外高差300 mm。

计算:(1)若外墙全部抹灰,计算外墙抹灰工程量;

(2)若外墙贴砖至1.0 m(窗台下),求外墙贴砖工程量。

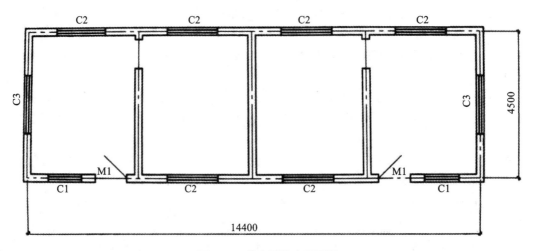

图2-51 某小型住宅平面图

分析:外墙抹灰按平方米计算,扣除门窗洞口所占面积,洞口侧壁面积已综合考虑在项目内,不另计算。外墙贴砖按按实贴面积计算。

【解】

(1)外墙抹灰工程量。

①外墙长=[(14.4+0.24)+(4.8+0.24)]×2=39.36(m)

②抹灰高度=2.9+0.3=3.2(m)

③外墙面积=39.36×3.2=125.95(m²)

④扣除M1、C1、C2、C3的面积

M1面积=1.0×2.0×2=4.0(m²)

C1、C2、C3面积和=(1.8×2+1.1×2+1.6×6)×1.5=23.1(m²)

外墙抹灰工程量=125.95-4.0-23.1=98.85(m²)

(2)外墙贴砖工程量。

①外墙长=39.36(m)

②贴砖高度=1.0(m)

③贴砖面积=39.36×1.0=39.36(m²)

④扣除M1的面积

M1面积=1.0×2.0×1=2.0(m²)

⑤加洞口侧壁面积＝$(1.0+1.0)\times2\times0.24\div2=0.48(m^2)$

外墙贴砖工程量＝$39.36-2.0+0.48=38.08(m^2)$

注意：当墙面镶贴块料面层时，计算出块料面层的工程量套相应的定额即可，不再抹灰项目；当墙面是刷涂料或油漆，要套一遍抹灰，一遍涂料或油漆。

(十三)天棚工程

1.说明

本定额包括天棚抹灰、天棚吊顶、天棚其他装饰三节。

定额石灰砂浆按现拌砂浆编制；水泥砂浆、水泥石灰砂浆按干混预拌砂浆编制。采用现拌砂浆时，按每立方米砂浆增加人工0.382工日，水泥砂浆抹灰按每立方米水泥砂浆扣减用水$0.3\ m^3$，水泥石灰砂浆抹灰按每立方米水泥石灰砂浆扣减用水$0.6\ m^3$，并将干混砂浆罐式搅拌机调整为同容量的灰浆搅拌机，台班用量不变。采用湿拌预拌砂浆，按每立方米砂浆减少人工0.20工日，用水量扣除方式同现拌砂浆，再扣除干混砂浆罐式搅拌机台班消耗量。

1)天棚抹灰

(1)天棚抹灰定额项目已注明砂浆配合比和厚度，设计与定额不同时，材料可以换算，人工、机械不变。

(2)天棚抹灰带有装饰线时，执行装饰线定额项目。装饰线道数以一个突出的棱角为一道线。

(3)混凝土天棚设计要求刷素水泥浆或界面剂时，按"墙、柱面装饰与隔断、幕墙工程"相应定额项目执行，人工乘以系数1.15。

2)天棚吊顶

(1)天棚吊顶定额项目是按天棚龙骨、基层、面层分别列项编制。烤漆龙骨天棚、格栅吊顶、吊筒吊顶、藤条造型悬挂吊顶、织物软雕吊顶、装饰网架吊顶定额项目，是按龙骨、基层、面层合并列项编制。

(2)天棚吊顶中的龙骨、基层、面层是按常用材料和常用做法编制，设计不同时，材料可以调整，人工、机械不变。

(3)天棚面层在同一标高的为平面天棚，不在同一标高的为跌级天棚。跌级天棚面层按相应定额项目人工乘以系数1.10。

(4)天棚面层不在同一标高，高差≤400 mm或跌级≤三级的平面天棚按跌级天棚相应定额项目执行；高差＞400 mm或跌级＞三级，以及天棚呈圆弧形、拱形等造型天棚按吊顶天棚中的艺术造型天棚相应定额项目执行。

(5)轻钢龙骨、铝合金龙骨定额项目按双层双向(次龙骨紧贴主龙骨底面吊挂)编制，设计为单层龙骨(主、次龙骨底面在同一水平面上)时，人工乘以系数0.85。

(6)轻钢龙骨和铝合金龙骨定额项目吊杆长度是按不上人型为0.6 m、上人型为1.4 m编制，设计与定额不同时，可以调整，人工、机械不变。

(7)平面天棚、跌级天棚不包括灯光槽的制作安装，灯光槽制作安装应按相应定额项目执行。艺术造型天棚已包括灯光槽的制作安装。

（8）天棚开孔定额项目是按方形编制，设计为圆形时，人工乘以系数1.30。天棚检查孔的工料已包括在相应定额项目内，不另计算。

（9）设计要求龙骨、基层、面层做防火处理或面板刮嵌缝膏、贴绷带时，按"油漆、涂料、裱糊工程"相应定额项目执行。

（10）天棚压条、装饰线条，按"其他装饰工程"相应定额项目执行。

（11）天棚灯具成套设备中不含灯片，灯片安装执行相应定额项目。

2. 工程量计算规则

1）天棚抹灰

（1）天棚抹灰按设计图示尺寸以水平投影面积计算，不扣除间壁墙、垛、柱、附墙烟囱、检查口和管道所占的面积，带梁天棚的梁两侧抹灰面积并入天棚抹灰面积内。

（2）密肋梁和井字梁（每个井内面积≤5 m²）天棚抹灰面积，按展开面积计算，套用相应的天棚抹灰定额项目，人工乘以系数1.20。

（3）板式楼梯底面抹灰按斜面面积计算，梁式楼梯、锯齿形楼梯底面抹灰按展开面积计算，锯齿形楼梯底面抹灰按相应定额项目人工乘以系数1.35。

（4）天棚抹灰带有装饰线时，装饰线按设计图示尺寸以延长米另行计算。装饰线抹灰所占面积不扣除。

（5）檐口天棚的抹灰面积，并入相同的天棚抹灰面积内。

（6）阳台、雨篷的底面抹灰按水平投影面积计算，并入相应的天棚抹灰面积内。阳台、雨篷带悬臂梁者，按展开面积计算。

2）天棚吊顶

（1）各种天棚吊顶龙骨按主墙间水平投影面积计算，斜面龙骨按斜面面积计算。不扣除间壁墙、垛、柱、附墙烟囱、检查口和管道所占面积，应扣除单个面积＞0.3 m²的孔洞、独立柱及与天棚相连的窗帘盒所占面积。天棚吊顶中的灯槽及跌级、锯齿形、吊挂式、藻井式天棚不按展开面积计算。

（2）天棚吊顶的基层板按展开面积计算。

（3）天棚吊顶装饰面层按设计图示尺寸以实铺面积计算。不扣除间壁墙、垛、柱、附墙烟囱、检查口和管道所占面积，应扣除单个面积＞0.3 m²的孔洞、独立柱及与天棚相连的窗帘盒所占面积。

（4）楼梯底面的装饰饰面按实铺面积计算。

（5）格栅吊顶、藤条造型悬挂吊顶、织物软雕吊顶和装饰网架吊顶，按设计图示尺寸以水平投影面积计算。吊筒吊顶以最大外围水平投影尺寸，以外接矩形面积计算。

3）天棚其他装饰

（1）灯带（槽）按设计图示尺寸以框外围面积计算。

（2）灯光孔按设计图示数量计算，格栅灯带按设计图示尺寸以延长米计算。

天棚面抹灰分层厚度及砂浆种类表见二维码。

天棚面抹灰分层
厚度及砂浆种类表

(十四)油漆、涂料、裱糊工程

1.说明

本定额包括木门油漆、木窗油漆、木扶手及其他板条线条油漆、其他木材面油漆、金属面油漆、抹灰面油漆、喷刷涂料和裱糊八节。

(1)喷、涂、刷遍数设计与定额取定不同时,按相应每增加一遍定额项目进行调整。

(2)油漆、涂料定额项目中均包含刮腻子。抹灰面喷刷油漆、涂料设计与定额取定的刮腻子遍数不同时,按刮腻子每增减一遍定额项目进行调整。满刮腻子定额项目仅适用于单独刮腻子工程。瓷粉定额项目可作为基层腻子或面层使用,按实际做法进行套用。

(3)附着在同材质装饰面上的木线条、石膏线条等油漆、涂料,与装饰面同色的,并入装饰面计算;与装饰面分色者,单独计算,按线条相应定额项目执行。

(4)门窗套、窗台板、腰线、压顶等抹灰面刷油漆、涂料,与整体墙面同色者,并入墙面计算;与整体墙面分色者,单独计算,按墙面定额项目执行,人工乘以系数1.43。

(5)纸面石膏板等装饰板材面刮腻子喷刷油漆、涂料,按抹灰面刮腻子喷刷油漆、涂料相应定额项目执行。

(6)附墙柱抹灰面喷刷油漆、涂料,按墙面相应定额项目执行;独立柱抹灰面喷刷油漆、涂料,按墙面相应定额项目执行,人工乘以系数1.20。

(7)油漆。

①油漆定额项目已包含各种颜色,颜色不同时,不另调整。

②定额项目综合了在同一平面上的分色,美术图案另行计算。

③木材面硝基清漆中每增硝基清漆一遍定额项目和每增加刷理漆片一遍定额项目均适用于三遍以内。

④木材面聚酯清漆、聚酯色漆定额项目,设计与定额取定的底漆遍数不同时,可按每增加聚酯清漆(或聚酯色漆)一遍定额项目进行调整,其中聚酯清漆(或聚酯色漆)调整为聚酯底漆,消耗量不变。

⑤木材面刷底油一遍、清油一遍可按相应底油一遍、熟桐油一遍定额项目执行,其中熟桐油调整为清油,消耗量不变。

⑥单层木门刷油漆是按双面刷油漆编制的,采用单面刷油漆,按相应定额项目乘以系数0.49,木门窗油漆定额项目中已包括贴脸油漆。

⑦设计要求金属面刷两遍防锈漆时,按金属面刷防锈漆一遍定额项目执行,人工乘以系数1.74,材料均乘以系数1.90。

⑧金属面油漆定额项目均包含手工除锈内容,设计或施工组织设计为机械除锈,执行"金属结构工程"相应定额项目,油漆定额项目中的手工除锈用工量亦不扣除。

⑨喷塑(一塑三油):底油、装饰漆、面油,其规格划分如下。

a.大压花:喷点压平,点面积>1.2 cm²。

b.中压花:喷点压平,点面积>1 cm²且≤1.2 cm²。

c.喷中点、幼点:喷点面积在≤1 cm²。

⑩墙面真石漆、氟碳漆定额项目不包括分格嵌缝,设计要求做分格缝时,按设计图示尺寸以延长米计算,分格嵌缝条(施工损耗率5%)另行计算,每100 m嵌缝人工增加2.86工日。

（8）涂料。

①木龙骨刷防火涂料定额项目按四面涂刷编制，木龙骨刷防腐涂料定额项目按一面（接触结构基层面）编制。

②金属面防火涂料定额项目按防火涂料密度 0.5 t/m³ 和注明的涂刷厚度编制，设计与定额取定的涂料密度、涂刷厚度不同时，防火涂料消耗量可以调整。具体见表 2-26。

表 2-26　防火时间和厚度关系

防火涂料类型	耐火时间和涂层厚度对应关系
超薄型防火涂料	耐火时间 0.5 h、涂层厚度 1.5 mm； 耐火时间 1 h、涂层厚度 2 mm； 耐火时间 1.5 h、涂层厚度 2.5 mm
薄型防火涂料	耐火时间 0.5 h、涂层厚度 3 mm； 耐火时间 1 h、涂层厚度 5.5 mm； 耐火时间 1.5 h、涂层厚度 7 mm
厚型防火涂料	耐火时间 2 h、涂层厚度 20 mm； 耐火时间 2.5 h、涂层厚度 25 mm； 耐火时间 3 h、涂层厚度 30 mm

③天棚、墙面做艺术造型时，基层板缝粘贴胶带，执行天棚、墙、柱面板缝粘贴胶带定额项目，人工乘以系数 1.20。

2. 工程量计算规则

1）木门油漆

执行单层木门油漆的定额项目，工程量计算规则及相应系数见表 2-27。

表 2-27　木门工程量计算规则和系数表

	项目	系数	工程量计算规则（设计图示尺寸）
1	单层木门	1.00	门单面洞口面积
2	单层半玻门	0.85	
3	单层全玻门	0.75	
4	半截百叶门	1.50	
5	全百叶门	1.70	
6	厂库房大门	1.10	
7	纱门扇	0.80	
8	特种门（包括冷藏门）	1.00	
9	装饰门扇	0.90	扇外围尺寸面积
10	间壁、隔断	1.00	单面外围面积
11	玻璃间壁露明墙筋	0.80	
12	木栅栏、木栏杆（带扶手）	0.90	

2)木窗油漆

执行单层木窗油漆的定额项目,工程量计算规则及相应系数见表2-28。

表2-28　木窗工程量计算规则和系数表

	项目	系数	工程量计算规则(设计图示尺寸)
1	单层木窗	1.00	
2	双层木窗(包括一层玻璃窗一层纱窗)	1.60	
3	木百叶窗	2.20	窗单面洞口面积
4	单层组合窗	0.92	
5	双层组合窗	1.29	
6	单层木固定窗	0.27	

3)木扶手、木线条油漆

(1)执行木扶手(不带托板)油漆定额项目,工程量计算规则及相应系数见表2-29。

表2-29　木扶手工程量计算规则和系数表

	项目	系数	工程量计算规则(设计图示尺寸)
1	木扶手(不带托板)	1.00	
2	木扶手(带托板)	2.50	延长米
3	封檐板、搏风板	1.70	
4	黑板框、生活园地框	0.50	

(2)木线条油漆按设计图示尺寸以长度计算。

4)其他木材面油漆

(1)执行其他木材面油漆的定额项目,工程量计算规则及相应系数见表2-30。

表2-30　其他木材面工程量计算规则和系数表

	项目	系数	工程量计算规则(设计图示尺寸)
1	木板、胶合板天棚	1.00	展开面积
2	屋面板带檩条	1.10	展开面积
3	清水板条檐口天棚	1.10	
4	吸音板(墙面或天棚)	0.87	
5	鱼鳞板墙	2.40	
6	木护墙、木墙裙、木踢脚	0.83	展开面积
7	窗台板、窗帘盒	0.83	
8	出入口盖板、检查口	0.87	
9	壁橱	0.83	按实刷展开面积
10	木屋架	1.77	跨度(长)×高×1/2
11	以上未包括的其余木材面油漆	0.83	展开面积

（2）木地板油漆按设计图示尺寸实际刷油漆面积计算,空洞、空圈、暖气包槽、壁龛的开口部分并入相应的木地板油漆工程量内。

（3）木龙骨刷防火、防腐涂料按设计图示尺寸按饰面投影面积计算。

（4）基层板刷防火、防腐涂料按实际涂刷面积计算。

（5）油漆面抛光打蜡按相应刷油部位油漆工程量计算规则计算。

5）金属面油漆

（1）执行金属面油漆、涂料项目,按设计图示尺寸以展开面积计算。质量≤500 kg 的单个金属构件,将质量按表 2-31 折算为面积,执行相应的油漆定额项目。

表 2-31　质量折算面积参考系数表

	项目	质量/t	换算面积/m²
1	钢栅栏门、栏杆、窗栅	1	64.98
2	钢爬梯	1	44.84
3	踏步式钢扶梯	1	39.90
4	轻型屋架	1	53.2
5	零星铁件	1	58.00

（2）平板屋面、瓦垄板屋面等刷油漆时,工程量计算规则及相应的系数见表 2-32。

表 2-32　平板屋面及其他工程量计算规则和系数表

	项目	系数	工程量计算规则（设计图示尺寸）
1	平板屋面	1.00	斜长×宽
2	瓦垄板屋面	1.20	
3	排水、伸缩缝盖板	1.05	展开面积
4	吸气罩	2.20	水平投影面积
5	包镀锌薄钢板门	2.20	门窗洞口面积

6）抹灰面油漆、涂料

（1）槽型底板、混凝土折瓦板、有梁板底、密肋梁板底、井字梁板底刷油漆、涂料,按设计图示尺寸展开面积计算。

（2）混凝土花格窗、栏杆花饰喷（刷）油漆、涂料,按设计图示洞口面积计算。

（3）天棚、墙、柱面基层板缝胶带纸,按相应天棚、墙、柱面基层板面积计算。

7）裱糊工程

按设计图示尺寸以实贴面积计算。

（十五）其他装饰工程

1.说明

本定额包括柜类、货架,压条、装饰线,扶手、栏杆、栏板装饰,暖气罩,浴厕配件,雨篷、旗杆,招牌、灯箱,美术字,石材、瓷砖加工等九节。

1)柜台、货架

(1)柜、台、架以现场加工,按常用规格编制。设计与定额不同时,可以调整。

(2)柜、台、架定额已包括一般五金配件,设计有特殊要求者,可另行计算。定额未考虑压板拼花及饰面板上贴其他材料的花饰、艺术造型等,发生时另行计算。

(3)木质柜、台、架定额中板材按胶合板考虑,如设计为其他板材时,材料可以换算,人工、机械不变。

2)压条、装饰线

(1)压条、装饰线均按成品安装编制。

(2)装饰线条(顶角装饰线除外)按直线形在墙面安装编制。墙面安装圆弧形装饰线条、天棚面安装直线形、圆弧形装饰线条,按相应定额项目乘下列系数:

①墙面安装圆弧形装饰线条,人工乘以系数1.20、线条乘以系数1.10;

②天棚面安装直线形装饰线条,人工乘以系数1.34;

③天棚面安装圆弧形装饰线条,人工乘以系数1.60,线条乘以系数1.10;

④装饰线条做艺术图案时,人工乘以系数1.80,线条乘以系数1.10。

3)扶手、栏杆、栏板装饰

(1)扶手、栏杆、栏板适用于楼梯、走廊,回廊及其他装饰性扶手、栏杆、栏板。

(2)弧形扶手、栏杆、栏板是指一个自然层旋转弧度≤180°的扶手、栏杆、栏板,螺旋扶手、栏杆是指一个自然层旋转弧度＞180°的扶手、栏杆。

4)暖气罩

(1)挂板式暖气罩是指暖气罩直接钩挂在暖气片上;平墙式暖气罩是指暖气片凹嵌入墙中,暖气罩与墙面平齐;明式暖气罩是指暖气片全凸或半凸出墙面,暖气罩凸出墙外。

(2)暖气罩未包括封边线、装饰线,设计要求时,执行相应装饰线条定额项目。

5)浴厕配件

(1)浴厕配件按成品安装编制。

(2)石材洗漱台定额项目未包括磨边、倒角、开面盆洞口内容,现场实际发生时,执行相应定额项目。

6)雨篷、旗杆

(1)点支式、托架式雨篷的型钢、爪件的规格、数量是按常用做法编制的,设计与定额不同时,材料可以调整,人工、机械不变。托架式雨篷的斜拉杆费用,另行计算。

(2)旗杆定额项目未包括旗杆基础、台座和饰面内容,现场实际发生时,另行计算。

7)招牌、灯箱

(1)招牌、灯箱定额项目,材料品种、规格设计与定额不同时,材料可以调整,人工、机械不变。

(2)一般平面广告牌是指正立面平整无凹凸面,复杂平面广告牌是指正立面有凹凸面造型,箱(竖)式广告牌是指具有多面体的广告牌。

(3)广告牌基层以附墙方式编制,设计为独立式时,人工乘以系数1.10。

(4)招牌、灯箱定额项目均未包括广告牌所需喷绘、灯饰、灯光、店徽、其他艺术装饰,实际发生时,另行计算。

8）美术字

（1）美术字安装均按成品安装编制。

（2）美术字按最大外接矩形面积区分规格，执行相应定额项目。

9）石材、瓷砖加工

石材、瓷砖加工定额项目适用于现场加工的倒角、磨制圆边、开槽、开孔等，成品单价已包括的，不再执行。

2. 工程量计算规则

1）柜台、货架

柜台、货架按各定额项目计量单位计算，以面积为计量单位的，按正立面的高（不扣除柜脚高度）乘以宽计算。

2）压条、装饰线

（1）压条、装饰线安装按线条中心线长度计算。

（2）压条、装饰线带45°割角的，按线条外边线长度计算。

3）扶手、栏杆、栏板装饰

（1）扶手、栏杆、栏板按设计图示尺寸以中心线长度计算，不扣除弯头长度。

（2）弯头按设计图示数量计算。

4）暖气罩

暖气罩（包括罩脚的高度）按边框外围尺寸垂直投影面积计算；成品暖气罩安装按个计算。

5）浴厕配件

（1）石材洗漱台按设计图示尺寸以展开面积计算，墙挡水板及台面裙板面积并入其中，不扣除孔洞、挖弯、削角所占面积。

（2）盥洗室台镜（带框）、盥洗室木镜箱按边框外围面积计算。

（3）盥洗室塑料镜箱、毛巾杆、毛巾环、浴帘杆、浴缸拉手、肥皂盒、卫生纸盒、晒衣架、晾衣绳等按设计图示数量计算。

6）雨篷、旗杆

（1）雨篷按设计图示尺寸水平投影面积计算。

（2）不锈钢旗杆按数量计算，其高度指台座顶至旗杆顶。

7）招牌、灯箱

（1）柱面、墙面灯箱基层，按设计图示尺寸以展开面积计算。

（2）一般平面广告牌基层，按设计图示尺寸以正立面边框外围面积计算。复杂平面广告牌基层，按设计图示尺寸以展开面积计算。

（3）箱（竖）式广告牌基层，按设计图示尺寸以基层外围体积计算。

（4）广告牌面层，按设计图示尺寸以展开面积计算。

8）美术字

美术字以数量计算。

9）石材、瓷砖加工

（1）石材、瓷砖倒角按块料设计倒角长度计算。

(2)石材磨边按成型圆边长度计算。

(3)石材开槽按块料成型开槽长度计算。

(4)石材、瓷砖开孔按成型孔洞数量计算。

(十六)拆除工程

1.说明

本定额包括拆除、拆除垃圾运输二节。

本定额适用于工业与民用建筑的维修、加固及二次装修前的拆除工程,不适用于整体拆除。

1)拆除

(1)本定额项目除其他说明外,不分人工、机械操作,均按本定额项目执行。

(2)墙体凿门窗洞口套用相应拆除项目,单个洞口面积≤0.5 m² 时,相应定额项目人工乘以系数 3.00,洞口面积≤1.0 m² 时,相应定额项目人工乘以系数 2.40。

(3)墙体拆除时,定额项目已包括墙体、墙面面层及墙上其他附属装饰层的拆除,相应装饰层的厚度并入墙体厚度计算。

(4)轻质墙板墙、石膏板隔断墙拆除已包括墙体内的填充物拆除,不另计算。

(5)混凝土构件拆除机械按风炮机编制,施工组织设计采用切割机械无损拆除局部混凝土构件,可按相应定额项目执行。

(6)块料面层铲除定额项目已包含砂浆结合层铲除。地面水泥砂浆面层、块料面层铲除均不包括铲除找平层,如需同时铲除找平层时,按相应定额项目每 10 m² 增加人工 0.20 工日。

(7)墙柱面、天棚面抹灰层需铲除时,其表面附属的油漆、涂料面层不另行计算。

(8)天棚及墙面的龙骨及饰面拆除定额项目,只拆除饰面不拆除龙骨时,人工乘以系数 0.30。

(9)带支架防静电地板拆除执行带龙骨木地板定额项目,人工乘以系数 1.30。

(10)整樘门窗、门窗框及钢门窗拆除,定额按单樘面积≤2.5 m² 编制,面积>2.5 m² 且≤4 m² 时,人工乘以系数 1.30;面积>4 m² 时,人工乘以系数 1.50;单樘面积>6 m² 时,执行工业通窗定额项目。

(11)木屋架、金属压型板屋面、采光屋面、金属构件拆除定额项目按起重机械配合拆除编制。

(12)屋面水落管拆除已包含沟嘴、雨水口、水斗等附属构件的拆除。

(13)利用拆除后的旧材料抵扣拆除费用时,不适用本定额。

2)拆除垃圾运输

楼层运出垃圾其垂直运输机械不分卷扬机、施工电梯和塔吊,均按本定额执行。采用人力运输,每 10 m³ 按垂直运输距离每 5 m 增加 1.80 工日,并取消楼层运出垃圾项目中相应的机械费。

2.工程量计算规则

1)拆除

(1)各种墙体拆除按实拆墙体体积计算,不扣除单个面积≤0.30 m² 的孔洞所占体积。

轻质墙板、石膏板隔断墙的拆除按实拆面积计算。

（2）混凝土及钢筋混凝土的拆除按实拆体积计算，楼梯拆除按水平投影面积计算，无损切割按切割构件断面面积计算，钻芯按实钻孔数计算。

（3）各种屋架、半屋架拆除按跨度以榀计算，檩条、椽子拆除不分长短按实拆根数计算，望板、油毡、瓦条拆除按实拆屋面面积计算。

（4）楼地面面层按水平投影面积计算，踢脚线按实际铲除长度计算，各种墙、柱面面积的拆除或铲除均按实拆面积计算，天棚面层拆除按水平投影面积计算。

（5）各种块料面层铲除均按实际铲除面积计算。

（6）各种龙骨及饰面拆除均按实拆投影面积计算。

（7）屋面拆除按屋面的实拆面积计算。

（8）油漆涂料裱糊面层铲除均按实际铲除面积计算。

（9）栏杆扶手拆除均按实拆长度计算。

（10）拆除整樘门、窗均按樘计算；拆门扇、窗扇以扇计算；工业通窗、卷闸门、拉闸门、厂库房大门、特种门和窗栅、防盗网按洞口面积计算。

（11）各种金属构件拆除均按实拆构件质量计算。

（12）管道拆除按实拆长度计算。

（13）卫生洁具拆除按实拆数量计算。

（14）各种灯具、插座拆除均按实拆数量计算。

（15）暖气罩、嵌入式柜体拆除按正立面边框外围尺寸垂直投影面积计算；窗台板拆除按实拆长度计算；筒子板拆除按洞口内侧长度计算；窗帘盒、窗帘轨拆除按实拆长度计算；干挂石材骨架拆除按拆除构件质量计算；干挂预埋件拆除按块计算；防火隔离带拆除按实拆长度计算。

2）拆除垃圾运输

（1）拆除垃圾运输按虚方体积计算。

（2）拆除垃圾外运距离按≤30 km 编制。超出该运距的拆除垃圾运输，不适用本定额。

（十七）脚手架工程

1.说明

本定额包括综合脚手架、单项脚手架及其他脚手架三节。

（1）脚手架工程指施工需要的脚手架搭、拆、运输的脚手架摊销。定额搭设材料按钢管式脚手架编制。

（2）建筑物檐高为设计室外地坪至檐口滴水（平屋顶系指屋面板底标高，斜屋面系指外墙外边线与屋面板底的交点）的高度。突出主体建筑屋顶的楼梯间、电梯间、水箱间、屋面天窗等不计入檐口高度之内。

（3）设计室外地坪不在同一标高时，按建筑物外墙外边线与相对应的地坪标高加权平均后为计算的设计室外地坪标高。

（4）同一建筑物有不同檐高时，按建筑物的不同檐高作竖向切割，分别计算建筑面积，并按各自檐高执行相应定额项目。

（5）综合脚手架。

①单层建筑执行单层建筑综合脚手架定额项目，二层及二层以上建筑执行多层建筑综合脚手架定额项目，地下室部分执行地下室综合脚手架定额项目。

②房间地平面低于室外地平面高度≥1/2房间净高，该层建筑面积套用地下室相应定额子目。房间地平面低于室外地平面高度＜1/2房间净高，该层建筑面积套用上部综合脚手架相应定额项目。

③单层建筑综合脚手架适用于檐高≤20 m以内的单层建筑。单层建筑物内设有局部楼层时，局部楼层部分作竖向切割，计算建筑面积，执行多层建筑综合脚手架相应定额项目。

④综合脚手架已包括外架、内外墙砌筑、内外墙装饰、混凝土浇筑、天棚装饰、综合斜道、上料平台、临边洞口防护、交叉高处作业防护及外架全封闭等工作内容。

⑤执行多层综合脚手架，层高＞3.6 m时，应另计层高超高脚手架增加费，每超过0.6 m，该层超高增加费按相应定额项目增加12%，超过部分不足0.6 m，按0.6 m计算。

⑥执行综合脚手架的建筑物，按照建筑面积计算规定，规定未计建筑面积部分，但施工过程中需搭设脚手架的施工部位，可另执行单项脚手架。

⑦凡不适宜使用综合脚手架的项目，可按相应的单项脚手架项目执行。

（6）单项脚手架。

①建筑物外墙脚手架，檐高≤15 m的，执行单排脚手架定额项目，檐高＞15 m或檐高≤15 m且外墙门窗洞口面积≥60%的外墙表面积时，执行双排脚手架定额项目。

②建筑物内墙脚手架，设计室内地坪至板底（或山墙高度的1/2处）的砌筑高度≤3.6 m时，执行里脚手架定额项目；砌筑高度＞3.6 m时，执行单排脚手架定额项目。

③围墙脚手架，室外地坪至围墙顶面的砌筑高度＞1.2 m且≤3.6 m时，执行里脚手架定额项目；砌筑高度＞3.6 m时，执行单排外脚手架定额项目。

④石砌墙体，砌筑高度＞1.2 m的，执行双排外脚手架定额项目。

⑤大型设备基础，距地坪高度＞1.2 m的，执行双排脚手架定额项目。

⑥挑脚手架适用于外檐、挑檐等部位的局部装饰脚手架。

⑦独立柱、现浇混凝土单（连续）梁、现浇混凝土墙执行双排外脚手架定额项目。

⑧高度＞3.6 m的天棚装饰，执行满堂脚手架定额项目，墙面装饰不再执行墙面粉刷脚手架定额项目，只按每100 m² 墙面垂直投影面积，增加改架用工1.28工日。

⑨砌筑高度＞1.2 m的屋顶烟囱，执行里脚手架定额项目。

⑩砌筑贮仓，执行双排外脚手架定额项目。

⑪砌筑高度＞1.2 m的管沟墙及砖基础，执行里脚手架定额项目。

（7）水平防护架和垂直防护架系指外脚手架以外搭设的，用于车辆通道、人行通道、临街封闭施工，防止物体跌落伤及行人、车辆等的防护。

（8）外架全封闭材料按密目式安全网编制，采用封闭材料不同时，材料可以换算，人工不变。

（9）烟囱、水塔脚手架已包含垂直运输架、斜道、缆风绳、地锚等。

（10）水塔脚手架执行相应的烟囱脚手架定额项目，人工乘系数1.11，其他不变。

2.工程量计算规则

1)综合脚手架

综合脚手架按设计图示尺寸以建筑面积计算。

2)单项脚手架

(1)计算内、外墙脚手架时,均不扣除门、窗、洞口、空圈等所占面积。同一建筑物高度不同时,按不同高度分别计算。

(2)外脚手架、整体提升架按外墙外边线长度(有阳台及突出外墙>240 mm墙垛及附墙井道按展开长度)乘以搭设高度以面积计算。不扣除门、窗洞口所占面积。

(3)建筑物内墙砌筑按墙面垂直投影面积计算。

(4)独立柱按设计图示尺寸,以结构外围周长另加3.6 m乘以高度以面积计算。

(5)现浇钢筋混凝土单梁按地(楼)面至梁顶面的高度乘以梁净长以面积计算。

(6)现浇钢筋混凝土墙按地(楼)面至楼板底间的高度乘以墙净长以面积计算。

(7)满堂脚手架按室内净面积计算,层高高度>3.6 m且≤5.2 m计算基本层,层高>5.2 m时,每增加0.6 m至1.2 m按一个增加层计算,不足0.6 m的不计。

(8)挑脚手架按搭设长度计算。

(9)悬空脚手架按搭设水平投影面积计算。

(10)吊篮脚手架按外墙外边线长度(有阳台及突出外墙>240 mm墙垛及附墙井道按展开长度)乘以外墙高度以面积计算。不扣除门窗洞口所占面积。

(11)内墙面粉饰脚手架按内墙垂直投影面积计算,不扣除门窗洞口所占面积。

(12)水平防护架,按水平投影面积计算。

(13)垂直防护架,按自然地坪至最上一层横杆之间的搭设高度乘以搭设长度,以面积计算。

(14)建筑物垂直封闭按封闭面的垂直投影面积计算。

(15)屋顶烟囱按设计图示烟囱外围周长另加3.6 m,再乘以烟囱出屋顶高度,以面积计算。

(16)管沟墙及砖基础按设计图示砌筑长度乘以高度,以面积计算。

(17)深基坑护栏按搭设长度计算。

3)其他脚手架

(1)烟囱、水塔脚手架,区别不同高度以座计算。烟囱、水塔高度指室外地坪至烟囱上口顶部或水塔顶盖上表面的距离。

(2)电梯井脚手架按单孔以座计算。

(十八)垂直运输

1.说明

本定额包括单层工业厂房、建筑物、构筑物三节。

(1)垂直运输工作内容,包括单位工程在合理工期内完成全部工程项目所需要的垂直运输机械台班,不包括机械的场外往返运输,一次安拆及路基铺垫和轨道铺拆等的费用。

(2)同一建筑物有不同檐高时,按建筑物的不同檐高做竖向切割,分别计算建筑面积,套用不同檐高定额项目。

(3)檐高≤3.6 m 的单层建筑,不计算垂直运输机械费用。

(4)建筑物定额项目按 3.6 m 层高编制,层高＞3.6 m 时,该层应另计超高垂直运输增加费,每超过 0.6 m 时,该层按相应定额项目增加 5%,超高不足 0.6 m 按 0.6 m 计算。

(5)檐高为设计室外地坪至檐口滴水(平屋顶系指屋面板底标高,斜屋面系指外墙外边线与屋面板底的交点)的高度。

(6)室外地坪不同标高时,以主要材料起吊地坪为计算檐高的设计室外地坪标高。

(7)烟囱、水塔高度指室外地坪至烟囱上口顶部或水塔顶盖上表面的距离。

2.工程量计算规则

(1)垂直运输按设计图示尺寸以建筑面积计算。建筑物地下室建筑面积另行计算,执行地下室垂直运输定额项目。

(2)构筑物垂直运输按数量以座计算。

(3)垂直运输按泵送混凝土编制,采用非泵送混凝土时,垂直运输调整如下:建筑物檐口高度≤30 m 时,相应定额项目机械乘以系数 1.06;建筑物檐口高度＞30 m 时,相应定额项目机械乘以系数 1.08;地下室按相应定额项目机械乘以系数 1.10。

(十九)超高施工增加

1.说明

本定额包括建筑物一节。

(1)檐高为设计室外地坪至檐口滴水(平屋顶系指屋面板底标高,斜屋面系指外墙外边线与屋面板底的交点)的高度。

(2)建筑物超高增加指单层建筑物檐口高度＞20 m,多层建筑物层数＞6 层或檐口高度＞20 m 的工程项目。

(3)多层建筑物计算层数时,地下室不计入计算层数。

(4)建筑物定额项目按 3.6 m 的层高编制,层高＞3.6 m,每超过 0.6 m 时,该层超高增加费,按相应定额项目增加 3%,超高不足 0.6 m 按 0.6 m 计算。

2.工程量计算规则

(1)建筑物超高施工增加按设计图示尺寸以建筑面积计算。

(2)单层建筑物超高施工增加按单层建筑面积计算。

(3)多层建筑物超高施工增加按超过部分的建筑面积计算。

(4)同一建筑物有不同檐高时,按建筑物的不同檐高做竖向切割,分别计算建筑面积,执行相应定额项目。

(二十)施工排水、降水

1.说明

本定额包括成井,排水、降水二节。

(1)集水井定额项目按井深≤4 m 编制,井深＞4 m 时,执行集水井定额项目,按相应比例调整。

(2)泵类机械抽水为地下水。

2.工程量计算规则

排水、降水泵类机械按 8 h 一个台班计算。

(二十一)大型机械进出场及安拆

1.说明

本定额包括塔式起重机及施工电梯基础、大型施工机械设备安拆、大型施工机械设备进出场三节。

(1)固定式基础按施工机械出厂说明书规定选择基础进行计算。

(2)固定式基础不包括基础以下的地基处理、桩基础等,发生时另行计算。

(3)大型施工机械设备安拆。

①施工机械安装拆卸费用是指特、大型机械在施工现场进行安装、拆卸所需的人工、材料、机械等费用之和的一次性包干费用。

②安拆费中已包括了机械安装完毕后本机试运转费用。

③自升式塔式起重机安拆费用以塔高 45 m 编制,塔高>45 m 且≤200 m 时,每增高 10 m,按相应定额项目增加 10%,不足 10 m 按 10 m 计算。

(4)大型施工机械设备进出场。

①施工机械场外运输费用是指施工机械整体或分体自停放场地运至施工现场和竣工后运回停放地点的来回一次性包干费用。

②场外运输费用运距按≤30 km 编制,超出该运距上限的场外运输费用,不适用本定额。

③单位工程之间机械转移,运距≤500 m,按相应机械场外运输费用定额项目乘以系数 0.80;运距>500 m 仍执行该定额项目。

④自升式塔式起重机场外运输费用是以塔高 45 m 编制的,塔高>45 m 且≤200 m 时,每增高 10 m,按相应定额项目增加 10%,不足 10 m 按 10 m 计算。

2.工程量计算规则

(1)固定式基础以体积计算。

(2)轨道式基础(双轨)按实际铺轨中心线长度计算。

(3)大型施工机械设备安拆费用按台次计算。

(4)大型施工机械设备进出场费用按台次计算。

任务七 建筑工程施工图预算审查

一、施工图预算审查的意义

施工图预算的审查是工程造价管理的一个重要程序。施工图预算作为发包方和承包方签订工程承包合同、办理工程拨款和工程价款结算,承包方进行工程成本核算、进行设计概算与施工图预算对比分析、合理确定工程价格的依据,加强施工图预算的审查,对于提高施工图预算的准确性、降低工程造价具有重要意义,具体如下。

（1）有利于控制工程造价，防止预算超概算。

（2）有利于加强固定资产投资管理，节约建设资金。

（3）有利于施工承包合同价的合理确定和控制。对于招标工程，施工图预算是编制标底的依据；对于不宜招标的工程，施工图预算是合同价款结算的基础。

（4）有利于积累和分析各项技术经济指标，不断提高设计水平。通过审查工程预算，核实预算价值，为积累和分析技术经济指标提供准确数据，进而通过有关指标的比较，找出设计中的薄弱环节，以便及时改进，不断提高设计水平。

二、施工图预算审查的内容

施工图预算的审查一般是针对使用工料单价法计算的施工图预算。施工图预算审查的内容，主要包括工程量计算是否准确、套用定额是否正确、费率取值是否符合现行的规定、一些费用计算是否合理及计算过程中数值的填写是否有误等。

（一）分项工程的审查

对照施工图纸和预算定额（消耗量定额）中的项目划分以及项目包括的内容，审查施工图预算中的分项工程项目有无错漏、有无重复，是审查工作的关键。项目的重复和错漏，都会对单位工程造价造成较大的影响。

（二）工程量的审查

根据施工图纸和定额工程量计算规则，按照选定的审查方式审查分项工程量。审查的内容有：取定的尺寸是否与图示相符；工程量计算规则是否正确执行；计算方法是否正确；计算结果是否准确等。

1. 建筑面积

建筑面积应重点审查计算建筑面积所依据的尺寸，计算的内容和方法是否符合建筑面积计算规则的要求；是否将不应该计算建筑面积部分也进行了计算，并作为建筑面积的一部分，以此扩大建筑面积，达到提高某些项目工程量数值和降低技术经济指标的目的。尤其是一些特殊情况下建筑面积的计算，计算者是否认真执行了计算规则，如有两根及以上柱子雨篷与一根柱子雨篷建筑面积计算的区别、阁楼的建筑面积的计算、技术层是否计算建筑面积等都要重点进行审查。

2. 土方工程

（1）平整场地，应审查挖地槽、地坑及其他挖土方工程的计算是否符合定额规定的计算规则和图纸标注的尺寸；土壤类别是否与勘察资料一致；地槽、地坑的工作面增加以及放坡系数的取定，是否符合技术规范和施工组织设计的要求。

（2）回填土的工程量审查，应注意是否扣除了基础所占体积；地面和室内填土厚度是否符合设计要求。

（3）运土方的审查除了注意土的运距，还要注意运土量中是否扣除了就地回填的土方工程量。

3. 打桩工程

（1）注意审查不同的桩是否分别计算，施工方法是否符合设计要求。

(2)审查桩长计算是否符合设计要求和定额规定,如需接桩要注意接头数量的准确,发生送桩要注意送桩的工程量是否按定额规定计算。

4.砌筑工程

(1)审查墙基和墙身的划分是否符合规定。

(2)审查不同厚度的内、外墙是否按规定分别计算,应扣除的门窗洞口及其他按定额规定应该扣除的是否已扣除。

(3)审查不同砂浆强度等级、定额计量单位不同的墙体是否区分计算。

5.混凝土及钢筋混凝土工程

(1)审查现浇和预制构件的混凝土工程量是否分开计算。

(2)审查现浇混凝土柱、梁、板及其他构件的计算是否符合规定,有无重算和漏算现象,不同构件相连处是否已经扣除。

(3)审查现浇和预制构件的钢筋是否按定额的规定计算,应注意钢筋制作、安装的施工损耗、搭接损耗的计算是否与定额消耗量有重复。

(4)审查各种构件的模板是否按定额规定计算,模板使用的材料是否和施工组织设计的规定相符。

6.屋面工程

(1)审查各类卷材屋面工程量是否与屋面找平层工程量相等。

(2)审查屋面保温层的工程量是否按设计要求准确计算,不做保温层的挑檐是否按规定计算。

7.装饰装修工程

装饰装修工程包括楼地面、墙柱面、门窗、天棚工程等,它们的计算单位大部分是平方米。审查时,要注意定额规定应该扣除部分的内容,要区分是展开面积还是水平投影面积或者是垂直投影面积;对于门窗工程要区分是门窗洞口面积还是门窗外围面积。

8.金属构件制作、安装工程

金属构件制作安装工程量,多数以"t"为计量单位。在计算时,型钢(包括角钢、槽钢、工字钢等)按图示尺寸求出长度,再乘以每米重量;钢板要按图示尺寸先算出面积再乘以每平方米的理论重量。审查时,要注意尺寸取定是否与设计相符,理论重量是否正确,对于缺乏详图设计的金属构件,应要求附上经审批的设计详图,以便审查工程量。

(三)执行定额及单价的审查

(1)审查各分项工程的名称、单位、规格是否与所套用的单位估价表(或价目汇总表)中的相应单价内容一致。

(2)审查定额换算如强度等级核算、系数换算和其他换算方法是否正确,选用换算的定额是否与分项工程吻合。

(3)审查采用的补充定额是否与相应分项工程内容相符,包括以下两个方面。

①当采用的补充定额及其单位估价表已经过造价管理部门批准时,则只对补充定额及其单位估价表所涵盖的内容与实际分项工程是否相符进行审查。

②当采用的补充定额及其单位估价表未经过造价管理部门审批时,则要对补充定额的消耗量及单位估价表所取定的人工、材料、机械的单价进行审查。

(4)有无错套单价现象。

(四)各种费用计算的审查

(1)审查措施费的计算是否符合有关的规定标准,间接费和利润的计取基数是否符合现行规定,有无不能作为计费基数的费用列入计费的基础。

(2)审查预算外调增的材料差价是否计取间接费。直接工程费或人工费增减后,有关费用是否相应作了调整。

(3)审查有无巧立名目,乱计费、乱摊费用现象。

三、施工图预算审查的方法

施工图预算的审查是合理确定工程造价的必要程序及重要组成部分。施工图预算的审查对象、要求的进度以及投资规模的不同,导致审查方法不同。在建筑安装工程中,土建工程占投资比例较高(工业建筑约50%,民用建筑约80%,公共建筑约70%),因此审查的重点往往在土建工程施工图预算。

(一)全面审查法

全面审查法是按照施工图、预算定额(或消耗量定额)、施工组织设计、工程合同(或协议)以及各种计费文件的规定,对照施工图预算逐项审查的方法,实际上是审查人重新编制施工图预算的过程。这种方法常常适用于以下情况:

(1)初学者的审查的施工图预算;

(2)投资不多的项目,如维修工程;

(3)工程内容比较简单(分项工程不多)的项目,如围墙、道路挡土墙、排水沟等;

(4)建设单位审查施工单位的预算,或施工单位审查设计单位设计单价的预算。

这种方法的优点是审查后的施工图预算准确度较高;缺点是工作量大,实质是重复劳动。在投资规模较大,审查进度要求较高的情况下,这种方法是不可取的。但建设单位为严格控制工程造价,仍常常采用这种方法。

(二)标准预算审查法

标准预算审查法是对于利用标准图纸或通用图纸施工的工程,先集中力量,编制标准预算,并以此作为审查预算标准的方法。按标准图纸或通用图纸施工的工程一般上部结构的做法相同,因此,可集中力量仔细审查一份上部工程的预算或编制一份标准预算,作为衡量该工程上部结构预算的标准,而对局部不同的部分作单独审查。这种方法时间短、效果好,但这种方法只适用于按标准图纸设计的工程。

(三)分组计算审查法

分组计算审查法是把施工图预算中的项目划分成若干组,并把相邻且有一定内在联系的项目编为一组,审查或计算同一组中某个分项工程量,利用工程量间具有相同或相似计算基础的关系,判断同组中其他几个分项工程量计算是否准确的方法。在分组时,应注意施工图预算编制时使用的定额及定额中有关工程量计算规则的规定。

1.建筑工程

建筑工程分组如下。

（1）地槽挖土、基础砌体、基础垫层、槽坑回填土、运土。当建筑物基础为独立基础或杯形基础时，则可分为挖地坑、混凝土基础、基础垫层、回填土、运土。

（2）金属构件制作、安装、运输，有探伤要求的还包括焊缝探伤；金属构件油漆、防腐，有喷砂除锈要求的还应包括喷砂除锈等。

在（1）和（2）中，基础、基础垫层及土方的设计均在基础施工图上，便于计算基础、基础垫层及土方的工程量。如果先将基础及其垫层的体积计算完毕，则可以根据施工组织设计（或按定额规定）增加工作面宽度和放坡系数，计算挖土方量。随后可根据挖土量、基础工程量和垫层工程量确定回填土和余土外运工程量。属于金属构件项目的，制作工程量、安装工程量、运输工程量之间有着密切关系；有关油漆、防腐及其他特殊要求，一般都在金属构件图纸上标注，审查起来比较方便。

2.装饰装修工程

装饰装修工程分组如下。

（1）地面面层、地面垫层、楼面面层、楼面找平层、天棚抹灰、天棚刷浆或吊顶。

（2）内墙外抹灰、外墙内抹灰或其他面层，外墙内面刷浆或其他面层、内外墙上的门窗。

在（1）和（2）中，属于楼（地）面和天棚工程的，都可以从建筑施工平面图中找到它们的设计尺寸，而且楼（地）面垫层、面层、找平层及天棚工程的工程量，都与地面面积有关，都可以通过地面面积分别计算。属于墙面装饰的项目，其设计尺寸往往在建筑施工图的立、剖面图上显示，且其装饰的工程量与门窗洞口的尺寸密切相关，尽管有的定额对内、外墙装饰面层的计算规则不同，但都可以根据外墙的外边线和室内墙面的净长线、门窗洞口的面积计算出来。

（四）对比审查法

该方法是利用已建工程的预算或虽未建成但已审查修正的工程预算对比审查拟建的类似工程预算的一种方法。对比审查法，一般有以下几种情况，应根据工程的不同条件，区别对待。

（1）两个工程采用同一个施工图，但基础部分和现场条件不同。其新建工程基础以上部分可采用对比审查法；不同部分可分别采用相应的审查方法进行审查。

（2）两个工程设计相同，但建筑面积不同。根据两个工程建筑面积之比与两个工程分部分项工程量之比基本一致的特点，可审查新建工程各分部分项工程的工程量。或者用两个工程每平方米建筑面积造价以及每平方米建筑面积的各分部分项工程量，进行对比审查；如果基本相同，说明新建工程预算是正确的，反之，说明新建工程预算有问题，应找出差错的原因，并加以更正。

（3）两个工程的面积相同，但设计图纸不完全相同时，可把相同的部分，如厂房中的柱子、屋面、砖墙等，进行工程量的对比审查，不能对比的分部分项工程按图纸计算。

（五）筛选审查法

筛选法是一种对比方法，是统筹法的一种。建筑工程虽然存在面积和高度的不同，但是各个分部分项工程的工程量、造价、用工量在每个单位面积上的数值变化不大，我们把这些数据加以整理、汇集、优选、归纳为工程量、造价、用工三个单位面积基本值表,并说明其适用的建筑标准。这些基本值用来筛选各分部分项工程,通过筛选就意味着此工程的单位建筑面积数值不在基本范围内,应该进行详细审查。此方法简单易懂,便于掌握,能加快审查速度。但其主要目的是发现问题,解决差错、分析原因则需要继续审查。此方法适用于住宅工程或不具备全面审查条件的工程。

(六)利用手册审查法

此方法是把工程中常用的构件、配件事先整理成预算手册,按手册对照审查。如工程常用的预制构配件:工字形柱、矩形柱、屋架梁、洗池、检查井、化粪池等;常用的金属构件:钢屋架、钢吊车梁、钢梯、平台等。把这些按标准图集计算出工程量,套上单价,编制成预算手册,可简化预(结)算编审工作。

(七)重点抽查法

这种方法类似全面审查法,区别仅是审查范围不同。审查的重点一般是工程量大或造价较高、工程结构复杂的工程,补充单位估价表,计取的各项费用(计费基础、取费标准等)。

重点抽查法的优点是重点突出,审查时间短、效果好。

(八)分解对比审查法

此方法是将一个单位工程,按直接费与间接费进行分解,然后再把直接费按工种和分部工程进行分解,分别与审定的标准预算进行对比分析的方法。一般有三个步骤。

(1)全面审查某种建筑的定型标准施工图或复用施工图的工程预算,经审定后作为审查其他类似工程预算的基础。而且将审定预算按直接费与应取费用分解成两部分,再把直接费分解为各工种工程和分部工程预算,分别计算出每平方米预算价格。

(2)把拟审的工程预算与同类型预算每平方米造价进行对比,若出入在 $1‰\sim3‰$(根据本地区要求),再按分部分项工程进行分解,边分解边对比,发现出入较大者,就进一步审查。

(3)对比审查。

①经对比分析,如发现应取费用相差较大,应考虑建设项目的投资来源和工程类别及其取费项目和取费标准是否符合现行规定;材料调价相差较大,则进一步审查材料调价统计表,将各种调价材料的用量、单位差价及其调价进行对比。

②经过分解对比,如发现土建工程预算价格出入较大,首先审查其土方和基础工程,因为 ±0.00 以下的工程往往相差较大,再对比其余各个分部工程,发现某一分部工程预算价格相差较大时,再进一步对比各分项工程。在对比时,先检查所列分项工程是否正确,预算价格是否一致。发现相差较大者,再进一步审查所套预算单价,最后审查该分项工程细目的工程量。

四、审查施工图预算的步骤

1.做好审查前的准备工作

(1)熟悉施工图纸。施工图是编审预算分项数量的重要依据,必须全面熟悉了解,核对所有图纸,清点无误后,依次识读。

(2)了解预算包括的范围。根据预算编制说明,了解预算包括的工程内容。

(3)弄清预算采用的单位估价表。任何单位估价表或预算定额都有一定的适用范围,应根据工程性质,搜集熟悉相应的单价、定额资料。

2.选择合适的审查方法,按相应内容审查

工程规模、繁简程度不同,施工方法和施工企业情况不一样,所编工程预算和质量也不同,因此需选择适当的审查方法进行审查。

3.调整预算

综合整理审查资料,并与编制单位交换意见,定案后编制调整预算。审查后,需要进行增加或核减的,经与编制单位协商,统一意见后,进行相应的修正。

【复习思考题】

1.什么是建筑安装工程定额?

2.建筑工程定额如何分类?

3.什么是建筑工程量消耗定额? 有何作用?

4.什么是人工单价? 人工单价由哪些费用组成?

5.简述定额计价的步骤。

项目三　工程量清单计价

【知识目标】
- 了解工程量清单计价的概念、意义及过程;
- 掌握工程量清单的构成以及格式,熟悉建筑工程、装饰装修工程工程量清单项目设置及计算规则。

【能力目标】
- 学会编制工程量清单;
- 学会计算清单综合单价;
- 学会用工程量清单计价模式编制施工图预算。

工程量清单计价模式是一种主要由市场定价的计价模式,是由建设产品的买方和卖方在建设市场上根据供求状况、信息状况进行自由竞价,从而最终能够签订工程合同价格的方法。因此,可以说工程量清单计价方法是在建设市场建立、发展和完善过程中的必然产物。

任务一　工程量清单编制

一、工程量清单编制概述

工程量清单是载明建设工程的分部分项工程项目、措施项目、其他项目的名称和相应数量以及规费、税金项目等内容的明细清单。招标工程量清单是招标人依据国家标准、招标文件、设计文件以及施工现场实际情况编制的,随招标文件发布供投标报价的工程量清单,包括其说明和表格。招标工程量清单应由具有编制能力的招标人或受其委托、具有相应资质的工程造价咨询人依据《建设工程工程量清单计价规范》(GB 50500—2013)、《房屋建筑与装饰工程工程量计算规范》(GB 50854—2013)等国家或省级、行业建设主管部门颁发的计价定额和办法,设计文件,招标文件的有关要求,与建设工程项目有关的标准、规范、技术资料和施工现场实际情况等进行编制。招标工程量清单必须作为招标文件的组成部分,其准确性和完整性由招标人负责。招标工程量清单是工程量清单计价的基础,应作为招标控制价、投标报价、计算或调整工程量、索赔等的依据之一。

《建设工程工程量清单计价规范》是统一工程量清单编制,规范工程量清单计价的国家标准,是调整建设工程工程量清单计价规范活动中,发包人与承包人各种关系的规范文件。

2013 清单规范包括《建设工程工程量清单计价规范》(GB 50500—2013)、《房屋建筑与装饰工程工程量计算规范》(GB 50854—2013)、《仿古建筑工程工程量计算规范》(GB 50855—2013)、《通用安装工程工程量计算规范》(GB 50856—2013)、《市政工程工程量计算规范》(GB 50857—2013)、《园林绿化工程工程量计算规范》(GB 50858—2013)、《矿山工程工程量计算规范》(GB 50859—2013)、《构筑物工程工程量计算规范》(GB 50860—2013)、《城市轨道交通工程工程量计算规范》(GB 50861—2013)、《爆破工程工程量计算规范》(GB 50862—2013)。

《建设工程工程量清单计价规范》(GB 50500—2013)共包括十六个章节、十一个附录。

第一章 总则、第二章 术语、第三章 一般规定、第四章 工程量清单编制、第五章 招标控制价、第六章 投标报价、第七章 合同价款约定、第八章 工程计量、第九章 合同价款调整、第十章 合同价款期中支付、第十一章 竣工结算与支付、第十二章 合同解除的价款结算与支付、第十三章 合同价款争议的解决、第十四章 工程造价鉴定、第十五章 工程计价资料与档案、第十六章 工程计价表格。

附录 A 物价变化合同价款调整方法、附录 B 工程计价文件封面、附录 C 工程计价文件扉页、附录 D 工程计价总说明、附录 E 工程计价汇总表、附录 F 分部分项工程和措施项目计价表、附录 G 其他项目计价表、附录 H 规费、税金项目计价表、附录 J 工程计量申请(核准)表、附录 K 合同价款支付申请(核准)表、附录 L 主要材料、工程设备一览表。

《房屋建筑与装饰工程工程量计算规范》(GB 50854—2013)共包括四个章节、十七个附录。

第一章 总则、第二章 术语、第三章 工程计量、第四章 工程量清单编制。

附录 A 土石方工程、附录 B 地基处理与边坡支护工程、附录 C 桩基工程、附录 D 砌筑工程、附录 E 混凝土及钢筋混凝土工程、附录 F 金属结构工程、附录 G 木结构工程、附录 H 门窗工程、附录 J 屋面及防水工程、附录 K 保温、隔热、防腐工程、附录 L 楼地面装饰工程、附录 M 墙、柱面装饰与隔断、幕墙工程、附录 N 天棚工程、附录 P 油漆、涂料、裱糊工程、附录 Q 其他装饰工程、附录 R 拆除工程、附录 S 措施项目。

建筑工程工程量清单计价主要针对《房屋建筑与装饰工程工程量计算规范》(GB 50854—2013)的项目。

二、工程量清单的构成

招标工程量清单应以单位(项)工程为单位编制,应由分部分项工程项目清单、措施项目清单、其他项目清单、规费和税金项目清单组成。

(一)分部分项工程项目清单

(1)分部分项工程项目清单必须根据相关工程现行国家计量规范规定的项目编码、项目名称、项目特征、计量单位和工程量计算规则进行编制。

(2)工程量清单的项目编码,应采用十二位阿拉伯数字表示,共分五组,如图 3-1 所示。

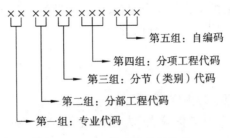

　　　　　　　　　　　第五组:自编码
　　　　　　　　第四组:分项工程代码
　　　　　第三组:分节(类别)代码
　　　第二组:分部工程代码
第一组:专业代码

图 3-1　工程量清单项目编码

(3)工程量清单的项目名称应按计算规范附录的项目名称结合拟建工程的实际确定。

(4)工程量清单项目特征应按计算规范附录中规定的项目特征,结合拟建工程项目的实际予以描述。

(5)工程量清单中所列工程量应按计算规范附录中规定的工程量计算规则计算。

(6)工程量清单的计量单位应按计算规范附录中规定的计量单位确定。

编制工程量清单出现附录中未包括的项目,编制人应作补充,并报省级或行业工程造价管理机构备案,省级或行业工程造价管理机构应汇总报住房和城乡建设部标准定额研究所。

补充的工程量清单需附有补充项目的名称、项目特征、计量单位、工程量计算规则、工作内容。不能计量的措施项目,需附有补充项目的名称、工作内容及包含范围。

(二)措施项目清单

措施项目清单是指为完成建设工程施工,发生于该工程施工前和施工过程中的技术、生活、安全、环境保护等方面的费用。内容包括如下。

(1)技术措施费:是指工程定额中规定的,在施工过程中耗费的非工程实体可以计量的措施项目,计入分部分项工程费。

(2)一般措施项目费:是指工程定额中规定的措施项目中不包括的且不可计量的,为完成工程项目施工,发生于该工程施工前和施工过程中非工程实体项目的费用,一般工程均有发生。

(3)其他措施项目费:是指工程定额中规定的措施项目中不包括的且不可计量的,为完成工程项目施工,发生于该工程施工前和施工过程中非工程实体项目的费用,仅在特定工程或特殊条件下发生。

(三)其他项目清单

其他项目清单应按照下列内容列项。

(1)暂列金额:是指建设单位在工程量清单中暂定并包括在工程合同价款中的一笔款项。用于施工合同签订时尚未确定或者不可预见的所需材料、工程设备、服务的采购,施工中可能发生的工程变更、合同约定调整理因素出现时的工程价款调整,以及发生的索赔、现场签证确认的费用。

(2)暂估价:包括材料暂估价、工程设备暂估价、专业工程暂估价。

（3）计日工：是指施工过程中，施工企业完成建设单位提出的施工图纸以外的零星项目或工作所需的费用。

（4）总承包服务费：是指总承包人为配合、协调建设单位进行的专业工程发包，对建设单位自行采购的材料、工程设备等进行保管，以及施工现场管理、竣工资料汇总整理等服务所需的费用。

（四）规费项目清单

规费项目清单应按照下列内容列项。

（1）社会保险费：包括养老保险费、失业保险费、医疗保险费、工伤保险费、生育保险费。

（2）住房公积金。

（3）工程排污费。

（五）税金项目清单

税金项目清单是指国家税法规定的应计入建筑安装工程造价内的增值税销项税额。

三、工程量清单格式

工程量清单格式，应由下列内容组成：

（1）封面；

（2）总说明；

（3）分部分项工程量清单，见表 3-1；

（4）措施项目清单，见表 3-2；

（5）其他项目清单，见表 3-3；

（6）规费项目清单；

（7）税金项目清单。

表 3-1　分部分项工程量清单

序号	项目编码	项目名称	计量单位	工程数量

表 3-2　措施项目清单

序号	项目名称

表 3-3　其他项目清单

序号	项目名称
1	招标人部分 预留金
2	投标人部分 零星工作项目费

四、建筑工程工程量清单项目设置、工程量计算规则及示例

(一)土石方工程

1. 土方工程

土方工程工程量清单项目设置、项目特征描述的内容、计量单位及工程量计算规则，应按表 3-4 的规定执行。

表 3-4　土方工程(编码:010101)

项目编码	项目名称	项目特征	计量单位	工程量计算规则	工作内容
010101001	平整场地	1. 土壤类别 2. 弃土运距 3. 取土运距	m²	按设计图示尺寸以建筑物首层建筑面积计算	1. 土方挖填 2. 场地找平 3. 运输
010101002	挖一般土方	1. 土壤类别 2. 挖土深度 3. 弃土运距	m³	按设计图示尺寸以体积计算	1. 排地表水 2. 土方开挖 3. 围护(挡土板)及拆除 4. 基底钎探 5. 运输
010101003	挖沟槽土方			按设计图示尺寸以基础垫层底面积乘以挖土深度计算	
010101004	挖基坑土方				
010101005	冻土开挖	1. 冻土厚度 2. 弃土运距		按设计图示尺寸开挖面积乘以厚度以体积计算	1. 爆破 2. 开挖 3. 清理 4. 运输
010101006	挖淤泥、流砂	1. 挖掘深度 2. 弃淤泥、流砂距离		按设计图示位置、界限以体积计算	1. 开挖 2. 运输
010101007	管沟土方	1. 土壤类别 2. 管外径 3. 挖沟深度 4. 回填要求	1. m 2. m³	1. 以米计量,按设计图示以管道中心线长度计算 2. 以立方米计量,按设计图示管底垫层面积乘以挖土深度计算;无管底垫层按管外径的水平投影面积乘以挖土深度计算。不扣除各类井的长度,井的土方并入	1. 排地表水 2. 土方开挖 3. 围护(挡土板)、支撑 4. 运输 5. 回填

2.石方工程

石方工程工程量清单项目设置、项目特征描述的内容、计量单位及工程量计算规则，应按表 3-5 的规定执行。

表 3-5　石方工程(编码:010102)

项目编码	项目名称	项目特征	计量单位	工程量计算规则	工程内容
010102001	挖一般石方			按设计图示尺寸以体积计算	
010102002	挖沟槽石方	1.岩石类别 2.开凿深度 3.弃碴运距	m³	按设计图示尺寸沟槽底面积乘以挖石深度以体积计算	1.排地表水 2.凿石 3.运输
010102003	挖基坑石方			按设计图示尺寸基坑底面积乘以挖石深度以体积计算	
010102004	挖管沟石方	1.岩石类别 2.管外径 3.挖沟深度	1.m 2.m³	1.以米计量,按设计图示以管道中心线长度计算 2.以立方米计量,按设计图示截面积乘以长度计算	1.排地表水 2.凿石 3.回填 4.运输

3.回填

回填工程量清单项目设置、项目特征描述的内容、计量单位及工程量计算规则,应按表 3-6 的规定执行。

表 3-6　回填(编码:010103)

项目编码	项目名称	项目特征	计量单位	工程量计算规则	工作内容
010103001	回填方	1.密实度要求 2.填方材料品种 3.填方粒径要求 4.填方来源、运距	m³	按设计图示尺寸以体积计算 1.场地回填:回填面积乘平均回填厚度 2.室内回填:主墙间面积乘回填厚度,不扣除间隔墙 3.基础回填:按挖方清单项目工程量减去自然地坪以下埋设的基础体积(包括基础垫层及其他构筑物)	1.运输 2.回填 3.压实
010103002	余方弃置	1.废弃料品种 2.运距		按挖方清单项目工程量减利用回填方体积(正数)计算	余方点装料运输至弃置点

【例 3.1】　某建筑物的基础如图 3-2 所示,计算挖四类土地槽的工程量。

【解】　外墙沟槽工程量 $=(1.05-0.27)\times 0.92\times(29.7+8.1)\times 2=54.25(\mathrm{m}^3)$

内墙沟槽工程量 $=(1.05-0.27)\times 0.92\times(8.1-0.92)\times 8=41.22(\mathrm{m}^3)$

挖沟槽工程量 $=54.25+41.22=95.47(\mathrm{m}^3)$

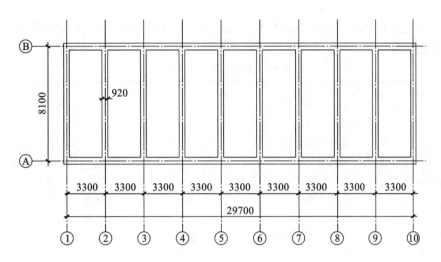

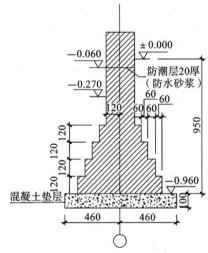

图 3-2　某建筑物的基础

(二)地基处理与边坡支护工程

1. 地基处理

地基处理工程量清单项目设置、项目特征描述的内容、计量单位及工程量计算规则,应按有关规定执行(见二维码)。

地基处理

2.基坑与边坡支护

基坑与边坡支护工程量清单项目设置、项目特征描述的内容、计量单位及工程量计算规则,应按有关规定执行(见二维码)。

基坑与边坡支护

（三）桩基工程

1.打桩

打桩工程量清单项目设置、项目特征描述的内容、计量单位及工程量计算规则,应按表3-7的规定执行。

表3-7　打桩(编码:010301)

项目编码	项目名称	项目特征	计量单位	工程量计算规则	工程内容
010301001	预制钢筋混凝土方桩	1.地层情况 2.送桩深度、桩长 3.桩截面 4.桩倾斜度 5.沉桩方法 6.接桩方式 7.混凝土强度等级	1.m 2.m³ 3.根	1.以米计量,按设计图示尺寸以桩长(包括桩尖)计算 2.以立方米计量,按设计图示截面积乘以桩长(包括桩尖)以实体积计算 3.以根计量,按设计图示数量计算	1.工作平台搭拆 2.桩机竖拆、移位 3.沉桩 4.接桩 5.送桩
010301002	预制钢筋混凝土管桩	1.地层情况 2.送桩深度、桩长 3.桩外径、壁厚 4.桩倾斜度 5.沉桩方法 6.桩尖类型 7.混凝土强度等级 8.填充材料种类 9.防护材料种类			1.工作平台搭拆 2.桩机竖拆、移位 3.沉桩 4.接桩 5.送桩 6.桩尖制作安装 7.填充材料、刷防护材料
010301003	钢管桩	1.地层情况 2.送桩深度、桩长 3.材质 4.管径、壁厚 5.桩倾斜度 6.沉桩方法 7.填充材料种类 8.防护材料种类	1.t 2.根	1.以吨计量,按设计图示尺寸以质量计算 2.以根计量,按设计图示数量计算	1.工作平台搭拆 2.桩机竖拆、移位 3.沉桩 4.接桩 5.送桩 6.切割钢管、精割盖帽 7.管内取土 8.填充材料、刷防护材料

项目编码	项目名称	项目特征	计量单位	工程量计算规则	工程内容
010301004	截(凿)桩头	1.桩类型 2.桩头截面、高度 3.混凝土强度等级 4.有无钢筋	1.m³ 2.根	1.以立方米计量,按设计桩截面乘以桩头长度以体积计算 2.以根计量,按设计图示数量计算	1.截(切割)桩头 2.凿平 3.废料外运

2.灌注桩

灌注桩工程量清单项目设置、项目特征描述的内容、计量单位及工程量计算规则,应按有关规定执行(见二维码)。

灌注桩

【例 3.2】　某工程需用如图 3-3 所示预制钢筋混凝土方桩 200 根,已知混凝土强度等级为 C40,土壤类别为四类土,求该工程打预制钢筋混凝土桩的工程数量。

【解】　打单桩长度 15.5 m,断面 450 mm×450 mm,混凝土强度等级为 C40 的预制混凝土桩的工程数量为 200 根(或 15.5×200＝3100(m))。

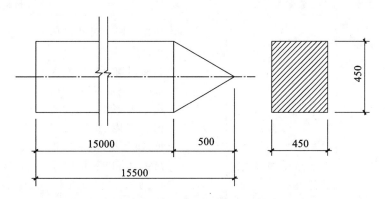

图 3-3　预制钢筋混凝土桩示意图

(四)砌筑工程

1.砖砌体

砖砌体工程量清单项目设置、项目特征描述的内容、计量单位及工程量计算规则,应按表 3-8 的规定执行。

表 3-8　砖砌体(编码 010401)

项目编码	项目名称	项目特征	计量单位	工程量计算规则	工作内容
010401001	砖基础	1.砖品种、规格、强度等级 2.基础类型 3.砂浆强度等级 4.防潮层材料种类	m³	按设计图示尺寸以体积计算 包括附墙垛基础宽出部分体积,扣除地梁(圈梁)、构造柱所占体积,不扣除基础大放脚T形接头处的重叠部分及嵌入基础内的钢筋、铁件、管道、基础砂浆防潮层和单个面积≤0.3 m²的孔洞所占体积,靠墙暖气沟的挑檐不增加 基础长度:外墙按外墙中心线,内墙按内墙净长线计算	1.砂浆制作、运输 2.砌砖 3.防潮层铺设 4.材料运输
010401002	砖砌挖孔桩护壁	1.砖品种、规格、强度等级 2.砂浆强度等级		按设计图示尺寸以立方米计算	1.砂浆制作、运输 2.砌砖 3.材料运输
010401003	实心砖墙	1.砖品种、规格、强度等级 2.墙体类型 3.砂浆强度等级、配合比		按设计图示尺寸以体积计算 扣除门窗、洞口、嵌入墙内的钢筋混凝土柱、梁、圈梁、挑梁、过梁及凹进墙内的壁龛、管槽、暖气槽、消火栓箱所占体积,不扣除梁头、板头、檩头、垫木、木楞头、沿缘木、木砖、门窗走头、砖墙内加固钢筋、木筋、铁件、钢管及单个面积≤0.3 m²的孔洞所占体积。凸出墙面的腰线、挑檐、压顶、窗台线、虎头砖、门窗套的体积亦不增加。凸出墙面的砖垛并入墙体体积内计算	1.砂浆制作、运输 2.砌砖 3.刮缝 4.砖压顶砌筑 5.材料运输
010401004	多孔砖墙				
010401005	空心砖墙				

项目编码	项目名称	项目特征	计量单位	工程量计算规则	工作内容
010401003	实心砖墙			1.墙长度:外墙按中心线,内墙按净长计算 2.墙高度 (1)外墙:斜(坡)屋面无檐口天棚者算至屋面板底;有屋架且室内外均有天棚者算至屋架下弦底另加 200 mm;无天棚者算至屋架下弦底另加 300 mm,出檐宽度超过 600 mm 时按实砌高度计算;与钢筋混凝土楼板隔层者算至板顶。平屋顶算至钢筋混凝土板底 (2)内墙:位于屋架下弦者,算至屋架下弦底;无屋架者算至天棚底另加 100 mm;有钢筋混凝土楼板隔层者算至楼板顶;有框架梁时算至梁底 (3)女儿墙:从屋面板上表面算至女儿墙顶面(如有混凝土压顶时算至压顶下表面) (4)内、外山墙:按其平均高度计算 3.框架间墙:不分内外墙按墙体净尺寸以体积计算 4.围墙:高度算至压顶上表面(如有混凝土压顶时算至压顶下表面),围墙柱并入围墙体积内	1.砂浆制作、运输 2.砌砖 3.刮缝 4.砖压顶砌筑 5.材料运输
010401004	多孔砖墙	1.砖品种、规格、强度等级 2.墙体类型 3.砂浆强度等级、配合比	m³		
010401005	空心砖墙				

项目编码	项目名称	项目特征	计量单位	工程量计算规则	工作内容
010401006	空斗墙	1.砖品种、规格、强度等级 2.墙体类型 3.砂浆强度等级、配合比	m³	按设计图示尺寸以空斗墙外形体积计算。墙角、内外墙交接处、门窗洞口立边、窗台砖、屋檐处的实砌部分体积并入空斗墙体积内	1.砂浆制作、运输 2.砌砖 3.装填充料 4.刮缝 5.材料运输
010401007	空花墙			按设计图示尺寸以空花部分外形体积计算,不扣除空洞部分体积	
010401008	填充墙	1.砖品种、规格、强度等级 2.墙体类型 3.填充材料种类及厚度 4.砂浆强度等级、配合比		按设计图示尺寸以填充墙外形体积计算	
010401009	实心砖柱	1.砖品种、规格、强度等级 2.柱类型 3.砂浆强度等级、配合比		按设计图示尺寸以体积计算。扣除混凝土及钢筋混凝土梁垫、梁头、板头所占体积	1.砂浆制作、运输 2.砌砖 3.刮缝 4.材料运输
010401010	多孔砖柱				
010401011	砖检查井	1.井截面、深度 2.砖品种、规格、强度等级 3.垫层材料种类、厚度 4.底板厚度 5.井盖安装 6.混凝土强度等级 7.砂浆强度等级 8.防潮层材料种类	座	按设计图示数量计算	1.砂浆制作、运输 2.铺设垫层 3.底板混凝土制作、运输、浇筑、振捣、养护 4.砌砖 5.刮缝 6.井池底、壁抹灰 7.抹防潮层 8.材料运输

续表

项目编码	项目名称	项目特征	计量单位	工程量计算规则	工作内容
010401012	零星砌砖	1.零星砌砖名称、部位 2.砖品种、规格、强度等级 3.砂浆强度等级、配合比	1. m³ 2. m² 3. m 4.个	1.以立方米计量,按设计图示尺寸截面积乘以长度计算 2.以平方米计量,按设计图示尺寸水平投影面积计算 3.以米计量,按设计图示尺寸长度计算 4.以个计量,按设计图示数量计算	1.砂浆制作、运输 2.砌砖 3.刮缝 4.材料运输
010401013	砖散水、地坪	1.砖品种、规格、强度等级 2.垫层材料种类、厚度 3.散水、地坪厚度 4.面层种类、厚度 5.砂浆强度等级	m²	按设计图示尺寸以面积计算	1.土方挖、运、填 2.地基找平、夯实 3.铺设垫层 4.砌砖散水、地坪 5.抹砂浆面层
010401014	砖地沟、明沟	1.砖品种、规格、强度等级 2.沟截面尺寸 3.垫层材料种类、厚度 4.混凝土强度等级 5.砂浆强度等级	m	以米计量,按设计图示以中心线长度计算	1.土方挖、运、填 2.铺设垫层 3.底板混凝土制作、运输、浇筑、振捣、养护 4.砌砖 5.刮缝、抹灰 6.材料运输

【例3.3】　设一砖基础,长120 m,厚365 mm,每隔10 m设有附墙砖垛,墙垛断面尺寸为:凸出墙面250 mm,宽490 mm,砖基础高1.85 m,墙基础等高放脚5层,最底层放脚高度为二皮砖,试计算砖墙基础工程量。

【解】　条形墙基工程量:

按公式及查表,大放脚增加断面面积为0.2363 m²,则

$$墙基体积=120×(0.365×1.85+0.2363)=109.386(m³)$$

垛基工程量:

按题意,垛数$n=13$个,$d=0.25$ m,由公式得

$$垛基体积=(0.49×1.85+0.2363)×0.25×13=3.714(m³)$$

或查表计算垛基工程量

$$(0.1225×1.85+0.059)×13=3.713(m³)$$

砖墙工程量:$V=109.386+3.714=113.1(m³)$

2. 砌块砌体

砌块砌体工程量清单项目设置、项目特征描述的内容、计量单位及工程量计算规则，应按表 3-9 的规定执行。

表 3-9　砌块砌体(编码 010402)

项目编码	项目名称	项目特征	计量单位	工程量计算规则	工作内容
010402001	砌块墙	1.砌块品种、规格、强度等级 2.墙体类型 3.砂浆强度等级	m³	按设计图示尺寸以体积计算 扣除门窗、洞口、嵌入墙内的钢筋混凝土柱、梁、圈梁、挑梁、过梁及凹进墙内的壁龛、管槽、暖气槽、消火栓箱所占体积,不扣除梁头、板头、檩头、垫木、木楞头、沿缘木、木砖、门窗走头、砌块墙内加固钢筋、木筋、铁件、钢管及单个面积≤0.3 m² 以内的孔洞所占体积。凸出墙面的腰线、挑檐、压顶、窗台线、虎头砖、门窗套的体积亦不增加。凸出墙面的砖垛并入墙体体积内计算 1.墙长度:外墙按中心线,内墙按净长计算 2.墙高度 (1)外墙:斜(坡)屋面无檐口天棚者算至屋面板底;有屋架且室内外均有天棚者算至屋架下弦底另加 200 mm;无天棚者算至屋架下弦底另加 300 mm,出檐宽度超过 600 mm 时按实砌高度计算;与钢筋混凝土楼板隔层者算至板顶;平屋面算至钢筋混凝土板底 (2)内墙:位于屋架下弦者,算至屋架下弦底;无屋架者算至天棚底另加 100 mm;有钢筋砼楼板隔层者算至楼板顶;有框架梁时算至梁底 (3)女儿墙:从屋面板上表面算至女儿墙顶面(如有混凝土压顶时算至压顶下表面) (4)内、外山墙:按其平均高度计算 3.框架间墙:不分内外墙按墙体净尺寸以体积计算 4.围墙:高度算至压顶上表面(如有混凝土压顶时算至压顶下表面),围墙柱并入围墙体积内	1.砂浆制作、运输 2.砌砖、砌块 3.勾缝 4.材料运输
010402002	砌块柱			按设计图示尺寸以体积计算。扣除混凝土及钢筋混凝土梁垫、梁头、板头所占体积	

3.石砌体

石砌体工程量清单项目设置、项目特征描述的内容、计量单位及工程量计算规则,应按有关规定执行(见二维码)。

石砌体

4.垫层

垫层工程量清单项目设置、项目特征描述的内容、计量单位及工程量计算规则,应按表 3-10 的规定执行。

表 3-10　垫层(编码:010404)

项目编码	项目名称	项目特征	计量单位	工程量计算规则	工作内容
010404001	垫层	垫层材料种类、配合比、厚度	m³	按设计图示尺寸以立方米计算	1.垫层材料的拌制 2.垫层铺设 3.材料运输

【例 3.4】　某单层建筑物平面图如图 3-4 所示,已知层高 3.6 m,内外墙厚均为 240 mm,所有墙身上均设圈梁,且圈梁与现浇板顶平。板厚 100 mm。门窗尺寸及墙体埋件体积分别见表 3-11 和表 3-12。计算砖墙体工程量。

表 3-11　墙体埋件体积表

构件名称	构件所在部位体积/m³	
	外墙	内墙
构造柱	0.81	—
过梁	0.39	0.06
圈梁	1.13	0.22

表 3-12　门窗尺寸表

门窗名称	洞口尺寸/mm	数量/扇
C1	1000×1500	1
C2	1500×1500	3
M1	1000×2500	2

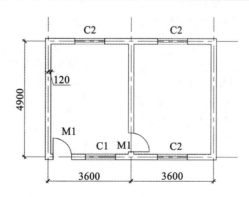

图 3-4　单层建筑平面图

【解】 基数计算

由前面分析可知:计算工程量时,除了要用 $L_{中}$, $L_{内}$,门窗洞口所占面积及墙体埋件所占体积也是重复使用数据。因此,在工程量计算之前,应首先计算基数(L 为墙长度)

墙高 $=3.6-0.1=3.5(\text{m})$

墙体长度:

外墙长度 $=(3.6\times2+4.9)\times2=24.2(\text{m})$

内墙长度 $=4.9-0.24=4.66(\text{m})$

门窗洞口面积计算。

外墙上:$1\times1.5+1.5\times1.5\times3+1\times2.5=10.75(\text{m}^2)$

内墙上:$1\times2.5=2.5(\text{m}^2)$

砖墙工程量计算。

外墙:$0.24\times(24.2\times3.5-10.75)-0.81-0.39-1.13=15.42(\text{m}^3)$

内墙:$0.24\times(4.66\times3.5-2.5)-0.22-0.06=3.03(\text{m}^3)$

总工程量 $=15.42+3.03=18.45(\text{m}^3)$

(五)混凝土及钢筋混凝土工程

现浇混凝土工程项目"工作内容"中包括模板工程的内容,同时又在措施项目中单列了现浇混凝土模板工程项目。对此,招标人应根据工程实际情况选用。若招标人在措施项目清单中未编列现浇混凝土模板项目清单,即表示现浇混凝土模板项目不单列,现浇混凝土工程项目的综合单价中应包括模板工程项目。

1.现浇混凝土基础

现浇混凝土基础工程量清单项目设置、项目特征描述的内容、计量单位及工程量计算规则,应按表 3-13 的规定执行。

表 3-13　现浇混凝土基础(编码:010501)

项目编码	项目名称	项目特征	计量单位	工程量计算规则	工作内容
010501001	垫层	1.混凝土种类 2.混凝土强度等级	m³	按设计图示尺寸以体积计算。不扣除伸入承台基础的桩头所占体积	1.模板及支撑制作、安装、拆除、堆放、运输及清理模内杂物、刷隔离剂等 2.混凝土制作、运输、浇筑、振捣、养护
010501002	带形基础				
010501003	独立基础				
010501004	满堂基础				
010501005	桩承台基础				
010501006	设备基础	1.混凝土种类 2.混凝土强度等级 3.灌浆材料及其强度等级			

2.现浇混凝土柱

现浇混凝土柱工程量清单项目设置、项目特征描述的内容、计量单位及工程量计算规则,应按表 3-14 的规定执行。

表 3-14　现浇混凝土柱(编码:010502)

项目编码	项目名称	项目特征	计量单位	工程量计算规则	工作内容
010502001	矩形柱	1.混凝土种类 2.混凝土强度等级	m³	按设计图示尺寸以体积计算 柱高: 1.有梁板的柱高,应自柱基上表面(或楼板上表面)至上一层楼板上表面之间的高度计算 2.无梁板的柱高,应自柱基上表面(或楼板上表面)至柱帽下表面之间的高度计算 3.框架柱的柱高,应自柱基上表面至柱顶高度计算 4.构造柱按全高计算,嵌接墙体部分(马牙槎)并入柱身体积 5.依附柱上的牛腿和升板的柱帽,并入柱身体积计算	1.模板及支架(撑)制作、安装、拆除、堆放、运输及清理模内杂物、刷隔离剂等 2.混凝土制作、运输、浇筑、振捣、养护
010502002	构造柱				
010502003	异形柱	1.柱形状 2.混凝土种类 3.混凝土强度等级			

3.现浇混凝土梁

现浇混凝土梁工程量清单项目设置、项目特征描述的内容、计量单位及工程量计算规则,应按表 3-15 的规定执行。

表 3-15　现浇混凝土梁(编码:010503)

项目编码	项目名称	项目特征	计量单位	工程量计算规则	工作内容
010503001	基础梁	1.混凝土种类 2.混凝土强度等级	m³	按设计图示尺寸以体积计算。伸入墙内的梁头、梁垫并入梁体积内 梁长: 1.梁与柱连接时,梁长算至柱侧面 2.主梁与次梁连接时,次梁长算至主梁侧面	1.模板及支架(撑)制作、安装、拆除、堆放、运输及清理模内杂物、刷隔离剂等 2.混凝土制作、运输、浇筑、振捣、养护
010503002	矩形梁				
010503003	异形梁				
010503004	圈梁				
010503005	过梁				
010503006	弧形、拱形梁				

4.现浇混凝土墙

现浇混凝土墙工程量清单项目设置、项目特征描述的内容、计量单位及工程量计算规则,应按表 3-16 的规定执行。

表 3-16　现浇混凝土墙(编码:010504)

项目编码	项目名称	项目特征	计量单位	工程量计算规则	工作内容
010504001	直形墙	1. 混凝土种类 2. 混凝土强度等级	m³	按设计图示尺寸以体积计算 扣除门窗洞口及单个面积>0.3 m²的孔洞所占体积,墙垛及突出墙面部分并入墙体体积内计算	1. 模板及支(架)撑制作、安装、拆除、堆放、运输及清理模内杂物、刷隔离剂等 2. 混凝土制作、运输、浇筑、振捣、养护
010504002	弧形墙				
010504003	短肢剪力墙				
010504004	挡土墙				

5.现浇混凝土板

现浇混凝土板工程量清单项目设置、项目特征描述的内容、计量单位及工程量计算规则,应按表 3-17 的规定执行。

表 3-17　现浇混凝土板(编码:010505)

项目编码	项目名称	项目特征	计量单位	工程量计算规则	工作内容
010505001	有梁板	1. 混凝土种类 2. 混凝土强度等级	m³	按设计图示尺寸以体积计算。不扣除单个面积≤0.3 m²的柱、垛以及孔洞所占体积 压形钢板混凝土楼板扣除构件内压形钢板所占体积 有梁板(包括主、次梁与板)按梁、板体积之和计算,各类板伸入墙内的板头并入板体积内,薄壳板的肋、基梁并入薄壳体积内计算	1. 模板及支(架)撑制作、安装、拆除、堆放、运输及清理模内杂物、刷隔离剂等 2. 混凝土制作、运输、浇筑、振捣、养护
010505002	无梁板				
010505003	平板				
010505004	拱板				
010505005	薄壳板				
010505006	拦板				
010505007	天沟(檐沟)、挑檐板			按设计图示尺寸以体积计算	
010505008	雨篷、悬挑板、阳台板			按设计图示尺寸以墙外部分体积计算。包括伸出墙外的牛腿和雨篷反挑檐的体积	
010505009	空心板			按设计图示尺寸以体积计算。空心板(GBF高强薄壁蜂巢芯板等)应扣除空心部分体积	
010505010	其他板			按设计图示尺寸以体积计算	

6.现浇混凝土楼梯

现浇混凝土楼梯工程量清单项目设置、项目特征描述的内容、计量单位及工程量计算规则,应按表 3-18 的规定执行。

表 3-18 现浇混凝土楼梯(编码:010506)

项目编码	项目名称	项目特征	计量单位	工程量计算规则	工作内容
010506001	直形楼梯	1.混凝土种类 2.混凝土强度等级	1. m² 2. m³	1.以平方米计量,按设计图示尺寸以水平投影面积计算。不扣除宽度≤500 mm 的楼梯井,伸入墙内部分不计算 2.以立方米计量,按设计图示尺寸以体积计算	1.模板及支架(撑)制作、安装、拆除、堆放、运输及清理模内杂物、刷隔离剂等 2.混凝土制作、运输、浇筑、振捣、养护
010506002	弧形楼梯				

7.现浇混凝土其他构件

现浇混凝土其他构件工程量清单项目设置、项目特征描述的内容、计量单位及工程量计算规则,应按表 3-19 的规定执行。

表 3-19 现浇混凝土其他构件(编码:010507)

项目编码	项目名称	项目特征	计量单位	工程量计算规则	工作内容
010507001	散水、坡道	1.垫层材料种类、厚度 2.面层厚度 3.混凝土种类 4.混凝土强度等级 4.混凝土拌和料要求 5.变形缝填塞材料种类	m²	按设计图示尺寸以水平投影面积计算。不扣除单个≤0.3 m² 的孔洞所占面积	1.地基夯实 2.铺设垫层 3.模板及支撑制作、安装、拆除、堆放、运输及清理模内杂物、刷隔离剂等 4.混凝土制作、运输、浇筑、振捣、养护 5.变形缝填塞
010507002	室外地坪	1.地坪厚度 2.混凝土强度等级			
010507003	电缆沟、地沟	1.土壤类别 2.沟截面净空尺寸 3.垫层材料种类、厚度 4.混凝土种类 5.混凝土强度等级 6.防护材料种类	m	按设计图示以中心线长度计算	1.挖填、运土石方 2.铺设垫层 3.模板及支撑制作、安装、拆除、堆放、运输及清理模内杂物、刷隔离剂等 4.混凝土制作、运输、浇筑、振捣、养护 5.刷防护材料

项目编码	项目名称	项目特征	计量单位	工程量计算规则	工作内容
010507004	台阶	1.踏步高、宽 2.混凝土种类 3.混凝土强度等级	1. m² 2. m³	1.以平方米计量，按设计图示尺寸以水平投影面积计算 2.以立方米计量，按设计图示尺寸以体积计算	1.模板及支撑制作、安装、拆除、堆放、运输及清理模内杂物、刷隔离剂等 2.混凝土制作、运输、浇筑、振捣、养护
010507005	扶手、压顶	1.断面尺寸 2.混凝土种类 3.混凝土强度等级	1. m 2. m³	1.以米计量，按设计图示的中心线延长米计算 2.以立方米计量，按设计图示尺寸以体积计算	1.模板及支架（撑）制作、安装、拆除、堆放、运输及清理模内杂物、刷隔离剂等 2.混凝土制作、运输、浇筑、振捣、养护
010507006	化粪池、检查井	1.部位 2.混凝土强度等级 3.防水、抗渗要求	1. m³ 2.座	1.按设计图示尺寸以体积计算 2.以座计量，按设计图示数量计算	1.模板及支架（撑）制作、安装、拆除、堆放、运输及清理模内杂物、刷隔离剂等 2.混凝土制作、运输、浇筑、振捣、养护
010507007	其他构件	1.构件的类型 2.构件规格 3.部位 4.混凝土种类 5.混凝土强度等级	m³		

8.后浇带

后浇带工程量清单项目设置、项目特征描述的内容、计量单位及工程量计算规则，应按表 3-20 的规定执行。

表 3-20　后浇带（编码：010508）

项目编码	项目名称	项目特征	计量单位	工程量计算规则	工作内容
010508001	后浇带	1. 混凝土种类 2.混凝土强度等级	m³	按设计图示尺寸以体积计算	1.模板及支架（撑）制作、安装、拆除、堆放、运输及清理模内杂物、刷隔离剂等 2.混凝土制作、运输、浇筑、振捣、养护及混凝土交接面、钢筋等的清理

9.预制混凝土柱

预制混凝土柱工程量清单项目设置、项目特征描述的内容、计量单位及工程量计算规则，应按表 3-21 的规定执行。

表 3-21 预制混凝土柱(编码:010509)

项目编码	项目名称	项目特征	计量单位	工程量计算规则	工作内容
010409001	矩形柱	1.图代号 2.单件体积 3.安装高度 4.混凝土强度等级 5.砂浆(细石混凝土)强度等级、配合比	1. m³ 2.根	1.以立方米计量,按设计图示尺寸以体积计算 2.以根计量,按设计图示尺寸以数量计算	1.模板制作、安装、拆除、堆放、运输及清理模内杂物、刷隔离剂等 2.混凝土制作、运输、浇筑、振捣、养护 3.构件运输、安装 4.砂浆制作、运输 5.接头灌缝、养护
010409002	异形柱				

10.预制混凝土梁

预制混凝土梁工程量清单项目设置、项目特征描述的内容、计量单位及工程量计算规则,应按表 3-22 的规定执行。

表 3-22 预制混凝土梁(编码:010510)

项目编码	项目名称	项目特征	计量单位	工程量计算规则	工作内容
010510001	矩形梁	1.图代号 2.单件体积 3.安装高度 4.混凝土强度等级 5.砂浆(细石混凝土)强度等级、配合比	1. m³ 2.根	1.以立方米计量,按设计图示尺寸以体积计算 2.以根计量,按设计图示尺寸以数量计算	1.模板制作、安装、拆除、堆放、运输及清理模内杂物、刷隔离剂等 2.混凝土制作、运输、浇筑、振捣、养护 3.构件运输、安装 4.砂浆制作、运输 5.接头灌缝、养护
010510002	异形梁				
010510003	过梁				
010510004	拱形梁				
010610005	鱼腹式吊车梁				
010610006	其他梁				

11.预制混凝土屋架

预制混凝土屋架工程量清单项目设置、项目特征描述的内容、计量单位及工程量计算规则,应按表 3-23 的规定执行。

表 3-23 预制混凝土屋架(编码:010511)

项目编码	项目名称	项目特征	计量单位	工程量计算规则	工作内容
010511001	折线型	1.图代号 2.单件体积 3.安装高度 4.混凝土强度等级 5.砂浆(细石混凝土)强度等级、配合比	1. m³ 2.榀	1.以立方米计量,按设计图示尺寸以体积计算 2.以榀计量,按设计图示尺寸以数量计算	1.模板制作、安装、拆除、堆放、运输及清理模内杂物、刷隔离剂等 2.混凝土制作、运输、浇筑、振捣、养护 3.构件运输、安装 4.砂浆制作、运输 5.接头灌缝、养护
010511002	组合				
010511003	薄腹				
010511004	门式刚架				
010511005	天窗架				

12. 预制混凝土板

预制混凝土板工程量清单项目设置、项目特征描述的内容、计量单位及工程量计算规则，应按表 3-24 的规定执行。

表 3-24　预制混凝土板（编码：010512）

项目编码	项目名称	项目特征	计量单位	工程量计算规则	工作内容
010512001	平板	1. 图代号 2. 单件体积 3. 安装高度 4. 混凝土强度等级 5. 砂浆（细石混凝土）强度等级、配合比	1. m³ 2. 块	1. 以立方米计量，按设计图示尺寸以体积计算。不扣除单个面积 ≤ 300 mm × 300 mm 的孔洞所占体积，扣除空心板空洞体积 2. 以块计量，按设计图示尺寸以数量计算	1. 模板制作、安装、拆除、堆放、运输及清理模内杂物、刷隔离剂等 2. 混凝土制作、运输、浇筑、振捣、养护 3. 构件运输、安装 4. 砂浆制作、运输 5. 接头灌缝、养护
010512002	空心板				
010512003	槽形板				
010512004	网架板				
010512005	折线板				
010512006	带肋板				
010512007	大型板				
010512008	沟盖板、井盖板、井圈	1. 单件体积 2. 安装高度 3. 混凝土强度等级 4. 砂浆强度等级、配合比	1. m³ 2. 块（套）	1. 以立方米计量，按设计图示尺寸以体积计算 2. 以块计量，按设计图示尺寸以数量计算	

13. 预制混凝土楼梯

预制混凝土楼梯工程量清单项目设置、项目特征描述的内容、计量单位及工程量计算规则，应按表 3-25 的规定执行。

表 3-25　预制混凝土楼梯（编码：010513）

项目编码	项目名称	项目特征	计量单位	工程量计算规则	工作内容
010513001	楼梯	1. 楼梯类型 2. 单件体积 3. 混凝土强度等级 4. 砂浆（细石混凝土）强度等级	1. m³ 2. 段	1. 以立方米计量，按设计图示尺寸以体积计算扣除空心踏步板空洞体积 2. 以段计量，按设计图示数量计算	1. 模板制作、安装、拆除、堆放、运输及清理模内杂物、刷隔离剂等 2. 混凝土制作、运输、浇筑、振捣、养护 3. 构件运输、安装 4. 砂浆制作、运输 5. 接头灌缝、养护

14. 其他预制构件架

其他预制构件架工程量清单项目设置、项目特征描述的内容、计量单位及工程量计算规则，应按表 3-26 的规定执行。

表 3-26　其他预制构件(编码:010514)

项目编码	项目名称	项目特征	计量单位	工程量计算规则	工作内容
010514001	垃圾道、通风道、烟道	1.单件体积 2.混凝土强度等级 3.砂浆强度等级	1. m³ 2. m² 3.根 (块、套)	1.以立方米计量,按设计图示以体积计算。不扣除单个面积≤300 mm×300 mm的孔洞所占体积,扣除烟道、垃圾道、通风道的孔洞所占体积 2.以平方米计量,按设计图示以面积计算。不扣除单个面积≤300 mm×300 mm的孔洞所占面积 3.以根计量,按设计图示尺寸以数量计算	1.模板制作、安装、拆除、堆放、运输及清理模内杂物、刷隔离剂等 2.混凝土制作、运输、浇筑、振捣、养护 3.构件运输、安装 4.砂浆制作、运输 5.接头灌缝、养护
010514002	其他构件	1.单件体积 2.构件的类型 3.混凝土强度等级 4.砂浆强度等级			

15.钢筋工程

钢筋工程工程量清单项目设置、项目特征描述的内容、计量单位及工程量计算规则,应按表 3-27 的规定执行。

表 3-27　钢筋工程(编码:010515)

项目编码	项目名称	项目特征	计量单位	工程量计算规则	工作内容
010515001	现浇构件钢筋	钢筋种类、规格	t	按设计图示钢筋(网)长度(面积)乘以单位理论质量计算	1.钢筋制作、运输 2.钢筋安装 3.焊接(绑扎)
010515002	预制构件钢筋				
010515003	钢筋网片				1.钢筋网制作、运输 2.钢筋网安装 3.焊接(绑扎)
010515004	钢筋笼				1.钢筋笼制作、运输 2.钢筋笼安装 3.焊接(绑扎)
010515005	先张法预应力钢筋	1.钢筋种类、规格 2.锚具种类		按设计图示钢筋长度乘单位理论质量计算	1.钢筋制作、运输 2.钢筋张拉

项目编码	项目名称	项目特征	计量单位	工程量计算规则	工作内容
010515006	后张法预应力钢筋			按设计图示钢筋(丝束、绞线)长度乘以单位理论质量计算	
010515007	预应力钢丝			1.低合金钢筋两端均采用螺杆锚具时,钢筋长度按孔道长度减0.35 m计算,螺杆另行计算	
010515008	预应力钢绞线	1.钢筋种类、规格 2.钢丝种类、规格 3.钢绞线种类、规格 4.锚具种类 5.砂浆强度等级	t	2.低合金钢筋一端采用镦头插片、另一端采用螺杆锚具时,钢筋长度按孔道长度计算,螺杆另行计算 3.低合金钢筋一端采用镦头插片、另一端采用帮条锚具时,钢筋增加0.15 m计算;两端均采用帮条锚具时,钢筋长度按孔道长度增加0.3 m计算 4.低合金钢筋采用后张砼自锚时,钢筋长度按孔道长度增加0.35 m计算 5.低合金钢筋(钢绞线)采用JM、XM、QM型锚具,孔道长度在≤20 m时,钢筋长度按孔道长度增加1 m计算;孔道长度>20 m时,钢筋长度增加1.8 m计算 6.碳素钢丝采用锥形锚具,孔道长度在≤20 m时,钢丝束长度按孔道长度增加1 m计算;孔道长在>20 m时,钢丝束长度按孔道长度增加1.8 m计算 7.碳素钢丝束采用镦头锚具时,钢丝束长度按孔道长度增加0.35 m计算	1.钢筋、钢丝束、钢绞线制作、运输 2.钢筋、钢丝束、钢绞线安装 3.预埋管孔道铺设 4.锚具安装 5.砂浆制作、运输 6.孔道压浆、养护

项目编码	项目名称	项目特征	计量单位	工程量计算规则	工作内容
010515009	支撑钢筋（铁马）	1.钢筋种类 2.规格	t	按钢筋长度乘以单位理论质量计算	钢筋制作、焊接、安装
010515010	声测管	1.材质 2.规格型号		按设计图示尺寸以质量计算。	1.检测管截断、封头 2.套管制作、焊接 3.定位、固定

16.螺栓、铁件

螺栓、铁件工程量清单项目设置、项目特征描述的内容、计量单位及工程量计算规则，应按表3-28的规定执行。

表 3-28　螺栓、铁件（编码：010516）

项目编码	项目名称	项目特征	计量单位	工程量计算规则	工作内容
010516001	螺栓	1.螺栓种类 2.规格	t	按设计图示尺寸以质量计算	1.螺栓、铁件制作、运输 2.螺栓、铁件安装
010516002	预埋铁件	1.钢材种类 2.规格 3.铁件尺寸			
010516003	机械连接	1.连接方式 2.螺纹套筒种类 3.规格	个	按数量计算	1.钢筋套丝 2.套筒连接

【例3.5】　某现浇钢筋混凝土有梁板（板厚100 mm），如图3-5所示，计算有梁板的工程量。

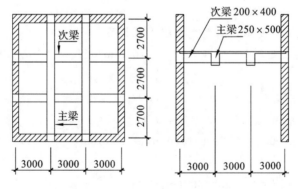

图 3-5　现浇钢筋混凝土有梁板

【解】　　　现浇板工程量＝3×3×2.7×3×0.1＝7.29（m³）

板下梁工程量＝0.25×（0.5－0.1）×2.7×3×2＋0.2×（0.4－0.1）×（3×3－0.5）
　　　　　　　　×2＋0.25×0.5×0.12×4＋0.2×0.4×0.12×4＝2.74（m³）

有梁板工程量＝7.29＋2.74＝10.03(m³)

【例3.6】 计算多跨楼层框架梁 KL1 的钢筋量,如图3-6所示。

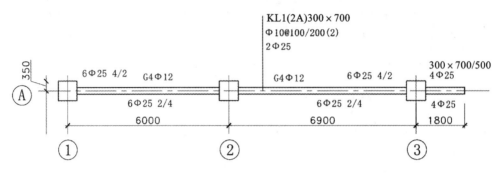

图3-6 梁截面图(部分)

柱的截面尺寸为 700 mm×700 mm,轴线与柱中线重合,计算条件见表3-29和表3-30;钢筋单根长度值按实际计算值取定,总长值保留两位小数,总重量值保留三位小数。

表3-29 基本条件

混凝土强度等级	梁保护层厚度/mm	柱保护层厚度/mm	抗震等级	连接方式	钢筋类型	锚固长度
C30	25	30	三级抗震	对焊	普通钢筋	按 03G101-1 图集

表3-30 单根钢筋理论重量

直径/mm	6	8	10	20	22	25
单根钢筋理论重量/(kg/m)	0.222	0.395	0.617	2.47	2.98	3.85

【解】

(1)上部通常筋长度2Φ25。

单根长度 $L_1＝L_n＋$左锚固长度＋右端下弯长度

判断是否弯锚:左支座 $h_{c-c}＝700－30＝670(mm)＜L_{aE}＝29\ d＝29×25＝725(mm)$,所以左支座应弯锚。

锚固长度＝$\max(0.4L_{aE}＋15d,h_{c-c}＋15d)$

$＝\max(0.4×725＋15×25,670＋15×25)$

$＝\max(665,1045)＝1045(mm)＝1.045(m)$

(见101图集54页)

右端下弯长度:$12d＝12×25＝300(mm)$

(见101图集66页)

$L_1＝6000＋6900＋1800－375－25＋1045＋300＝15645(mm)＝1.5645(m)$

由以上计算可见:本题中除构造筋以外的纵筋在支座处只要是弯锚皆取1045 mm,因为支座宽度和直径都相同。

(2)一跨左支座负筋第一排2Φ25。

$$单根长度 L_2 = L_n/3 + 锚固长度 = (6000-350\times2)/3+1045$$
$$=2812(mm)=2.812(m)$$

(见101图集54页)

(3)一跨左支座负筋第二排2Φ25。

$$单根长度 L_3 = L_n/4 + 锚固长度 = (6000-350\times2)/4+1045$$
$$=2370(mm)=2.37(m)$$

(见101图集54页)

(4)一跨下部纵筋6Φ25。

$$单根长度 L_4 = L_n + 左端锚固长度 + 右端锚固长度$$
$$=6000-700+1045\times2=7390(mm)=7.39(m)$$

(见101图集54页)

(5)侧面构造钢筋4Φ12。

$$单根长度 L_5 = L_n + 15d\times2 = 6000-700+15\times12\times2$$
$$=5660(mm)=5.66(m)$$

(见101图集24页)

(6)一跨右支座附近第一排2Φ25。

$$单根长度 L_6 = \max(5300,6200)/3\times2+700=4833(mm)=4.833(m)$$

(见101图集54页)

(7)一跨右支座负筋第二排2Φ25。

$$单根长度 L_7 = \max(5300,6200)/4\times2+700=3800(mm)=3.8(m)$$

(8)一跨箍筋 Φ10@100/200(2)按外皮长度。

$$单根箍筋的长度 L_8 = [(b-2c+2d)+(h-2c+2d)]\times2+2\times[\max(10d,75)+1.9d]$$
$$=[(300-2\times25+2\times10)+(700-2\times25+2\times10)]\times2$$
$$+2\times[\max(10\times10,75)+1.9\times10]$$
$$=540+1340+38+200$$
$$=2118(mm)=2.118(m)$$

$$箍筋的根数=加密区箍筋的根数+非加密区箍筋的根数$$
$$=[(1.5\times700-50)/100+1]\times2+(6000-700-1.5\times700\times2)/200$$
$$-1=22+15=37(根)$$

(见101图集63页)

(9)一跨拉筋 Φ10@400(见101图集63页)。

$$单根拉筋的长度 L_9 = (b-2c+4d)+2\times[\max(10d,75)+1.9d]$$
$$=(300-2\times25+4\times10)+2\times[\max(10\times10,75)+1.9\times10]$$
$$=528(mm)=0.528(m)$$

$$根数=[(5300-50\times2)/400+1]\times2=28(根) \quad (两排)$$

(10)第二跨右支座负筋第二排2Φ25。

$$单根长度 L_{10} = 6200/4+1045=2595(mm)=2.595(m)$$

(11)第二跨底部纵筋 6Φ25。

$$单根长度 L_{11}=6900-700+1045\times2=8920(\text{mm})=8.92(\text{m})$$

(12)侧面构造筋 4Φ12。

$$单根长度 L_{12}=L_n+15d\times2=6900-700+15\times12\times2=6560(\text{mm})=6.56(\text{m})$$

(13)第二跨箍筋 Φ10@100/200(2)按外皮长度。

$$单根箍筋的长度 L_{13}=2.118(\text{m})$$

箍筋的根数=加密区箍筋的根数+非加密区箍筋的根数

$$=[(1.5\times700-50)/100+1]\times2+(6900-700-1.5\times700\times2)/200-1$$

$$=22+20=42(根)$$

(14)二跨拉筋 Φ10@400。

$$单根拉筋的长度 L_{14}=0.528(\text{m})$$

$$根数=[(6200-50\times2)/400+1]\times2=34(根)\quad(两排)$$

(15)悬挑跨上部负筋 2Φ25。

$$L=1800-350=1450(\text{mm})<4h_b=4\times700(\text{mm})$$

不将钢筋在端部弯下(见101图集66页)

$$单根长度 L_{15}=6200/3+700+1800-350-25+12\times25=4492(\text{mm})=4.492(\text{m})$$

(16)悬挑跨下部纵筋 4Φ25。

$$单根长度 L_{16}=L_n+12d=1800-350-25+12\times25=1725(\text{mm})=1.725(\text{m})$$

(17)悬挑跨箍筋 Φ10@100(2)。

$$单根长度 L_{17}=(300-2\times25+2\times10)\times2+[(700+500)/2-2\times25+2\times10]$$

$$\times2+2\times[\max(10\times10,75)+1.9\times10]$$

$$=1918(\text{mm})=1.918(\text{m})$$

$$根数 n=(1800-350-25-50)/100+1=15(根)$$

【例 3.7】 计算如图 3-7 所示钢筋工程的工程量,有关参数见表 3-31。

(1)区格内的一个标准层楼板的指定编号钢筋清单工程量。

(2)一个标准层内单根柱子的钢筋清单工程量(包括主筋、箍筋,暂不考虑接头的清单工程量)。

表 3-31　钢筋有关参数

公称直径/mm	6.5	8	10	20	22
每米理论重量/(kg/m)	0.261	0.395	0.617	2.47	2.98

设计说明

(1)单位均为 mm。

(2)板厚均为 120,梁宽均为 250 居中布置,砼强度等级 C30,7 度抗震设防。

(3)混凝土保护层最小厚度:梁主筋 25,柱主筋 30,板主筋 15,梁柱箍筋 15,板分布筋 10。

(4)钢筋搭接长度为 40d(当两根不同直径钢筋搭接时,d 为较细钢筋直径)。

(5)柱子主筋采用电渣压力焊接头。

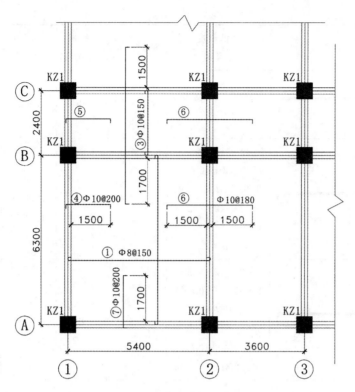

图 3-7　板钢筋布置图(部分)

标准层KZ1配筋表(层高3.0m)

柱号	a×b	角筋	a边一侧中部筋	b边一侧中部筋	箍筋类型号	箍筋
KZ1	500×500	4Φ20	—	—	2	Φ8@100

箍筋类型2

(6)未注明分布筋均为 Φ6.5@300。

【解】　计算结果见表 3-32 和表 3-33。

表 3-32　计算楼板内指定编号的钢筋清单工程量

钢筋编号	简图	单根长度计算式	根数计算式	级别、直径	单根长度/mm	根数/根	清单工程量/t
①		$5400+9.75d\times2$ 或 $5400+6.25d\times2$	$(6300-125\times2-50\times2)/150+1$	Φ8	5555 (5556) 或 5500	41	0.090 或 0.089
②		$6300+9.75d\times2$ 或 $6300+6.25d\times2$	$(5400-125\times2-50\times2)/150+1$	Φ10	6495 或 6425	35	0.140 或 0.139

钢筋编号	简图	单根长度计算式	根数计算式	级别、直径	单根长度/mm	根数/根	清单工程量/t
④		$250+1500-25+(120-15\times2)\times2$	$(6300-125\times2-50\times2)/200+1$	Φ10	1905	31	0.036
纵向分布筋		$5400-125\times2-1500\times2+40d\times2+9.75d\times2$ 或 $5400-125\times2-1500\times2+40d\times2+6.25d\times2$	$[(1700-50)/300+1]\times2$	Φ6.5	2795 (2797) 或 2749	14	0.01
横向分布筋		$6300-125\times2-1700\times2+40d\times2+9.75d\times2$ 或 $6300-125\times2-1700\times2+40d\times2+6.25d\times2$	$[(1500-50)/300+1]\times2$	Φ6.5	3295 (3297) 或 3249	12	0.01
合计							0.286 或 0.284

表 3-33　一个标准层内单根柱子的钢筋清单工程量

钢筋编号	简图	单根长度计算式	根数计算式	级别、直径	单根长度/mm	根数/根	清单工程量/t
主筋		3000	4	Φ20	3000	4	0.03
箍筋		$500\times4-8\times(30-8)+2\times13d$	3000/100	Φ8	2030 (2032)	30	0.024
合计							0.054

(六)金属结构工程

金属结构构件按成品编制项目,构件成品价应计入综合单价中,若采用现场制作,包括制作的所有费用。

1.钢网架

钢网架工程量清单项目设置、项目特征描述的内容、计量单位及工程量计算规则,应按表 3-34 的规定执行。

表 3-34 钢网架(编码:010601)

项目编码	项目名称	项目特征	计量单位	工程量计算规则	工作内容
010601001	钢网架	1.钢材品种、规格 2.网架节点形式、连接方式 3.网架跨度、安装高度 4.探伤要求 5.防火要求	t	按设计图示尺寸以质量计算。不扣除孔眼的质量,焊条、铆钉等不另增加质量	1.拼装 2.安装 3.探伤 4.补刷油漆

2.钢屋架、钢托架、钢桁架、钢架桥

钢屋架、钢托架、钢桁架、钢架桥工程量清单项目设置、项目特征描述的内容、计量单位及工程量计算规则,应按表 3-35 的规定执行。

表 3-35 钢屋架、钢托架、钢桁架、钢架桥(编码:010602)

项目编码	项目名称	项目特征	计量单位	工程量计算规则	工作内容
010602001	钢屋架	1.钢材品种、规格 2.单榀质量 3.屋架跨度、安装高度 4.螺栓种类 5.探伤要求 6.防火要求	1.榀 2.t	1.以榀计量,按设计图示数量计算 2.以吨计量,按设计图示尺寸以质量计算。不扣除孔眼的质量,焊条、铆钉、螺栓等不另增加质量	1.拼装 2.安装 3.探伤 4.补刷油漆
010602002	钢托架	1.钢材品种、规格 2.单榀重量 3.安装高度 4.螺栓种类 5.探伤要求 6.防火要求	t	按设计图示尺寸以质量计算。不扣除孔眼的质量,焊条、铆钉、螺栓等不另增加质量	
010602003	钢桁架				
010602004	钢架桥	1.桥类型 2.钢材品种、规格 3.单榀重量 4.安装高度 5.螺栓种类 6.探伤要求		按设计图示尺寸以质量计算。不扣除孔眼的质量,焊条、铆钉、螺栓等不另增加质量	

3.钢柱

钢柱工程量清单项目设置、项目特征描述的内容、计量单位及工程量计算规则,应按表 3-36 的规定执行。

表 3-36　钢柱(编码:010603)

项目编码	项目名称	项目特征	计量单位	工程量计算规则	工作内容
010603001	实腹钢柱	1.柱类型 2.钢材品种、规格 3.单根柱重量 4.螺栓种类 5.探伤要求 6.防火要求	t	按设计图示尺寸以质量计算。不扣除孔眼的质量,焊条、铆钉、螺栓等不另增加质量依附在钢柱上的牛腿及悬臂梁等并入钢柱工程量内	1.拼装 2.安装 3.探伤 4.补刷油漆
010603002	空腹钢柱				
010603003	钢管柱	1.钢材品种、规格 2.单根柱重量 3.螺栓种类 4.探伤要求 5.防火要求		按设计图示尺寸以质量计算。不扣除孔眼的质量,焊条、铆钉、螺栓等不另增加质量,钢柱上的节点板、加强环、内补管、牛腿等并入钢管柱工程量内	

4.钢梁

钢柱工程量清单项目设置、项目特征描述的内容、计量单位及工程量计算规则,应按表 3-37 的规定执行。

表 3-37　钢梁(编码:010604)

项目编码	项目名称	项目特征	计量单位	工程量计算规则	工作内容
010604001	钢梁	1.梁类型 2.钢材品种、规格 3.单根质量 4.螺栓种类 5.安装高度 6.探伤要求 7.防火要求	t	按设计图示尺寸以质量计算。不扣除孔眼的质量,焊条、铆钉、螺栓等不另增加质量,制动梁、制动板、制动桁架、车档并入钢吊车梁工程量内	1.拼装 2.安装 3.探伤 4.补刷油漆
010604002	钢吊车梁	1.钢材品种、规格 2.单根质量 3.螺栓种类 4.安装高度 5.探伤要求 6.防火要求			

5.钢板楼板、墙板

钢板楼板、墙板工程量清单项目设置、项目特征描述的内容、计量单位及工程量计算规则,应按表 3-38 的规定执行。

表 3-38　钢板楼板、墙板(编码:010605)

项目编码	项目名称	项目特征	计量单位	工程量计算规则	工作内容
010605001	钢板楼板	1.钢材品种、规格 2.钢板厚度 3.螺栓种类	m²	按设计图示尺寸以铺设水平投影面积计算。不扣除单个面积≤0.3 m²柱、垛及孔洞所占面积	1.拼装 2.安装 3.探伤 4.补刷油漆
010605002	钢板墙板	1.钢材品种、规格 2.钢板厚度、复合板厚度 3.螺栓种类 4.复合板夹芯材料种类、层数、型号、规格 5.防火要求		按设计图示尺寸以铺挂展开面积计算。不扣单个面积≤0.3 m²的梁、孔洞所占面积,包角、包边、窗台泛水等不另增加面积	

6.钢构件

钢构件工程量清单项目设置、项目特征描述的内容、计量单位及工程量计算规则,应按有关规定执行(见二维码)。

钢构件

7.金属制品

金属制品工程量清单项目设置、项目特征描述的内容、计量单位及工程量计算规则,应按有关规定执行(见二维码)。

金属制品

【例 3.8】　某工程有门式钢架 10 榀(如图 3-8 所示),设计涂刷防锈漆一遍,防火漆一遍,钢构件采用汽车运输 2 km,试计算钢柱项目清单工程量。

【解】　据图钢材明细表,钢柱由编号 1、2、3、7、8、9、10 零件组成,则每榀门式钢架柱的清单工程量为 $223.4+212.4+315.8+34.0+8.4+92.0/2+8.9=848.9$(kg)

10 榀钢架的清单工程量=$848.9\times10=8489$(kg)=8.489(t)

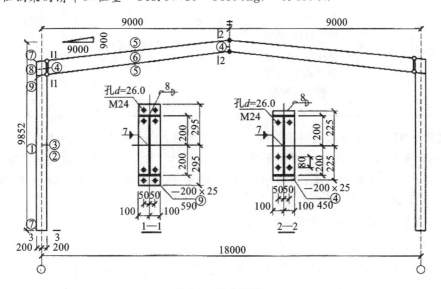

图 3-8　门式钢架

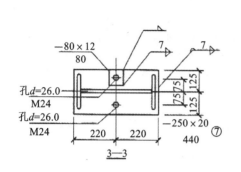

零件编号	规格/mm	长度mm	数量	重量/kg 单重	重量/kg 共重	重量/kg 总重
1	−200×8	8952	2	111.7	223.4	
2	−200×8	8508	2	106.2	212.4	
3	−384×6	8990	2	157.9	315.8	
4	−200×25	4450	2	17.5	35.0	
5	−200×8	8786	4	109.7	438.8	1686.7
6	−384×6	8824	2	159.0	318.0	
7	−250×20	440	2	17.0	34.0	
8	−97×8	384	4	2.1	8.4	
9	−200×25	590	4	23.0	92	
10	−200×8	394	2	4.5	8.9	

续图 3-8

(七)木结构工程

1.木屋架

木屋架工程量清单项目设置、项目特征描述的内容、计量单位及工程量计算规则,应按表3-39的规定执行。

表3-39　木屋架(编码:010701)

项目编码	项目名称	项目特征	计量单位	工程量计算规则	工作内容
010701001	木屋架	1.跨度 2.材料品种、规格 3.刨光要求 4.拉杆及夹板种类 5.防护材料种类	1.榀 2.m³	1.以榀计量,按设计图示数量计算 2.以立方米计量,按设计图示的规格尺寸以体积计算	1.制作 2.运输 3.安装 4.刷防护材料
010701002	钢木屋架	1.跨度 2.材料品种、规格 3.刨光要求 4.钢材品种、规格 5.防护材料种类	榀	以榀计量,按设计图示数量计算	

【例3.9】　已知方木屋架共6榀,如图3-9所示,木屋架跨度12 m,6节高,高跨比为1/4(坡度角26°34′),木杆件为一等方木,钢拉杆为Ⅰ级圆钢,安装高度为6 m,运距为1 km内,木料要求四面刨光,刷熟桐油两遍,钢拉杆和连接铁板刷防锈漆一遍,调和漆两遍。试计算方木屋架清单工程量。

【解】清单工程量为设计图示数量6榀。

2.木构件

木构件工程量清单项目设置、项目特征描述的内容、计量单位及工程量计算规则,应按表3-40的规定执行。

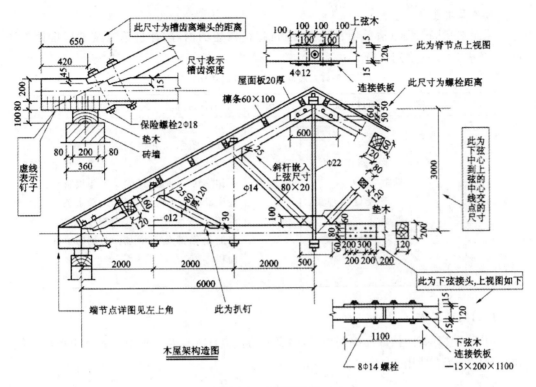

图 3-9　木屋架详图

表 3-40　木构件(编码:010702)

项目编码	项目名称	项目特征	计量单位	工程量计算规则	工作内容
010702001	木柱	1.构件规格尺寸 2.材料种类 3.刨光要求 4.防护材料种类	m³	按设计图示尺寸以体积计算	1.制作 2.运输 3.安装 4.刷防护材料
010702002	木梁				
010702003	木檩		1. m³ 2. m	1.以立方米计量,按设计图示尺寸以体积计算 2.以米计量,按设计图示尺寸以长度计算	
010702004	木楼梯	1.楼梯形式 2.木材种类 3.刨光要求 4.防护材料种类	m²	按设计图示尺寸以水平投影面积计算。不扣除宽度≤300 mm 的楼梯井,伸入墙内部分不计算	
010702005	其他木构件	1.构件名称 2.构件规格尺寸 3.木材种类 4.刨光要求 5.防护材料种类	1. m³ 2. m	1.以立方米计量,按设计图示尺寸以体积计算 2.以米计量,按设计图示尺寸以长度计算	

3.屋面木基层

屋面木基层工程量清单项目设置、项目特征描述的内容、计量单位及工程量计算规则,应按表3-41的规定执行。

表3-41　屋面木基层(编码:010703)

项目编码	项目名称	项目特征	计量单位	工程量计算规则	工作内容
010703001	屋面木基层	1.椽子断面尺寸及椽距 2.望板材料种类、厚度 3.防护材料种类	m²	按设计图示尺寸以斜面积计算 不扣除房上烟囱、风帽底座、风道、小气窗、斜沟等所占面积。小气窗的出檐部分不增加面积	1.椽子制作、安装 2.望板制作、安装 3.顺水条和挂瓦条制作、安装 4.刷防护材料

(八)门窗工程

门窗(橱窗除外)按成品编制项目,门窗成品价应计入综合单价中。若采用现场制作,包括制作的所有费用。

1.木门

木门工程量清单项目设置、项目特征描述的内容、计量单位及工程量计算规则,应按表3-42的规定执行。

表3-42　木门(编码:010801)

项目编码	项目名称	项目特征	计量单位	工程量计算规则	工程内容
010801001	木质门	1.门代号及洞口尺寸 2.镶嵌玻璃品种、厚度	1.樘 2.m²	1.以樘计量,按设计图示数量计算 2.以平方米计量,按设计图示的洞口尺寸以面积计算	1.门安装 2.玻璃安装 3.五金安装
010801002	木板门带套				
010801003	木质连窗门				
010801004	木质防火门				
010801005	木门框	1.门代号及洞口尺寸 2.框截面尺寸 3.防护材料种类	1.樘 2.m	1.以樘计量,按设计图示数量计算 2.以米计量,按设计图示框的中心线以延长米计算	1.木门框制作、安装 2.运输 3.刷防护材料
010801006	门锁安装	1.锁品种 2.锁规格	个(套)	以设计图示数量计算	安装

2.金属门

金属门工程量清单项目设置、项目特征描述的内容、计量单位及工程量计算规则,应按表 3-43 的规定执行。

表 3-43　金属门(编码:010802)

项目编码	项目名称	项目特征	计量单位	工程量计算规则	工程内容
010802001	金属(塑钢)门	1.门代号及洞口尺寸 2.门框或扇外围尺寸 3.门框、扇材质 4.玻璃品种、厚度	1.樘 2. m²	1.以樘计量,按设计图示数量计算 2.以平方米计量,按设计图示洞口尺寸以面积计算	1.门安装 2.五金安装 3.玻璃安装
010802002	彩板门	1.门代号及洞口尺寸 2.门框或扇外围尺寸			
010802003	钢质防火门	1.门代号及洞口尺寸 2.门框或扇外围尺寸 3.门框、扇材质			1.门安装 2.五金安装
010802004	防盗门				

3.金属卷帘(闸)门

金属卷帘(闸)门工程量清单项目设置、项目特征描述的内容、计量单位及工程量计算规则,应按表 3-44 的规定执行。

表 3-44　金属卷帘(闸)门(编码:010803)

项目编码	项目名称	项目特征	计量单位	工程量计算规则	工程内容
010803001	金属卷帘(闸)门	1.门代号及洞口尺寸 2.门材质 3.启动装置品种、规格	1.樘 2. m²	1.以樘计量,按设计图示数量计算 2.以平方米计量,按设计图示洞口尺寸以面积计算	1.门运输、安装 2.启动装置、活动小门、五金安装
010803002	防火卷帘(闸)门				

4.厂库房大门、特种门

厂库房大门、特种门工程量清单项目设置、项目特征描述的内容、计量单位及工程量计算规则,应按表 3-45 的规定执行。

表 3-45　厂库房大门、特种门(编码:010804)

项目编码	项目名称	项目特征	计量单位	工程量计算规则	工作内容
010804001	木板大门	1.门代号及洞口尺寸 2.门框或扇外围尺寸 3.门框、扇材质 4.五金种类、规格 5.防护材料种类	1.樘 2.m²	1.以樘计量,按设计图示数量计算 2.以平方米计量,按设计图示洞口尺寸以面积计算	1.门(骨架)制作、运输 2.门、五金配件安装 3.刷防护材料
010804002	钢木大门				
010804003	全钢板大门			1.以樘计量,按设计图示数量计算 2.以平方米计量,按设计图示门框或扇以面积计算	
010804004	防护钢丝门				
010804005	金属格栅门	1.门代号及洞口尺寸 2.门框或扇外围尺寸 3.门框、扇材质 4.启动装置的品种、规格		1.以樘计量,按设计图示数量计算 2.以平方米计量,按设计图示洞口尺寸以面积计算	1.门安装 2.启动装置、五金配件安装
010804006	钢质花饰大门	1.门代号及洞口尺寸 2.门框或扇外围尺寸 3.门框、扇材质		1.以樘计量,按设计图示数量计算 2.以平方米计量,按设计图示门框或扇以面积计算	1.门安装 2.五金配件安装
010804007	特种门			1.以樘计量,按设计图示数量计算 2.以平方米计量,按设计图示洞口尺寸以面积计算	

5.其他门

其他门工程量清单项目设置、项目特征描述的内容、计量单位及工程量计算规则,应按表 3-46 的规定执行。

表 3-46 其他门(编码:010805)

项目编码	项目名称	项目特征	计量单位	工程量计算规则	工程内容
010805001	电子感应门	1.门代号及洞口尺寸 2.门框或扇外围尺寸 3.门框、扇材质	1.樘 2.m²	1.以樘计量,按设计图示数量计算 2.以平方米计量,按设计图示洞口尺寸以面积计算	1.门安装 2.启动装置、五金、电子配件安装
010805002	旋转门	4.玻璃品种、厚度 5.启动装置的品种、规格 6.电子配件品种、规格			
010805003	电子对讲门	1.门代号及洞口尺寸 2.门框或扇外围尺寸 3.门材质			
010805004	电动伸缩门	4.玻璃品种、厚度 5.启动装置的品种、规格 6.电子配件品种、规格			
010805005	全玻璃自由门	1.门代号及洞口尺寸 2.门框或扇外围尺寸 3.框材质 4.玻璃品种、厚度			1.门安装 2.五金安装
010805006	镜面不锈钢饰面门	1.门代号及洞口尺寸 2.门框或扇外围尺寸			
010805007	复合材料门	3.框、扇材质 4.玻璃品种、厚度			

6.木窗

木窗工程量清单项目设置、项目特征描述的内容、计量单位及工程量计算规则,应按表 3-47 的规定执行。

表 3-47 木窗(编码:010806)

项目编码	项目名称	项目特征	计量单位	工程量计算规则	工程内容
010806001	木质窗	1.窗代号及洞口尺寸 2.玻璃品种、厚度	1.樘 2.m²	1.以樘计量,按设计图示数量计算 2.以平方米计量,按设计图示洞口尺寸以面积计算	1.窗安装 2.五金、玻璃安装
010806002	木飘(凸)窗				
010806003	木橱窗	1.窗代号 2.框截面及外围展开面积 3.玻璃品种、厚度 4.防护材料种类		1.以樘计量,按设计图示数量计算 2.以平方米计量,按设计图示尺寸以框外围展开面积计算	1.窗制作、运输、安装 2.五金、玻璃安装 3.刷防护材料
010806004	木纱窗	1.窗代号及框的外围尺寸 2.窗纱材料品种、规格		1.以樘计量,按设计图示数量计算 2.以平方米计量,按框的外围尺寸以面积计算	1.窗安装 2.五金安装

7.金属窗

金属窗工程量清单项目设置、项目特征描述的内容、计量单位及工程量计算规则,应按表 3-48 的规定执行。

表 3-48 金属窗(编码:010807)

项目编码	项目名称	项目特征	计量单位	工程量计算规则	工程内容
010807001	金属(塑钢、断桥)窗	1.窗代号及洞口尺寸 2.框、扇材质 3.玻璃品种、厚度	1.樘 2.m²	1.以樘计量,按设计图示数量计算 2.以平方米计量,按设计图示洞口尺寸以面积计算	1.窗安装 2.五金、玻璃安装
010807002	金属防火窗				
010807003	金属百叶窗				
010807004	金属纱窗	1.窗代号及框的外围尺寸 2.框材质 3.窗纱材料品种、规格		1.以樘计量,按设计图示数量计算 2.以平方米计量,按框的外围尺寸以面积计算	1.窗安装 2.五金安装

项目编码	项目名称	项目特征	计量单位	工程量计算规则	工程内容
010807005	金属格栅窗	1. 窗代号及洞口尺寸 2. 框外围尺寸 3. 框、扇材质	1. 樘 2. m²	1. 以樘计量,按设计图示数量计算 2. 以平方米计量,按设计图示洞口尺寸以面积计算	1. 窗安装 2. 五金安装
010807006	金属(塑钢、断桥)橱窗	1. 窗代号 2. 框外围展开面积 3. 框、扇材质 4. 玻璃品种、厚度 5. 防护材料种类		1. 以樘计量,按设计图示数量计算 2. 以平方米计量,按设计图示尺寸以框外围展开面积计算	1. 窗制作、运输、安装 2. 五金、玻璃安装 3. 刷防护材料
010807007	金属(塑钢、断桥)飘(凸)窗	1. 窗代号 2. 框外围展开面积 3. 框、扇材质 4. 玻璃品种、厚度			1. 窗安装 2. 五金、玻璃安装
010807008	金属防盗窗	1. 窗代号及洞口尺寸 2. 框外围面积 3. 框、扇材质 4. 玻璃品种、厚度		1. 以樘计量,按设计图示数量计算 2. 以平方米计量,按设计图示洞口尺寸或框外围以面积计算	
010807009	彩板窗				

8. 门窗套

门窗套工程量清单项目设置、项目特征描述的内容、计量单位及工程量计算规则,应按表 3-49 的规定执行。

表 3-49　门窗套(编码:010808)

项目编码	项目名称	项目特征	计量单位	工程量计算规则	工程内容
010808001	木门窗套	1. 窗代号及洞口尺寸 2. 门窗套展开宽度 3. 基层材料种类 4. 面层材料品种、规格 5. 线条品种、规格 6. 防护材料种类	1. 樘 2. m² 3. m	1. 以樘计量,按设计图示数量计算 2. 以平方米计量,按设计图示尺寸以展开面积计算 3. 以米计量,按设计图示中心线以延长米计算	1. 清理基层 2. 立筋制作、安装 3. 基层板安装 4. 面层铺贴 5. 线条安装 6. 刷防护材料
010808002	木筒子板	1. 筒子板宽度 3. 基层材料种类 3. 面层材料品种、规格 4. 线条品种、规格 5. 防护材料种类			
010808003	饰面夹板筒子板				

项目编码	项目名称	项目特征	计量单位	工程量计算规则	工程内容
010808004	金属门窗套	1.窗代号及洞口尺寸 2.门窗套展开宽度 3.基层材料种类 4.面层材料品种、规格 5.防护材料种类	1.樘 2.m² 3.m	1.以樘计量,按设计图示数量计算 2.以平方米计量,按设计图示尺寸以展开面积计算 3.以米计量,按设计图示中心线以延长米计算	1.清理基层 2.立筋制作、安装 3.基层板安装 4.面层铺贴 5.刷防护材料
010808005	石材门窗套	1.窗代号及洞口尺寸 2.门窗套展开宽度 3.黏结层厚度、砂浆配合比 4.面层材料品种、规格 5.线条品种、规格			1.清理基层 2.立筋制作、安装 3.基层抹灰 4.面层铺贴 5.线条安装
010808006	门窗木贴脸	1.门窗代号及洞口尺寸 2.贴脸板宽度 3.防护材料种类	1.樘 2.m	1.以樘计量,按设计图示数量计算 2.以米计量,按设计图示尺寸以延长米计算	安装
010808007	成品木门窗套	1.门窗代号及洞口尺寸 2.门窗套展开宽度 3.门窗套材料品种、规格	1.樘 2.m² 3.m	1.以樘计量,按设计图示数量计算 2.以平方米计量,按设计图示尺寸以展开面积计算 3.以米计量,按设计图示中心线以延长米计算	1.清理基层 2.立筋制作、安装 3.板安装

9.窗台板

窗台板工程量清单项目设置、项目特征描述的内容、计量单位及工程量计算规则,应按表3-50的规定执行。

表3-50　窗台板(编码:010809)

项目编码	项目名称	项目特征	计量单位	工程量计算规则	工程内容
020409001	木窗台板	1.基层材料种类 2.窗台板材质、规格、颜色 3.防护材料种类	m²	按设计图示以展开面积计算	1.基层清理 2.基层制作、安装 3.窗台板制作、安装 4.刷防护材料
020409002	铝塑窗台板				
020409003	金属窗台板				
020409004	石材窗台板	1.黏结层厚度、砂浆配合比 2.窗台板材质、规格、颜色			1.基层清理 2.抹找平层 3.窗台板制作、安装

10. 窗帘、窗帘盒、轨

窗帘、窗帘盒、轨工程量清单项目设置、项目特征描述的内容、计量单位及工程量计算规则,应按表 3-51 的规定执行。

表 3-51　窗帘、窗帘盒、轨(编码:010810)

项目编码	项目名称	项目特征	计量单位	工程量计算规则	工程内容
010810001	窗帘	1.窗帘材质 2.窗帘高度、宽度 3.窗帘层数 4.带幔要求	1. m 2. m²	1.以米计量,按设计图示尺寸以成活后长度计算 2.以平方米计量,按图示尺寸以成活后展开面积计算	1.制作、运输 2.安装
010810002	木窗帘盒	1.窗帘盒材质、规格 2.防护材料种类	m	按设计图示尺寸以长度计算	1.制作、运输、安装 2.刷防护材料
010810003	饰面夹板、塑料窗帘盒				
010810004	铝合金窗帘盒				
010810005	窗帘轨	1.窗帘轨材质、规格 2.轨的数量 3.防护材料种类			

【例 3.10】　计算如图 3-10 所示某中套住房实木镶板门制作及塑钢窗的工程量。

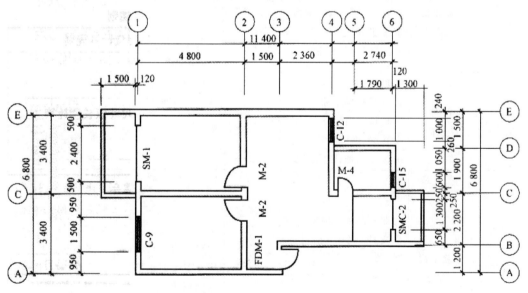

图 3-10　某中套住房

【解】　(1)实木镶板门工程量=设计图示数量

则:分户门　FDM-1　工程量=1(樘)

室内门　M-2　工程量=2(樘)

  室内门 M-4   工程量＝1（樘）

 （2）塑钢窗工程量＝设计图示数量

  则：塑钢窗 C-9   工程量＝1（樘）

     塑钢窗 C-12 工程量＝1（樘）

     塑钢窗 C-15 工程量＝1（樘）

（九）屋面及防水工程

1.瓦、型材及其他屋面

  瓦、型材及其他屋面工程量清单项目设置、项目特征描述的内容、计量单位及工程量计算规则,应按表3-52的规定执行。

表3-52 瓦、型材及其他屋面（编码:010901）

项目编码	项目名称	项目特征	计量单位	工程量计算规则	工作内容
010901001	瓦屋面	1.瓦品种、规格 2.黏结层砂浆的配合比		按设计图示尺寸以斜面积计算 不扣除房上烟囱、风帽底座、风道、小气窗、斜沟等所占面积。小气窗的出檐部分不增加面积	1.砂浆制作、运输、摊铺、养护 2.安瓦、作瓦脊
010901002	型材屋面	1.型材品种、规格、品牌、颜色 2.骨架材料品种、规格 3.接缝、嵌缝材料种类			1.檩条制作、运输、安装 2.屋面型材安装 3.接缝、嵌缝
010901003	阳光板屋面	1.阳光板品种、规格 2.骨架材料品种、规格 3.接缝、嵌缝材料种类 4.油漆品种、刷漆遍数	m²	按设计图示尺寸以斜面积计算,不扣除屋面面积≤0.3 m²孔洞所占面积	1.骨架制作、运输、安装、刷防护材料、油漆 2.阳光板安装 3.接缝、嵌缝
010901004	玻璃钢屋面	1.玻璃钢品种、规格 2.骨架材料品种、规格 3.玻璃钢固定方式 4.接缝、嵌缝材料种类 5.油漆品种、刷漆遍数			1.骨架制作、运输、安装、刷防护材料、油漆 2.玻璃钢制作、安装 3.接缝、嵌缝
010901005	膜结构屋面	1.膜布品种、规格 2.支柱（网架）钢材品种、规格 3.钢丝绳品种、规格 4.锚固基座做法 5.油漆品种、刷漆遍数		按设计图示尺寸以需要覆盖的水平投影面积计算	1.膜布热压胶接 2.支柱（网架）制作、安装 3.膜布安装 4.穿钢丝绳、锚头锚固 5.锚固基座、挖土回填 6.刷防护材料,油漆

2.屋面防水及其他

屋面防水及其他工程量清单项目设置、项目特征描述的内容、计量单位及工程量计算规则,应按表3-53的规定执行。

表 3-53　屋面防水及其他(编码:010902)

项目编码	项目名称	项目特征	计量单位	工程量计算规则	工作内容
010902001	屋面卷材防水	1.卷材品种、规格、厚度 2.防水层数 3.防水层做法	m²	按设计图示尺寸以面积计算 1.斜屋顶(不包括平屋顶找坡)按斜面积计算,平屋顶按水平投影面积计算 2.不扣除房上烟囱、风帽底座、风道、屋面小气窗和斜沟所占面积 3.屋面的女儿墙、伸缩缝和天窗等处的弯起部分,并入屋面工程量内	1.基层处理 2.刷底油 3.铺油毡卷材、接缝
010902002	屋面涂膜防水	1.防水膜品种 2.涂膜厚度、遍数 3.增强材料种类			1.基层处理 2.刷基层处理剂 3.铺布、喷涂防水层
010902003	屋面刚性层	1.刚性层厚度 2.混凝土种类 3.混凝土强度等级 4.嵌缝材料种类 5.钢筋规格、型号		按设计图示尺寸以面积计算。不扣除房上烟囱、风帽底座、风道等所占面积	1.基层处理 2.混凝土制作、运输、铺筑、养护 3.钢筋制安
010902004	屋面排水管	1.排水管品种、规格 2.雨水斗、山墙出水口品种、规格 3.接缝、嵌缝材料种类 4.油漆品种、刷漆遍数	m	按设计图示尺寸以长度计算。如设计未标注尺寸,以檐口至设计室外散水上表面垂直距离计算	1.排水管及配件安装、固定 2.雨水斗、山墙出水口、雨水箅子安装 3.接缝、嵌缝 4.刷漆
010902005	屋面排(透)气管	1.排(透)气管品种、规格 2.接缝、嵌缝材料种类 3.油漆品种、刷漆遍数		按设计图示尺寸以长度计算	1.排(透)气管及配件安装、固定 2.铁件制作、安装 3.接缝、嵌缝 4.刷漆

项目编码	项目名称	项目特征	计量单位	工程量计算规则	工作内容
010902006	屋面（廊、阳台）泄（吐）水管	1. 泄（吐）水管品种、规格 2. 接缝、嵌缝材料种类 3. 泄（吐）水管长度 4. 油漆品种、刷漆遍数	根（个）	按设计图示数量计算	1. 水管及配件安装、固定 2. 接缝、嵌缝 3. 刷漆
010902007	屋面天沟、檐沟	1. 材料品种、规格 2. 接缝、嵌缝材料种类	m²	按设计图示尺寸以展开面积计算	1. 天沟材料铺设 2. 天沟配件安装 3. 接缝、嵌缝 4. 刷防护材料
010902008	屋面变形缝	1. 嵌缝材料种类 2. 止水带材料种类 3. 盖缝材料 4. 防护材料种类	m	按设计图示尺寸以长度计算	1. 清缝 2. 填塞防水材料 3. 止水带安装 4. 盖缝制作、安装 5. 刷防护材料

3. 墙面防水、防潮

墙面防水、防潮工程量清单项目设置、项目特征描述的内容、计量单位及工程量计算规则，应按有关规定执行（见二维码）。

墙面防水、防潮

4. 楼（地）面防水、防潮

楼（地）面防水、防潮工程量清单项目设置、项目特征描述的内容、计量单位及工程量计算规则，应按有关规定执行（见二维码）。

墙、地面防水、防潮

【例3.11】 某厂房屋面如图3-11所示，设计要求：水泥珍珠岩块保温层80 mm厚，1∶3水泥砂浆找平层20 mm厚，三元乙丙橡胶卷材防水层（满铺）。试计算屋面防水层工程量。

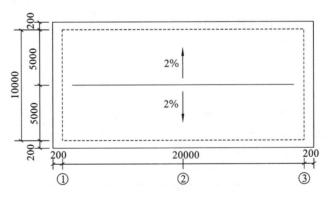

图3-11 某厂房屋面图

【解】 屋面防水层工程量＝(20＋0.2×2)×(10＋0.2×2)＝212.16(m²)

(十)保温、隔热、防腐工程

1.保温、隔热

保温、隔热工程量清单项目设置、项目特征描述的内容、计量单位及工程量计算规则，应按表 3-54 的规定执行。

表 3-54　保温、隔热(编码:011001)

项目编码	项目名称	项目特征	计量单位	工程量计算规则	工作内容
011001001	保温隔热屋面	1.保温隔热材料品种、规格、厚度 2.隔气层材料品种、厚度 3.黏结材料种类、做法 4.防护材料种类、做法		按设计图示尺寸以面积计算。扣除面积＞0.3 m² 的孔洞及占位面积	1.基层清理 2.刷黏结材料 3.铺粘保温层 4.铺、刷(喷)防护材料
011001002	保温隔热天棚	1.保温隔热面层材料品种、规格、性能 2.保温隔热材料品种、规格、厚度 3.黏结材料种类、做法 4.防护材料种类、做法	m²	按设计图示尺寸以面积计算。扣除面积＞0.3 m² 的柱、垛、孔洞所占面积,与天棚相连的梁按展开面积,计算并入天棚工程量内	
011001003	保温隔热墙面	1.保温隔热部位 2.保温隔热方式 3.踢脚线、勒脚线保温做法 4.龙骨材料品种、规格 5.保温隔热面层材料品种、规格、性能 6.保温隔热材料品种、规格及厚度 7.增强网及抗裂防水砂浆种类 8.黏结材料种类及做法 9.防护材料种类及做法		按设计图示尺寸以面积计算。扣除门窗洞口以及面积＞0.3 m² 的梁、孔洞所占面积;门窗洞口侧壁以及与墙相连的柱,并入保温墙体工程量内	1.基层清理 2.刷界面剂 3.安装龙骨 4.填贴保温材料 5.保温板安装 6.粘贴面层 7.铺设增强格网、抹抗裂、防水砂浆面层 8.嵌缝 9.铺、刷(喷)防护材料
011001004	保温柱、梁			按设计图示尺寸以面积计算 1.柱按设计图示柱断面保温层中心线展开长度乘保温层高度以面积计算,扣除面积＞0.3 m² 的梁所占面积 2.梁按设计图示梁断面保温层中心线展开长度乘保温层长度以面积计算	

项目编码	项目名称	项目特征	计量单位	工程量计算规则	工作内容
011001005	保温隔热楼地面	1.保温隔热部位 2.保温隔热材料品种、规格、厚度 3.隔气层材料品种、规格、厚度 4.黏结材料种类及做法 5.防护材料种类及做法	m²	按设计图示尺寸以面积计算。扣除面积＞0.3 m²的柱、垛、孔洞等所占面积。门洞、空圈、暖气包槽、壁龛的开口部分不增加面积	1.基层清理 2.刷粘贴材料 3.铺粘保温层 4.铺、刷（喷）防护材料
011001006	其他保温隔热	1.保温隔热部位 2.保温隔热方式 3.隔气层材料品种、厚度 4.保温隔热面层材料品种、规格、性能 5.保温隔热材料品种、规格及厚度 6.黏结材料种类及做法 7.增强网及抗裂防水砂浆种类 8.防护材料种类及做法		按设计图示尺寸以展开面积计算。扣除面积＞0.3 m²的孔洞及占位面积	1.基层清理 2.刷界面剂 3.安装龙骨 4.填贴保温材料 5.保温板安装 6.粘贴面层 7.铺设增强格网、抹抗裂、防水砂浆面层 8.嵌缝 9.铺、刷（喷）防护材料

2.防腐面层

防腐面层工程量清单项目设置、项目特征描述的内容、计量单位及工程量计算规则，应按表 3-55 的规定执行。

表 3-55　防腐面层(编码:011002)

项目编码	项目名称	项目特征	计量单位	工程量计算规则	工作内容
011002001	防腐混凝土面层	1.防腐部位 2.面层厚度 3.混凝土种类 4.胶泥种类、配合比	m²	按设计图示尺寸以面积计算 1.平面防腐:扣除凸出地面的构筑物、设备基础等以及面积>0.3 m²的孔洞、柱、垛等所占面积,门洞、空圈、暖气包槽、壁龛的开口部分不增加面积 2.立面防腐:扣除门、窗、洞口以及面积>0.3 m²的孔洞、梁所占面积,门、窗洞口侧壁、垛突出部分按展开面积并入墙面积内	1.基层清理 2.基层刷稀胶泥 3.混凝土制作、运输、摊铺、养护
011002002	防腐砂浆面层	1.防腐部位 2.面层厚度 3.砂浆、胶泥种类、配合比			1.基层清理 2.基层刷稀胶泥 3.砂浆制作、运输、摊铺、养护
011002003	防腐胶泥面层	1.防腐部位 2.面层厚度 3.胶泥种类、配合比			1.基层清理 2.胶泥调制、摊铺
011002004	玻璃钢防腐面层	1.防腐部位 2.玻璃钢种类 3.贴布材料的种类、层数 4.面层材料品种			1.基层清理 2.刷底漆、刮腻子 胶浆配制、涂刷 3.粘布、涂刷面层
011002005	聚氯乙烯板面层	1.防腐部位 2.面层材料品种、厚度 3.黏结材料种类			1.基层清理 2.配料、涂胶 3.聚氯乙烯板铺设
011002006	块料防腐面层	1.防腐部位 2.块料品种、规格 3.黏结材料种类 4.勾缝材料种类			1.基层清理 2.铺贴块料 3.胶泥调制、勾缝
011002007	池、槽块料防腐面层	1.防腐池、槽名称、代号 2.块料品种、规格 3.黏结材料种类 4.勾缝材料种类		按设计图示尺寸以展开面积计算	1.基层清理 2.铺贴块料 3.胶泥调制、勾缝

3.其他防腐

其他防腐工程量清单项目设置、项目特征描述的内容、计量单位及工程量计算规则,应按有关规定执行(见二维码)。

其他防腐

【例3.12】 某保温平屋面尺寸如图 3-12 所示,做法如下:空心板上1:3 水泥砂浆找平 20 mm 厚,刷冷底子油两遍,沥青隔气层一遍,8 mm厚水泥蛭石块保温层,1:10 现浇水泥蛭石找坡,1:3 水泥砂浆找平 20 mm 厚,SBS 改性沥青卷材满铺一层,点式支撑预制混凝土架空隔热板,板厚 60 mm,计算水泥蛭石保温层的工程量。

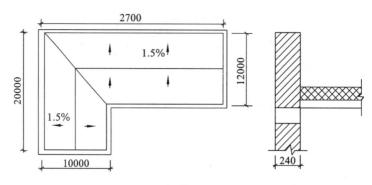

图 3-12　某保温平屋面

【解】　　　屋面保温层工程量 ＝ 保温层设计长度 × 设计宽度

水泥蛭石保温层的工程量 $=(27-0.24)\times(12-0.24)+(10-0.24)\times(20-12)$
$$=392.78(\text{m}^2)$$

(十一)楼地面装饰工程

1.整体面层及找平层

整体面层及找平层工程量清单项目设置、项目特征描述的内容、计量单位及工程量计算规则,应按表 3-56 的规定执行。

表 3-56　整体面层及找平层(编码:011101)

项目编码	项目名称	项目特征	计量单位	工程量计算规则	工程内容
011101001	水泥砂浆楼地面	1.找平层厚度、砂浆配合比 2.素水泥浆遍数 3.面层厚度、砂浆配合比 4.面层做法要求	m²	按设计图示尺寸以面积计算。扣除凸出地面构筑物、设备基础、室内铁道、地沟等所占面积,不扣除间壁墙及≤0.3 m²的柱、垛、附墙烟囱及孔洞所占面积,门洞、空圈、暖气包槽、壁龛的开口部分不增加面积	1.基层清理 2.抹找平层 3.抹面层 4.材料运输
011101002	现浇水磨石楼地面	1.找平层厚度、砂浆配合比 2.面层厚度、水泥石子浆配合比 3.嵌条材料种类、规格 4.石子种类、规格、颜色 5.颜料种类、颜色 6.图案要求 7.磨光、酸洗、打蜡要求			1.基层清理 2.抹找平层 3.面层铺设 4.嵌缝条安装 5.磨光、酸洗打蜡 6.材料运输
011101003	细石混凝土楼地面	1.找平层厚度、砂浆配合比 2.面层厚度、混凝土强度等级			1.基层清理 2.抹找平层 3.面层铺设 4.材料运输

196

续表

项目编码	项目名称	项目特征	计量单位	工程量计算规则	工程内容
011101004	菱苦土楼地面	1.找平层厚度、砂浆配合比 2.面层厚度 3.打蜡要求		按设计图示尺寸以面积计算。扣除凸出地面构筑物、设备基础、室内铁道、地沟等所占面积，不扣除间壁墙及≤0.3 m²的柱、垛、附墙烟囱及孔洞所占面积，门洞、空圈、暖气包槽、壁龛的开口部分不增加面积	1.基层清理 2.抹找平层 3.面层铺设 4.打蜡 5.材料运输
011101005	自流平楼地面	1.找平层砂浆配合比、厚度 2.界面剂材料种类 3.中层漆材料种类、厚度 4.面漆材料种类、厚度 5.面层材料种类	m²		1.基层清理 2.抹找平层 3.涂界面剂 4.涂刷中层漆 5.打磨、吸尘 6.镘自流平面漆（浆） 7.拌合自流平浆料 8.铺面层
011101006	平面砂浆找平层	找平层厚度、砂浆配合比		按设计图示尺寸以面积计算	1.基层清理 2.抹找平层 3.材料运输

2.块料面层

块料面层工程量清单项目设置、项目特征描述的内容、计量单位及工程量计算规则，应按表3-57的规定执行。

表3-57　块料面层（编码:011102）

项目编码	项目名称	项目特征	计量单位	工程量计算规则	工程内容
011102001	石材楼地面	1.找平层厚度、砂浆配合比 2.结合层厚度、砂浆配合比 3.面层材料品种、规格、颜色 4.嵌缝材料种类 5.防护层材料种类 6.酸洗、打蜡要求	m²	按设计图示尺寸以面积计算。门洞、空圈、暖气包槽、壁龛的开口部分并入相应的工程量内	1.基层清理 2.抹找平层 3.面层铺设、磨边 4.嵌缝 5.刷防护材料 6.酸洗、打蜡 7.材料运输
011102002	碎石材楼地面				
011102003	块料楼地面				

3. 橡塑面层

橡塑面层工程量清单项目设置、项目特征描述的内容、计量单位及工程量计算规则，应按表 3-58 的规定执行。

表 3-58　橡塑面层(编码:011103)

项目编码	项目名称	项目特征	计量单位	工程量计算规则	工程内容
011103001	橡胶板楼地面	1. 黏结层厚度、材料种类 2. 面层材料品种、规格、颜色 3. 压线条种类	m²	按设计图示尺寸以面积计算。门洞、空圈、暖气包槽、壁龛的开口部分并入相应的工程量内	1. 基层清理 2. 面层铺贴 3. 压缝条装钉 4. 材料运输
011103002	橡胶板卷材楼地面				
011103003	塑料板楼地面				
011103004	塑料卷材楼地面				

4. 其他材料面层

其他材料面层工程量清单项目设置、项目特征描述的内容、计量单位及工程量计算规则，应按表 3-59 的规定执行。

表 3-59　其他材料面层(编码:011104)

项目编码	项目名称	项目特征	计量单位	工程量计算规则	工程内容
011104001	地毯楼地面	1. 面层材料品种、规格、颜色 2. 防护材料种类 3. 黏结材料种类 4. 压线条种类	m²	按设计图示尺寸以面积计算。门洞、空圈、暖气包槽、壁龛的开口部分并入相应的工程量内	1. 基层清理 2. 铺贴面层 3. 刷防护材料 4. 装钉压条 5. 材料运输
011104002	竹、木(复合)地板	1. 龙骨材料种类、规格、铺设间距 2. 基层材料种类、规格 3. 面层材料品种、规格、颜色 4. 防护材料种类			1. 基层清理 2. 龙骨铺设 3. 基层铺设 4. 面层铺贴 5. 刷防护材料 6. 材料运输
011104003	金属复合地板				
011104004	防静电活动地板	1. 支架高度、材料种类 2. 面层材料品种、规格、颜色 3. 防护材料种类			1. 清理基层 2. 固定支架安装 3. 活动面层安装 4. 刷防护材料 5. 材料运输

5. 踢脚线

踢脚线工程量清单项目设置、项目特征描述的内容、计量单位及工程量计算规则，应按表 3-60 的规定执行。

表 3-60　踢脚线(编码:011105)

项目编码	项目名称	项目特征	计量单位	工程量计算规则	工程内容
011105001	水泥砂浆踢脚线	1.踢脚线高度 2.底层厚度、砂浆配合比 3.面层厚度、砂浆配合比	1. m² 2. m	1.以平方米计量,按设计图示长度乘高度以面积计算 2.以米计量,按延长米计算	1.基层清理 2.底层和面层抹灰 3.材料运输
011105002	石材踢脚线	1.踢脚线高度 2.粘贴层厚度、材料种类 3.面层材料品种、规格、颜色 4.防护材料种类			1.基层清理 2.底层抹灰 3.面层铺贴、磨边 4.擦缝 5.磨光、酸洗、打蜡 6.刷防护材料 7.材料运输
011105003	块料踢脚线				
011105004	塑料板踢脚线	1.踢脚线高度 2.黏结层厚度、材料种类 3.面层材料种类、规格、颜色			1.基层清理 2.基层铺贴 3.面层铺贴 4.材料运输
011105005	木质踢脚线	1.踢脚线高度 2.基层材料种类、规格 3.面层材料品种、规格、颜色			
011105006	金属踢脚线				
011105007	防静电踢脚线				

6.楼梯面层

楼梯面层工程量清单项目设置、项目特征描述的内容、计量单位及工程量计算规则,应按表3-61的规定执行。

表 3-61　楼梯面层(编码:011106)

项目编码	项目名称	项目特征	计量单位	工程量计算规则	工程内容
011106001	石材楼梯面层	1. 找平层厚度、砂浆配合比 2. 贴结层厚度、材料种类 3. 面层材料品种、规格、颜色 4. 防滑条材料种类、规格 5. 勾缝材料种类 6. 防护材料种类 7. 酸洗、打蜡要求	m²	按设计图示尺寸以楼梯(包括踏步、休息平台及≤500 mm的楼梯井)水平投影面积计算。楼梯与楼地面相连时,算至梯口梁内侧边沿;无梯口梁者,算至最上一层踏步边沿加300 mm	1. 基层清理 2. 抹找平层 3. 面层铺贴、磨边 4. 贴嵌防滑条 5. 勾缝 6. 刷防护材料 7. 酸洗、打蜡 8. 材料运输
011106002	块料楼梯面层				
011106003	拼碎块料面层				
011106004	水泥砂浆楼梯面层	1. 找平层厚度、砂浆配合比 2. 面层厚度、砂浆配合比 3. 防滑条材料种类、规格			1. 基层清理 2. 抹找平层 3. 抹面层 4. 抹防滑条 5. 材料运输
011106005	现浇水磨石楼梯面层	1. 找平层厚度、砂浆配合比 2. 面层厚度、水泥石子浆合比 3. 防滑条材料种类、规格 4. 石子种类、规格、颜色 5. 颜料种类、颜色 6. 磨光、酸洗、打蜡要求			1. 基层清理 2. 抹找平层 3. 抹面层 4. 贴嵌防滑条 5. 磨光、酸洗、打蜡 6. 材料运输
011106006	地毯楼梯面层	1. 基层种类 2. 面层材料品种、规格、颜色 3. 防护材料种类 4. 黏结材料种类 5. 固定配件材料种类、规格			1. 基层清理 2. 铺贴面层 3. 固定配件安装 4. 刷防护材料 5. 材料运输
011106007	木板楼梯面层	1. 基层材料种类、规格 2. 面层材料品种、规格、颜色 3. 黏结材料种类 4. 防护材料种类			1. 基层清理 2. 基层铺贴 3. 面层铺贴 4. 刷防护材料 5. 材料运输
011106008	橡胶板楼梯面层	1. 黏结层厚度、材料种类 2. 面层材料品种、规格、颜色 3. 压线条种类			1. 基层清理 2. 基层铺贴 3. 压缝条装钉 4. 材料运输
011106009	塑料板楼梯面层				

7.台阶装饰

台阶装饰工程量清单项目设置、项目特征描述的内容、计量单位及工程量计算规则，应按表 3-62 的规定执行。

表 3-62　台阶装饰(编码:011107)

项目编码	项目名称	项目特征	计量单位	工程量计算规则	工程内容
011107001	石材台阶面	1.找平层厚度、砂浆配合比 2.黏结材料种类 3.面层材料品种、规格、颜色 4.勾缝材料种类 5.防滑条材料种类、规格 6.防护材料种类	m²	按设计图示尺寸以台阶(包括最上层踏步边沿加 300 mm)水平投影面积计算	1.基层清理 2.抹找平层 3.面层铺贴 4.贴嵌防滑条 5.勾缝 6.刷防护材料 7.材料运输
011107002	块料台阶面				
011107003	拼碎块料台阶面				
011107004	水泥砂浆台阶面	1.找平层厚度、砂浆配合比 2.面层厚度、砂浆配合比 3.防滑条材料种类			1.基层清理 2.抹找平层 3.抹面层 4.抹防滑条 5.材料运输
011107005	现浇水磨石台阶面	1.找平层厚度、砂浆配合比 2.面层厚度、水泥石子浆配合比 3.防滑条材料种类、规格 4.石子种类、规格、颜色 5.颜料种类、颜色 6.磨光、酸洗、打蜡要求			1.基层清理 2.抹找平层 3.抹面层 4.贴嵌防滑条 5.打磨、酸洗、打蜡 6.材料运输
011107006	剁假石台阶面	1.找平层厚度、砂浆配合比 2.面层厚度、砂浆配合比 3.剁假石要求			1.基层清理 2.抹找平层 3.抹面层 4.剁假石 5.材料运输

8.零星装饰项目

零星装饰项目工程量清单项目设置、项目特征描述的内容、计量单位及工程量计算规则,应按表 3-63 的规定执行。

表 3-63　零星装饰项目(编码:011108)

项目编码	项目名称	项目特征	计量单位	工程量计算规则	工程内容
011108001	石材零星项目	1.工程部位 2.找平层厚度、砂浆配合比 3.贴结合层厚度、材料种类 4.面层材料品种、规格、颜色 5.勾缝材料种类 6.防护材料种类 7.酸洗、打蜡要求	m²	按设计图示尺寸以面积计算	1.清理基层 2.抹找平层 3.面层铺贴、磨边 4.勾缝 5.刷防护材料 6.酸洗、打蜡 7.材料运输
011108002	拼碎石材零星项目				
011108003	块料零星项目				
011108004	水泥砂浆零星项目	1.工程部位 2.找平层厚度、砂浆配合比 3.面层厚度、砂浆厚度			1.清理基层 2.抹找平层 3.抹面层 4.材料运输

【例 3.13】　计算如图 3-13 所示住宅水泥砂浆地面的工程量。

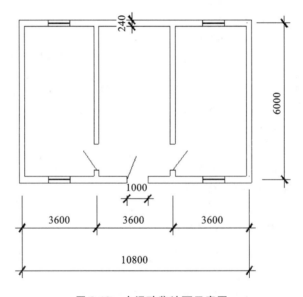

图 3-13　水泥砂浆地面示意图

【解】　本例为整体面层,工程量按主墙间净空面积计算。

$$工程量 = (6-0.24) \times (10.8-0.24) = 60.83(m^2)$$

(十二)墙、柱面装饰与隔断、幕墙工程

1.墙面抹灰

墙面抹灰工程量清单项目设置、项目特征描述的内容、计量单位及工程量计算规则,应按表 3-64 的规定执行。

表 3-64 墙面抹灰(编码:011201)

项目编码	项目名称	项目特征	计量单位	工程量计算规则	工作内容
011201001	墙面一般抹灰	1.墙体类型 2.底层厚度、砂浆配合比 3.面层厚度、砂浆配合比 4.装饰面材料种类 5.分格缝宽度、材料种类	m²	按设计图示尺寸以面积计算。扣除墙裙、门窗洞口及单个>0.3 m²的孔洞面积,不扣除踢脚线、挂镜线和墙与构件交接处的面积,门窗洞口和孔洞的侧壁及顶面不增加面积。附墙柱、梁、垛、烟囱侧壁并入相应的墙面面积内 1.外墙抹灰面积按外墙垂直投影面积计算 2.外墙裙抹灰面积按其长度乘高度计算	1.基层清理 2.砂浆制作、运输 3.底层抹灰 4.抹面层 5.抹装饰面 6.勾分格缝
011201002	墙面装饰抹灰				
011201003	墙面勾缝	1.勾缝类型 2.勾缝材料种类		3.内墙抹灰面积按主墙间的净长乘高度计算 (1)无墙裙的,高度按室内楼地面至天棚底面计算 (2)有墙裙的,高度按墙裙顶至天棚底面计算	1.基层清理 2.砂浆制作、运输 3.勾缝
011201004	立面砂浆找平层	1.基层类型 2.找平层砂浆厚度、配合比		(3)有吊顶天棚抹灰,高度算至天棚底 4.内墙裙抹灰面按内墙净长乘高度计算	1.基层清理 2.砂浆制作、运输 3.抹灰找平

2.柱(梁)面抹灰

柱(梁)面抹灰工程量清单项目设置、项目特征描述的内容、计量单位及工程量计算规则,应按表 3-65 的规定执行。

表 3-65 柱(梁)面抹灰(编码:011202)

项目编码	项目名称	项目特征	计量单位	工程量计算规则	工程内容
011202001	柱、梁面一般抹灰	1.柱(梁)体类型 2.底层厚度、砂浆配合比 3.面层厚度、砂浆配合比 4.装饰面材料种类 5.分格缝宽度、材料种类	m²	1.柱面抹灰:按设计图示柱断面周长乘高度以面积计算 2.梁面抹灰:按设计图示梁断面周长乘长度以面积计算	1.基层清理 2.砂浆制作、运输 3.底层抹灰 4.抹面层 5.勾分格缝
011202002	柱、梁面装饰抹灰				
011202003	柱、梁面砂浆抹灰	1.柱(梁)体类型 2.找平的砂浆厚度、配合比			1.基层清理 2.砂浆制作、运输 3.抹灰找平

项目编码	项目名称	项目特征	计量单位	工程量计算规则	工程内容
011202004	柱面勾缝	1.勾缝类型 2.勾缝材料种类	m²	按设计图示柱断面周长乘高度以面积计算	1.基层清理 2.砂浆制作、运输 3.勾缝

3.零星抹灰

零星抹灰工程量清单项目设置、项目特征描述的内容、计量单位及工程量计算规则，应按表 3-66 的规定执行。

表 3-66　零星抹灰(编码:011203)

项目编码	项目名称	项目特征	计量单位	工程量计算规则	工程内容
011203001	零星项目一般抹灰	1.基层类型、部位 2.底层厚度、砂浆配合比 3.面层厚度、砂浆配合比	m²	按设计图示尺寸以面积计算	1.基层清理 2.砂浆制作、运输 3.底层抹灰
011203002	零星项目装饰抹灰	4.装饰面材料种类 5.分格缝宽度、材料种类			4.抹面层 5.抹装饰面 6.勾分格缝
011203003	零星项目砂浆找平	1.基层类型、部位 2.找平的砂浆厚度、配合比			1.基层清理 2.砂浆制作、运输 3.抹灰找平

4.墙面块料面层

墙面块料面层工程量清单项目设置、项目特征描述的内容、计量单位及工程量计算规则,应按表 3-67 的规定执行。

表 3-67　墙面块料面层(编码:011204)

项目编码	项目名称	项目特征	计量单位	工程量计算规则	工程内容
011204001	石材墙面	1.墙体类型 2.安装方式 3.面层材料品种、规格、颜色 4.缝宽、嵌缝材料种类 5.防护材料种类 6.磨光、酸洗、打蜡要求	m²	按镶贴表面积计算	1.基层清理 2.砂浆制作、运输 3.黏结层铺贴 4.面层安装 5.嵌缝 6.刷防护材料 7.磨光、酸洗、打蜡
011204002	拼碎石材墙面				
011204003	块料墙面				
011204004	干挂石材钢骨架	1.骨架种类、规格 2.防锈漆品种遍数	t	按设计图示以质量计算	1.骨架制作、运输、安装 2.刷漆

5. 柱(梁)面镶贴块料

柱(梁)面镶贴块料工程量清单项目设置、项目特征描述的内容、计量单位及工程量计算规则,应按表 3-68 的规定执行。

表 3-68   柱(梁)面镶贴块料(编码:011205)

项目编码	项目名称	项目特征	计量单位	工程量计算规则	工程内容
011205001	石材柱面	1. 柱截面类型、尺寸 2. 安装方式 3. 面层材料品种、规格、颜色 4. 缝宽、嵌缝材料种类 5. 防护材料种类 6. 磨光、酸洗、打蜡要求	m²	按镶贴表面积计算	1. 基层清理 2. 砂浆制作、运输 3. 黏结层铺贴 4. 面层安装 5. 嵌缝 6. 刷防护材料 7. 磨光、酸洗、打蜡
011205002	块料柱面				
011205003	拼碎石材柱面				
011205004	石材梁面	1. 安装方式 2. 面层材料品种、规格、颜色 3. 缝宽、嵌缝材料种类 4. 防护材料种类 5. 磨光、酸洗、打蜡要求			
011205005	块料梁面				

6. 镶贴零星块料

镶贴零星块料工程量清单项目设置、项目特征描述的内容、计量单位及工程量计算规则,应按表 3-69 的规定执行。

表 3-69   镶贴零星块料(编码:011206)

项目编码	项目名称	项目特征	计量单位	工程量计算规则	工程内容
011206001	石材零星项目	1. 基层类型、部位 2. 安装方式 3. 面层材料品种、规格、颜色 4. 缝宽、嵌缝材料种类 5. 防护材料种类 6. 磨光、酸洗、打蜡要求	m²	按镶贴表面积计算	1. 基层清理 2. 砂浆制作、运输 3. 面层安装 4. 嵌缝 5. 刷防护材料 6. 磨光、酸洗、打蜡
011206002	块料零星项目				
011206003	拼碎块零星项目				

7. 墙饰面

墙饰面工程量清单项目设置、项目特征描述的内容、计量单位及工程量计算规则,应按表 3-70 的规定执行。

表 3-70　墙饰面(编码:011207)

项目编码	项目名称	项目特征	计量单位	工程量计算规则	工程内容
011207001	墙面装饰板	1.龙骨材料种类、规格、中距 2.隔离层材料种类、规格 3.基层材料种类、规格 4.面层材料品种、规格、颜色 5.压条材料种类、规格	m²	按设计图示墙净长乘净高以面积计算。扣除门窗洞口及单个>0.3 m²的孔洞所占面积	1.基层清理 2.龙骨制作、运输、安装 3.钉隔离层 4.基层铺钉 5.面层铺贴
011207002	墙面装饰浮雕	1.基层类型 2.浮雕材料种类 3.浮雕样式		按设计图示尺寸以面积计算	1.基层清理 2.材料制作、运输 3.安装成型

8.柱(梁)饰面

柱(梁)饰面工程量清单项目设置、项目特征描述的内容、计量单位及工程量计算规则,应按表 3-71 的规定执行。

表 3-71　柱(梁)饰面(编码:011208)

项目编码	项目名称	项目特征	计量单位	工程量计算规则	工程内容
011208001	柱(梁)面装饰	1.龙骨材料种类、规格、中距 2.隔离层材料种类 3.基层材料种类、规格 4.面层材料品种、规格、颜色 5.压条材料种类、规格	m²	按设计图示饰面外围尺寸以面积计算。柱帽、柱墩并入相应柱饰面工程量内	1.清理基层 2.龙骨制作、运输、安装 3.钉隔离层 4.基层铺钉 5.面层铺贴
011208002	成品装饰柱	1.柱截面、高度尺寸 2.柱材质	1.根 2.m	1.以根计量,按设计数量计算 2.以米计量,按设计长度计算	柱运输、固定、安装

9.幕墙工程

幕墙工程工程量清单项目设置、项目特征描述的内容、计量单位及工程量计算规则,应按有关规定执行(见二维码)。

10.隔断

隔断工程量清单项目设置、项目特征描述的内容、计量单位及工程量计算规则,应按有关规定执行(见二维码)。

幕墙工程

【例 3.14】 某工程如图 3-14 所示,外墙面抹水泥砂浆,底层为 1∶3
水泥砂浆打底 14 mm 厚,面层为 1∶2 水泥砂浆抹面 6 mm 厚,外墙裙水刷
石,1∶3 水泥砂浆打底 12 mm 厚,素水泥浆抹两遍,1∶2.5 水泥石子
10 mm 厚(分格),计算外墙面抹灰和外墙裙装饰抹灰工程量。

隔断

M:1000 mm×2500 mm,C:1200 mm×1500 mm。

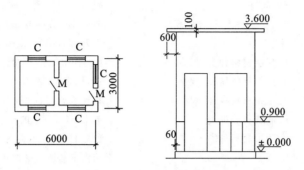

图 3-14 某工程平面图和剖面图

【解】 外墙面水泥砂浆抹灰工程量=(6.24+3.24)×2×(3.6−0.1−0.9)−1.0
$$×(2.5−0.9)−1.2×1.5×5=38.7(m^2)$$

外墙裙水刷石工程量=[(6.24+3.24)×2−1.0]×0.9=16.16(m²)

(十三)天棚工程

1.天棚抹灰

天棚抹灰工程量清单项目设置、项目特征描述的内容、计量单位及工程量计算规则,
应按表 3-72 的规定执行。

表 3-72 天棚抹灰(编码:011301)

项目编码	项目名称	项目特征	计量单位	工程量计算规则	工程内容
011301001	天棚抹灰	1.基层类型 2.抹灰厚度、材料种类 3.砂浆配合比	m²	按设计图示尺寸以水平投影面积计算。不扣除间壁墙、垛、柱、附墙烟囱、检查口和管道所占的面积,带梁天棚的梁两侧抹灰面积并入天棚面积内,板式楼梯底面抹灰按斜面积计算,锯齿形楼梯底板抹灰按展开面积计算	1.基层清理 2.底层抹灰 3.抹面层

2.天棚吊顶

天棚吊顶工程量清单项目设置、项目特征描述的内容、计量单位及工程量计算规则,
应按表 3-73 的规定执行。

表 3-73 天棚吊顶(编码:011302)

项目编码	项目名称	项目特征	计量单位	工程量计算规则	工程内容
011302001	吊顶天棚	1.吊顶形式、吊杆规格、高度 2.龙骨材料种类、规格、中距 3.基层材料种类、规格 4.面层材料品种、规格 5.压条材料种类、规格 6.嵌缝材料种类 7.防护材料种类	m²	按设计图示尺寸以水平投影面积计算。天棚面中的灯槽及跌级、锯齿形、吊挂式、藻井式天棚面积不展开计算,不扣除间壁墙、检查口、附墙烟囱、柱垛和管道所占面积,扣除单个>0.3 m²的孔洞、独立柱及与天棚相连的窗帘盒所占的面积	1.基层清理、吊杆安装 2.龙骨安装 3.基层板铺贴 4.面层铺贴 5.嵌缝 6.刷防护材料
011302002	格栅吊顶	1.龙骨材料种类、规格、中距 2.基层材料种类、规格 3.面层材料品种、规格 4.防护材料种类		按设计图示尺寸以水平投影面积计算	1.基层清理 2.安装龙骨 3.基层板铺贴 4.面层铺贴 5.刷防护材料
011302003	吊筒吊顶	1.吊筒形状、规格 2.吊筒材料种类 3.防护材料种类			1.基层清理 2.吊筒制作安装 3.刷防护材料
011302004	藤条造型悬挂吊顶	1.骨架材料种类、规格 2.面层材料品种、规格			1.基层清理 2.龙骨安装 3.铺贴面层
011302005	织物软雕吊顶				
011302006	装饰网架吊顶	网架材料品种、规格			1.基层清理 2.网架制作安装

3.采光天棚

采光天棚工程量清单项目设置、项目特征描述的内容、计量单位及工程量计算规则,应按表 3-74 的规定执行。

表 3-74　采光天棚(编码:011303)

项目编码	项目名称	项目特征	计量单位	工程量计算规则	工程内容
011303001	采光天棚	1. 骨架类型 2. 固定类型、固定材料品种、规格 3. 面层材料品种、规格 4. 嵌缝、塞口材料种类	m²	按框外围面积计算	1. 清理基层 2. 面层制安 3. 嵌缝、塞口 4. 清洗

4. 天棚其他装饰

天棚其他装饰工程量清单项目设置、项目特征描述的内容、计量单位及工程量计算规则,应按表 3-75 的规定执行。

表 3-75　天棚其他装饰(编码:011304)

项目编码	项目名称	项目特征	计量单位	工程量计算规则	工程内容
011304001	灯带(槽)	1. 灯带形式、尺寸 2. 格栅片材料品种、规格 3. 安装固定方式	m²	按设计图示尺寸以框外围面积计算	安装、固定
011304002	送风口、回风口	1. 风口材料品种、规格 2. 安装固定方式 3. 防护材料种类	个	按设计图示数量计算	1. 安装、固定 2. 刷防护材料

【例 3.15】　某工程平面图如图 3-15 所示,墙厚 240 mm,天棚、吊顶等用方木龙骨塑料板,柱断面尺寸:550 mm×650 mm,试计算该天棚的工程量。

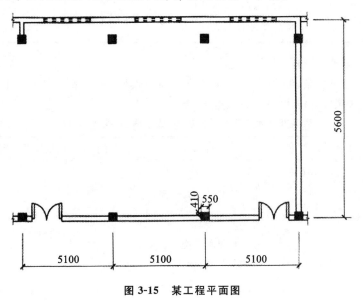

图 3-15　某工程平面图

【解】 天棚吊顶工程量＝(5.1×3 － 0.24)×(5.6－0.24)－ 0.55×0.65×2
＝80.00(m²)

(十四)油漆、涂料、裱糊工程

1.门油漆

门油漆工程量清单项目设置、项目特征描述的内容、计量单位及工程量计算规则,应
按表 3-76 的规定执行。

表 3-76　门油漆(编码:011401)

项目编码	项目名称	项目特征	计量单位	工程量计算规则	工程内容
011401001	木门油漆	1.门类型 2.门代号及洞口尺寸 3.腻子种类 4.刮腻子遍数 5.防护材料种类 6.油漆品种、刷漆遍数	1.樘 2.m²	1.以樘计量,按设计图示数量计算 2.以平方米计量,按设计图示洞口尺寸以面积计算	1.基层清理 2.刮腻子 3.刷防护材料、油漆
011401002	金属门油漆				1.除锈、基层清理 2.刮腻子 3.刷防护材料、油漆

2.窗油漆

窗油漆工程量清单项目设置、项目特征描述的内容、计量单位及工程量计算规则,应
按表 3-77 的规定执行。

表 3-77　窗油漆(编码:011402)

项目编码	项目名称	项目特征	计量单位	工程量计算规则	工程内容
011402001	木窗油漆	1.窗类型 2.窗代号及洞口尺寸 3.腻子种类 4.刮腻子遍数 5.防护材料种类 6.油漆品种、刷漆遍数	1.樘 2.m²	1.以樘计量,按设计图示数量计算 2.以平方米计量,按设计图示洞口尺寸以面积计算	1.基层清理 2.刮腻子 3.刷防护材料、油漆
011402002	金属窗油漆				1.除锈、基层清理 2.刮腻子 3.刷防护材料、油漆

3.木扶手及其他板条、线条油漆

木扶手及其他板条、线条油漆工程量清单项目设置、项目特征描述的内容、计量单位
及工程量计算规则,应按表 3-78 的规定执行。

表 3-78　木扶手及其他板条、线条油漆(编码:011403)

项目编码	项目名称	项目特征	计量单位	工程量计算规则	工程内容
011403001	木扶手油漆	1.断面尺寸 2.腻子种类 3.刮腻子遍数 4.防护材料种类 5.油漆品种、刷漆遍数	m	按设计图示以长度计算	1.基层清理 2.刮腻子 3.刷防护材料、油漆
011403002	窗帘盒油漆				
011403003	封檐板、顺水板油漆				
011403004	挂衣板、黑板框油漆				
011403005	挂镜线、窗帘棍、单独木线油漆				

4.木材面油漆

木材面油漆工程量清单项目设置、项目特征描述的内容、计量单位及工程量计算规则,应按表 3-79 的规定执行。

表 3-79 木材面油漆(编码:011404)

项目编码	项目名称	项目特征	计量单位	工程量计算规则	工程内容
011404001	木护墙、木墙裙油漆	1.腻子种类 2.刮腻子遍数 3.防护材料种类 4.油漆品种、刷漆遍数	m²	按设计图示尺寸以面积计算	1.基层清理 2.刮腻子 3.刷防护材料、油漆
011404002	窗台板、筒子板、盖板、门窗套、踢脚线油漆				
011404003	清水板条天棚、檐口油漆				
011404004	木方格吊顶天棚油漆				
011404005	吸音板墙面、天棚面油漆				
011404006	暖气罩油漆				
011404007	其他木材面				
011404008	木间壁、木隔断油漆			按设计图示尺寸以单面外围面积计算	
011404009	玻璃间壁露明墙筋油漆				
011404010	木栅栏、木栏杆(带扶手)油漆				
011404011	衣柜、壁柜油漆			按设计图示尺寸以油漆部分展开面积计算	
011404012	梁柱饰面油漆				
011404013	零星木装修油漆				
011404014	木地板油漆			按设计图示尺寸以面积计算,空洞、空圈、暖气包槽、壁龛的开口部分并入相应的工程量内	
011404015	木地板烫硬蜡面	1.硬蜡品种 2.面层处理要求			1.基层清理 2.烫蜡

5.金属面油漆

金属面油漆工程量清单项目设置、项目特征描述的内容、计量单位及工程量计算规则,应按表3-80的规定执行。

表3-80　金属面油漆(编码:011405)

项目编码	项目名称	项目特征	计量单位	工程量计算规则	工程内容
011405001	金属面油漆	1.构件名称 2.腻子种类 3.刮腻子要求 4.防护材料种类 5.油漆品种、刷漆遍数	1.t 2.m²	1.以吨计量,按设计图示尺寸以质量计算 2.以平方米计量,按设计展开面积计算	1.基层清理 2.刮腻子 3.刷防护材料、油漆

6.抹灰面油漆

抹灰面油漆工程量清单项目设置、项目特征描述的内容、计量单位及工程量计算规则,应按表3-81的规定执行。

表3-81　抹灰面油漆(编码:011406)

项目编码	项目名称	项目特征	计量单位	工程量计算规则	工程内容
011406001	抹灰面油漆	1.基层类型 2.腻子种类 3.刮腻子遍数 4.防护材料种类 5.油漆品种、刷漆遍数 6.部位	m²	按设计图示尺寸以面积计算	1.基层清理 2.刮腻子 3.刷防护材料、油漆
011406002	抹灰线条油漆	1.线条宽度、道数 2.腻子种类 3.刮腻子遍数 4.防护材料种类 5.油漆品种、刷漆遍数	m	按设计图示尺寸以长度计算	1.基层清理 2.刮腻子 3.刷防护材料、油漆
011406003	满刮腻子	1.基层类型 2.腻子种类 3.刮腻子遍数	m²	按设计图示尺寸以面积计算	1.基层清理 2.刮腻子

7.喷刷涂料

喷刷涂料工程量清单项目设置、项目特征描述的内容、计量单位及工程量计算规则,应按有关规定执行(见二维码)。

喷刷涂料

8.裱糊

裱糊工程量清单项目设置、项目特征描述的内容、计量单位及工程量计算规则,应按有关规定执行(见二维码)。

【例3.16】 图3-16所示墙面贴壁纸,墙净高为2.9 m,门窗框安装居墙中,门窗框的宽度为90 mm,其中:门窗洞尺寸为M1:1000 mm×2000 mm,M2:900 mm×2200 mm,C1:1100 mm×1500 mm,C2:1600 mm×1500 mm,C3:1800 mm×1500 mm,试计算墙面贴壁纸的工程量。

裱糊

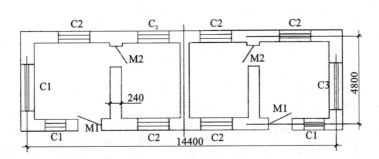

图3-16 某封面贴壁纸

【解】 根据计算规则,墙面壁纸以实贴面积计算,并应扣除门窗洞口和踢脚板工程量,增加门窗洞口侧壁面积。

(1)墙净长$L=(14.4-0.24×4)×2+(4.8-0.24)×8=63.36(m)$

$$墙高 H=2.9(m)$$

(2)扣除门窗洞口、踢脚板面积,若踢脚板高0.15 m,则

$$0.15×63.36=9.5(m^2)$$

M1:$1.0×(2-0.15)×2=3.7(m^2)$

M2:$0.9×(2.2-0.15)×4=7.38(m^2)$

C1、C2、C3:$1.8×2+1.1×2+1.6×6)×1.5=23.1(m^2)$

合计扣减面积$=9.5+3.7+7.38+23.1=43.68(m^2)$

(3)增加门窗侧壁面积

M1:$(0.24-0.09)/2×(2-0.15)×4+(0.24-0.09)/2×1.0×2=0.71(m^2)$

M2:$(0.24-0.09)×(2.2-0.15)×4+(0.24-0.09)×0.9×2=1.50(m^2)$

C1、C2、C3:$(0.24-0.09)/2×[(1.8+1.5)×2×2+(1.1+1.5)×2×2+(1.6+1.5)×2×6]=4.56(m^2)$

$$合计增加面积=0.71+1.50+4.56=6.77(m^2)$$

(4)贴墙纸工程量$=63.36×2.9-43.68+6.77=146.83(m^2)$

(十五)其他装饰工程

1.柜类、货架

柜类、货架工程量清单项目设置、项目特征描述的内容、计量单位及工程量计算规则,应按表3-82的规定执行。

表 3-82　柜类、货架(编码:011501)

项目编码	项目名称	项目特征	计量单位	工程量计算规则	工程内容
011501001	柜台				
011501002	酒柜				
011501003	衣柜				
011501004	存包柜				
011501005	鞋柜				
011501006	书柜				
011501007	厨房壁柜				
011501008	木壁柜	1.台柜规格		1.以个计量,按设计图示数量计算	1.台柜制作、运输、安装(安放)
011501009	厨房低柜	2.材料种类、规格	1.个	2.以米计量,按设计图示尺寸以延长米计算	2.刷防护材料、油漆
011501010	厨房吊柜	3.五金种类、规格	2.m		3.五金件安装
011501011	矮柜	4.防护材料种类	3.m³	3.以立方米计量,按设计图示尺寸以体积计算	
011501012	吧台背柜	5.油漆品种、刷漆遍数			
011501013	酒吧吊柜				
011501014	酒吧台				
011501015	展台				
011501016	收银台				
011501017	试衣间				
011501018	货架				
011501019	书架				
011501020	服务台				

2.压条、装饰线

压条、装饰线工程量清单项目设置、项目特征描述的内容、计量单位及工程量计算规则,应按表 3-83 的规定执行。

表 3-83　压条、装饰线(编码:011502)

项目编码	项目名称	项目特征	计量单位	工程量计算规则	工程内容
011502001	金属装饰线	1.基层类型			
011502002	木质装饰线	2.线条材料品种、规格、颜色			1.线条制作、安装
011502003	石材装饰线	3.防护材料种类			
011502004	石膏装饰线				
011502005	镜面玻璃线	1.基层类型	m	按设计图示尺寸以长度计算	
011502006	铝塑装饰线	2.线条材料品种、规格、颜色			2.刷防护材料
011502007	塑料装饰线	3.防护材料种类			
011502008	GRC 装饰线条	1.基层类型 2.线条规格 3.线条安装部位 4.填充材料种类			

3.扶手、栏杆、栏板装饰

扶手、栏杆、栏板装饰工程量清单项目设置、项目特征描述的内容、计量单位及工程量计算规则,应按表3-84的规定执行。

表3-84　扶手、栏杆、栏板装饰(编码:011503)

项目编码	项目名称	项目特征	计量单位	工程量计算规则	工程内容
011503001	金属扶手、栏杆、栏板	1.扶手材料种类、规格 2.栏杆材料种类、规格 3.栏板材料种类、规格、颜色 4.固定配件种类 5.防护材料种类	m	按设计图示以扶手中心线长度(包括弯头长度)计算	1.制作 2.运输 3.安装 4.刷防护材料
011503002	硬木扶手、栏杆、栏板				
011503003	塑料扶手、栏杆、栏板				
011503004	GRC栏杆、扶手	1.栏杆的规格 2.安装间距 3.扶手类型规格 4.填充材料种类			
011503005	金属靠墙扶手	1.扶手材料种类、规格 2.固定配件种类 3.防护材料种类			
011503006	硬木靠墙扶手				
011503007	塑料靠墙扶手				
011503008	玻璃栏板	1.栏杆玻璃的种类、规格、颜色 2.固定方式 3.固定配件种类			

4.暖气罩

暖气罩工程量清单项目设置、项目特征描述的内容、计量单位及工程量计算规则,应按表3-85的规定执行。

表3-85　暖气罩(编码:011504)

项目编码	项目名称	项目特征	计量单位	工程量计算规则	工程内容
011504001	饰面板暖气罩	1.暖气罩材质 2.防护材料种类	m²	按设计图示尺寸以垂直投影面积(不展开)计算	1.暖气罩制作、运输、安装 2.刷防护材料
011504002	塑料板暖气罩				
011504003	金属暖气罩				

5.浴厕配件

浴厕配件工程量清单项目设置、项目特征描述的内容、计量单位及工程量计算规则,应按表3-86的规定执行。

表 3-86　浴厕配件(编码:011505)

项目编码	项目名称	项目特征	计量单位	工程量计算规则	工程内容
011505001	洗漱台	1.材料品种、规格、颜色 2.支架、配件品种、规格	1.m² 2.个	1.按设计图示尺寸以台面外接矩形面积计算。不扣除孔洞、挖弯、削角所占面积,挡板、吊沿板面积并入台面面积内 2.按设计图示数量计算	1.台面及支架运输、安装 2.杆、环、盒、配件安装 3.刷油漆
011505002	晒衣架		个	按设计图示数量计算	
011505003	帘子杆				
011505004	浴缸拉手				
011505005	卫生间扶手				
011505006	毛巾杆(架)		套		1.台面及支架运输、安装 2.杆、环、盒、配件安装 3.刷油漆
011505007	毛巾环		副		
011505008	卫生纸盒		个		
011505009	肥皂盒				
011505010	镜面玻璃	1.镜面玻璃品种、规格 2.框材质、断面尺寸 3.基层材料种类 4.防护材料种类	m²	按设计图示尺寸以边框外围面积计算	1.基层安装 2.玻璃及框制作、运输、安装
011505011	镜箱	1.箱材质、规格 2.玻璃品种、规格 3.基层材料种类 4.防护材料种类 5.油漆品种、刷漆遍数	个	按设计图示数量计算	1.基层安装 2.箱体制作、运输、安装 3.玻璃安装 4.刷防护材料、油漆

6.雨篷、旗杆

雨篷、旗杆工程量清单项目设置、项目特征描述的内容、计量单位及工程量计算规则,应按表 3-87 的规定执行。

表 3-87　雨篷、旗杆(编码:011506)

项目编码	项目名称	项目特征	计量单位	工程量计算规则	工程内容
011506001	雨篷吊挂饰面	1.基层类型 2.龙骨材料种类、规格、中距 3.面层材料品种、规格 4.吊顶(天棚)材料、品种、规格 5.嵌缝材料种类 6.防护材料种类	m²	按设计图示尺寸以水平投影面积计算	1.底层抹灰 2.龙骨基层安装 3.面层安装 4.刷防护材料、油漆
011506002	金属旗杆	1.旗杆材类、种类、规格 2.旗杆高度 3.基础材料种类 4.基座材料种类 5.基座面层材料、种类、规格	根	按设计图示数量计算	1.土石挖、填、运 2.基础混凝土浇筑 3.旗杆制作、安装 4.旗杆台座制作、饰面
011506003	玻璃雨篷	1.玻璃雨篷固定方式 2.龙骨材料种类、规格、中距 3.玻璃材料品种、规格 4.嵌缝材料种类 5.防护材料种类	m²	按设计图示尺寸以水平投影面积计算	1.龙骨基层安装 2.面层安装 3.刷防护材料、油漆

7.招牌、灯箱

招牌、灯箱工程量清单项目设置、项目特征描述的内容、计量单位及工程量计算规则,应按表 3-88 的规定执行。

表 3-88　招牌、灯箱(编码:011507)

项目编码	项目名称	项目特征	计量单位	工程量计算规则	工程内容
011507001	平面、箱式招牌	1.箱体规格 2.基层材料种类 3.面层材料种类 4.防护材料种类	m²	按设计图示尺寸以正立面边框外围面积计算。复杂形的凸凹造型部分不增加面积	1.基层安装 2.箱体及支架制作、运输、安装 3.面层制作、安装 4.刷防护材料、油漆
011507002	竖式标箱				
011507003	灯箱				
011507004	信报箱	1.箱体规格 2.基层材料种类 3.面层材料种类 4.保护材料种类 5.户数	个	按设计图示数量计算	

8. 美术字

美术字工程量清单项目设置、项目特征描述的内容、计量单位及工程量计算规则,应按表 3-89 的规定执行。

表 3-89　美术字(编码:011508)

项目编码	项目名称	项目特征	计量单位	工程量计算规则	工程内容
011508001	泡沫塑料字	1. 基层类型 2. 镂字材料品种、颜色 3. 字体规格 4. 固定方式 5. 油漆品种、刷漆遍数	个	按设计图示数量计算	1. 字制作、运输、安装 2. 刷油漆
011508002	有机玻璃字				
011508003	木质字				
011508004	金属字				
011508005	吸塑字				

【例 3.17】 某工程檐口上方设招牌,长 28 m,高 1.5 m,钢结构龙骨,九夹板基层,塑铝板面层上嵌 8 个 1000 mm×1000 mm 泡沫塑料有机玻璃面大字,试计算平面招牌和美术字的工程量。

【解】 (1)平面招牌工程量=28×1.5=42(m²)

(2)泡沫塑料字工程量=8(个)

(3)有机玻璃字工程量=8(个)

(十六)拆除工程

1. 砖砌体拆除

砖砌体拆除工程量清单项目设置、项目特征描述的内容、计量单位及工程量计算规则,应按表 3-90 的规定执行。

表 3-90　砖砌体拆除(编码:011601)

项目编码	项目名称	项目特征	计量单位	工程量计算规则	工程内容
011601001	砖砌体拆除	1. 砌体名称 2. 砌体材质 3. 拆除高度 4. 拆除砌体的截面尺寸 5. 砌体表面的附着物种类	1. m³ 2. m	1. 以立方米计量,按拆除的体积计算 2. 以米计量,按拆除的延长米计算	1. 拆除 2. 控制扬尘 3. 清理 4. 建渣场内、外运输

2. 混凝土及钢筋混凝土构件拆除

混凝土及钢筋混凝土构件拆除工程量清单项目设置、项目特征描述的内容、计量单位及工程量计算规则,应按表 3-91 的规定执行。

表 3-91　混凝土及钢筋混凝土构件拆除(编码:011602)

项目编码	项目名称	项目特征	计量单位	工程量计算规则	工程内容
011602001	混凝土构件拆除	1.构件名称 2.拆除构件的厚度或规格尺寸 3.构件表面的附着物种类	1. m³ 2. m² 3. m	1.以立方米计量,按拆除构件的混凝土体积计算 2.以平方米计量,按拆除部位的面积计算 3.以米计量,按拆除部位的延长米计算	1.拆除 2.控制扬尘 3.清理 4.建渣场内、外运输
011602002	钢筋混凝土构件拆除				

3.木构件拆除

木构件拆除工程量清单项目设置、项目特征描述的内容、计量单位及工程量计算规则,应按表 3-92 的规定执行。

表 3-92　木构件拆除(编码:011603)

项目编码	项目名称	项目特征	计量单位	工程量计算规则	工程内容
011603001	木构件拆除	1.构件名称 2.拆除构件的厚度或规格尺寸 3.构件表面的附着物种类	1. m³ 2. m² 3. m	1.以立方米计量,按拆除构件的体积计算 2.以平方米计量,按拆除面积计算 3.以米计量,按拆除延长米计算	1.拆除 2.控制扬尘 3.清理 4.建渣场内、外运输

4.抹灰层拆除

抹灰层拆除工程量清单项目设置、项目特征描述的内容、计量单位及工程量计算规则,应按表 3-93 的规定执行。

表 3-93　抹灰层拆除(编码:011604)

项目编码	项目名称	项目特征	计量单位	工程量计算规则	工程内容
011604001	平面抹灰层拆除	1.拆除部位 2.抹灰层种类	m²	按拆除部位的面积计算	1.拆除 2.控制扬尘 3.清理 4.建渣场内、外运输
011604002	立面抹灰层拆除				
011604003	天棚抹灰面拆除				

5.块料面层拆除

块料面层拆除工程量清单项目设置、项目特征描述的内容、计量单位及工程量计算规则,应按表 3-94 的规定执行。

表 3-94　块料面层拆除(编码:011605)

项目编码	项目名称	项目特征	计量单位	工程量计算规则	工程内容
011605001	平面块料拆除	1.拆除的基层类型 2.饰面材料种类	m²	按拆除面积计算	1.拆除 2.控制扬尘 3.清理 4.建渣场内、外运输
011605002	立面块料拆除				

6. 龙骨及饰面拆除

龙骨及饰面拆除工程量清单项目设置、项目特征描述的内容、计量单位及工程量计算规则，应按表 3-95 的规定执行。

表 3-95　龙骨及饰面拆除（编码:011606）

项目编码	项目名称	项目特征	计量单位	工程量计算规则	工程内容
011606001	楼地面龙骨及饰面拆除	1.拆除的基层类型 2.龙骨及饰面种类	m²	按拆除面积计算	1.拆除 2.控制扬尘 3.清理 4.建渣场内、外运输
011606002	墙柱面龙骨及饰面拆除				
011606003	天棚面龙骨及饰面拆除				

7. 屋面拆除

屋面拆除工程量清单项目设置、项目特征描述的内容、计量单位及工程量计算规则，应按表 3-96 的规定执行。

表 3-96　屋面拆除（编码:011607）

项目编码	项目名称	项目特征	计量单位	工程量计算规则	工程内容
011607001	刚性层拆除	刚性层厚度	m²	按铲除部位的面积计算	1.铲除 2.控制扬尘 3.清理 4.建渣场内、外运输
011607002	防水层拆除	防水层种类			

8. 铲除油漆涂料裱糊面

铲除油漆涂料裱糊面工程量清单项目设置、项目特征描述的内容、计量单位及工程量计算规则，应按表 3-97 的规定执行。

表 3-97　铲除油漆涂料裱糊面（编码:011608）

项目编码	项目名称	项目特征	计量单位	工程量计算规则	工程内容
011608001	铲除油漆面	1.铲除部位名称 2.铲除部位的截面尺寸	1. m² 2. m	1.以平方米计量，按铲除部位的面积计算 3.以米计量，按铲除部位的延长米计算	1.拆除 2.控制扬尘 3.清理 4.建渣场内、外运输
011608002	铲除涂料面				
011608003	铲除裱糊面				

9. 栏杆栏板、轻质隔断隔墙拆除

栏杆栏板、轻质隔断隔墙拆除工程量清单项目设置、项目特征描述的内容、计量单位及工程量计算规则，应按表 3-98 的规定执行。

表 3-98 栏杆栏板、轻质隔断隔墙拆除(编码:011609)

项目编码	项目名称	项目特征	计量单位	工程量计算规则	工程内容
011609001	栏杆、栏板拆除	1. 栏杆(板)的高度 2. 栏杆、栏板种类	1. m² 2. m	1. 以平方米计量,按拆除部位的面积计算 3. 以米计量,按拆除的延长米计算	1. 拆除 2. 控制扬尘 3. 清理 4. 建渣场内、外运输
011609002	隔断隔墙拆除	1. 拆除隔墙的骨架种类 2. 拆除隔墙的饰面种类	m²	按拆除部位的面积计算	

10. 门窗拆除

门窗拆除工程量清单项目设置、项目特征描述的内容、计量单位及工程量计算规则,应按表 3-99 的规定执行。

表 3-99 门窗拆除(编码:011610)

项目编码	项目名称	项目特征	计量单位	工程量计算规则	工程内容
011610001	木门窗拆除	1. 室内高度 2. 门窗洞口尺寸	1. m² 2. 樘	1. 以平方米计量,按拆除面积计算 2. 以樘计量,按拆除樘数计算	1. 拆除 2. 控制扬尘 3. 清理 4. 建渣场内、外运输
011610002	金属门窗拆除				

11. 金属构件拆除

金属构件拆除工程量清单项目设置、项目特征描述的内容、计量单位及工程量计算规则,应按表 3-100 的规定执行。

表 3-100 金属构件拆除(编码:011611)

项目编码	项目名称	项目特征	计量单位	工程量计算规则	工程内容
011611001	钢梁拆除	1. 构件名称 2. 拆除构件的规格尺寸	1. t 2. m	1. 以吨计量,按拆除构件的质量计算 2. 以米计量,按拆除延长米计算	1. 拆除 2. 控制扬尘 3. 清理 4. 建渣场内、外运输
011611002	钢柱拆除				
011611003	钢网架拆除		t	按拆除构件的质量计算	
011611004	钢支撑、钢墙架拆除		1. t 2. m	1. 以吨计量,按拆除构件的质量计算 2. 以米计量,按拆除延长米计算	
011611005	其他金属构件拆除				

12. 管道及卫生洁具拆除

管道及卫生洁具拆除工程量清单项目设置、项目特征描述的内容、计量单位及工程量计算规则,应按表 3-101 的规定执行。

表 3-101　管道及卫生洁具拆除(编码:011612)

项目编码	项目名称	项目特征	计量单位	工程量计算规则	工程内容
011612001	管道拆除	1.管道种类、材质 2.管道上的附着物种类	m	按拆除管道的延长米计算	1.拆除 2.控制扬尘 3.清理 4.建渣场内、外运输
011612002	卫生洁具拆除	卫生洁具种类	1.套 2.个	按拆除的数量计算	

13.灯具、玻璃拆除

灯具、玻璃拆除工程量清单项目设置、项目特征描述的内容、计量单位及工程量计算规则,应按表 3-102 的规定执行。

表 3-102　灯具、玻璃拆除(编码:011613)

项目编码	项目名称	项目特征	计量单位	工程量计算规则	工程内容
011613001	灯具拆除	1.拆除灯具高度 2.灯具种类	套	按拆除的数量计算	1.拆除 2.控制扬尘 3.清理 4.建渣场内、外运输
011613002	玻璃拆除	1.玻璃厚度 2.拆除部位	m²	按拆除的面积计算	

14.其他构件拆除

其他构件拆除工程量清单项目设置、项目特征描述的内容、计量单位及工程量计算规则,应按表 3-103 的规定执行。

表 3-103　其他构件拆除(编码:011614)

项目编码	项目名称	项目特征	计量单位	工程量计算规则	工程内容
011614001	暖气罩拆除	暖气罩材质	1.个 2.m	1.以个为单位计量,按拆除个数计算 2.以米为单位计量,按拆除延长米计算	1.拆除 2.控制扬尘 3.清理 4.建渣场内、外运输
011614002	柜体拆除	1.柜体材质 2.柜体尺寸:长、宽、高			
011614003	窗台板拆除	窗台板平面尺寸	1.块 2.m	1.以块计量,按拆除数量计算 2.以米计量,按拆除的延长米计算	
011614004	筒子板拆除	筒子板的平面尺寸			
011614005	窗帘盒拆除	窗帘盒的平面尺寸	m	按拆除的延长米计算	
011614006	窗帘轨拆除	窗帘轨的材质			

15.开孔(打洞)

开孔(打洞)工程量清单项目设置、项目特征描述的内容、计量单位及工程量计算规则,应按表 3-104 的规定执行。

表 3-104　开孔(打洞)(编码:011615)

项目编码	项目名称	项目特征	计量单位	工程量计算规则	工程内容
011615001	开孔(打洞)	1.部位 2.打洞部位材质 3.洞尺寸	个	按数量计算	1.拆除 2.控制扬尘 3.清理 4.建渣场内、外运输

(十七)措施项目

(1)措施项目清单必须根据相关工程现行国家计量规范的规定编制。

(2)措施项目清单应根据拟建工程的实际情况列项。

(3)措施项目中列出了项目编码、项目名称、项目特征、计量单位、工程量计算规则的项目,编制工程量清单时,应按照分部分项工程的规定执行。

(4)措施项目中仅列出项目编码、项目名称,未列出项目特征、计量单位、工程量计算规则的项目,编制工程量清单时,应按照措施项目规定的项目编码、项目名称确定。

1.脚手架工程

脚手架工程工程量清单项目设置、项目特征描述的内容、计量单位及工程量计算规则,应按有关规定执行(见二维码)。

2.混凝土模板及支架(撑)

混凝土模板及支架(撑)工程量清单项目设置、项目特征描述的内容、计量单位及工程量计算规则,应按有关的规定执行(见二维码)。

混凝土模板及支架(撑)

3.垂直运输

垂直运输工程量清单项目设置、项目特征描述的内容、计量单位及工程量计算规则,应按表 3-105 的规定执行。

脚手架工程

表 3-105　垂直运输(编码:011703)

项目编码	项目名称	项目特征	计量单位	工程量计算规则	工程内容
011703001	垂直运输	1.建筑物建筑类型及结构形式 2.地下室建筑面积 3.建筑物檐口高度、层数	1.m² 2.天	1.按建筑面积计算 2.按施工工期日历天数计算	1.垂直运输机械的固定装置、基础制作、安装 2.行走式垂直运输机械轨道的铺设、拆除、摊销

4.超高施工增加

超高施工增加工程量清单项目设置、项目特征描述的内容、计量单位及工程量计算规则,应按表 3-106 的规定执行。

表 3-106　超高施工增加(编码:011704)

项目编码	项目名称	项目特征	计量单位	工程量计算规则	工程内容
011704001	超高施工增加	1. 建筑物建筑类型及结构形式 2. 建筑物檐口高度、层数 3. 单层建筑物檐口高度超过 20 m,多层建筑物超过 6 层部分的建筑面积	m²	按建筑物超高部分的建筑面积计算	1. 建筑物超高引起的人工工效降低以及由于人工工效降低引起的机械降效 2. 高层施工用水加压水泵的安装、拆除及工作台班 3. 通信联络设备的使用及摊销

5. 大型机械设备进出场及安拆

大型机械设备进出场及安拆工程量清单项目设置、项目特征描述的内容、计量单位及工程量计算规则,应按表 3-107 的规定执行。

表 3-107　大型机械设备进出场及安拆(编码:011705)

项目编码	项目名称	项目特征	计量单位	工程量计算规则	工程内容
011705001	大型机械设备进出场及安拆	1. 机械设备名称 2. 机械设备规格型号	台次	按使用机械设备的数量计算	1. 安拆费包括施工机械、设备在现场进行安装拆卸所需人工、材料、机械和试运转费用以及机械辅助设施的折旧、搭设、拆除等费用 2. 进出场费包括施工机械、设备整体或分体自停放地点运至施工现场或由一施工地点运至另一施工地点所发生的运输、装卸、辅助材料等费用

6. 施工排水、降水

施工排水、降水工程量清单项目设置、项目特征描述的内容、计量单位及工程量计算规则,应按表 3-108 的规定执行。

表 3-108　施工排水、降水(编码:011706)

项目编码	项目名称	项目特征	计量单位	工程量计算规则	工程内容
011706001	成井	1. 成井方式 2. 地层情况 3. 成井直径 4. 井(滤)管类型、直径	m	按设计图示尺寸以钻孔深度计算	1. 准备钻孔机械、埋设护筒、钻机就位;泥浆制作、固壁;成孔、出渣、清孔等 2. 对接上、下井管(滤管),焊接,安放,下滤料,洗井,连接试抽等

项目编码	项目名称	项目特征	计量单位	工程量计算规则	工程内容
011706002	排水、降水	1.机械规格型号 2.降排水管规格	昼夜	按排、降水日历天数计算	1.管道安装、拆除，场内搬运等 2.抽水、值班、降水设备维修等

7.安全文明施工及其他措施项目

安全文明施工及其他措施项目工程量清单项目设置、项目特征描述的内容、计量单位及工程量计算规则，应按表 3-109 的规定执行。

表 3-109　安全文明施工及其他措施项目(编码:011707)

项目编码	项目名称	工作内容及包含范围
011707001	安全文明施工	1.环境保护:现场施工机械设备降低噪音、防扰民措施;水泥和其他易飞扬细颗粒建筑材料密闭存放或采取覆盖措施等;工程防扬尘洒水;土石方、建渣外运车辆防护措施等;现场污染源的控制、生活垃圾清理外运、场地排水排污措施;其他环境保护措施 2.文明施工:"五牌一图";现场围挡的墙面美化(包括内外粉刷、刷白、标语等)、压顶装饰;现场厕所便槽刷白、贴面砖,水泥砂浆地面或地砖,建筑物内临时便溺设施;其他施工现场临时设施的装饰装修、美化措施;现场生活卫生设施;符合卫生要求的饮水设备、淋浴、消毒等设施;生活用洁净燃料;防煤气中毒、防蚊虫叮咬等措施;施工现场操作场地的硬化;现场绿化、治安综合治理;现场配备医药保健器材、物品和急救人员培训;现场工人的防暑降温、电风扇、空调等设备及用电;其他文明施工措施 3.安全施工:安全资料、特殊作业专项方案的编制,安全施工标志的购置及安全宣传;"三宝"(安全帽、安全带、安全网)、"四口"(楼梯口、电梯井口、通道口、预留洞口)、"五临边"(阳台围边、楼板围边、屋面围边、槽坑围边、卸料平台两侧)、水平防护架、垂直防护架、外架封闭等防护;施工安全用电,包括配电箱三级配电、两级保护装置要求、外电防护措施;起重机、塔吊等起重设备(含井架、门架)及外用电梯的安全防护措施(含警示标志)及卸料平台的临边防护、层间安全门、防护棚等设施;建筑工地起重机械的检验检测;施工机具防护棚及其围栏的安全保护设施;施工安全防护通道;工人的安全防护用品、用具购置;消防设施与消防器材的配置;电气保护、安全照明设施;其他安全防护措施 4.临时设施:施工现场采用彩色、定型钢板,砖、混凝土砌块等围挡的安砌、维修、拆除;施工现场临时建筑物、构筑物的搭设、维修、拆除,如临时宿舍、办公室、食堂、厨房、厕所、诊疗所、临时文化福利用房、临时仓库、加工场、搅拌台、临时简易水塔、水池等;施工现场临时设施的搭设、维修、拆除,如临时供水管道、临时供电管线、小型临时设施等;施工现场规定范围内临时简易道路铺设,临时排水沟、排水设施安砌、维修、拆除;其他临时设施搭设、维修、拆除

项目编码	项目名称	工作内容及包含范围
011707002	夜间施工	1.夜间固定照明灯具和临时可移动照明灯具的设置、拆除 2.夜间施工时，施工现场交通标志、安全标牌、警示灯等的设置、移动、拆除 3.包括夜间照明设备及照明用电、施工人员夜班补助、夜间施工劳动效率降低等
011707003	非夜间施工照明	为保证工程施工正常进行，在地下室等特殊施工部位施工时所采用的照明设备的安拆、维护及照明用电等
011707004	二次搬运	由于施工场地条件限制而发生的材料、成品、半成品等一次运输不能到达堆放地点，必须进行二次或多次搬运
011707005	冬雨季施工	1.冬雨(风)季施工时增加的临时设施(防寒保温、防雨、防风设施)的搭设、拆除 2.冬雨(风)季施工时，对砌体、混凝土等采用的特殊加温、保温和养护措施 3.冬雨(风)季施工时，施工现场的防滑处理、对影响施工的雨雪的清除 4.包括冬雨(风)季施工时增加的临时设施、施工人员的劳动保护用品、冬雨(风)季施工劳动效率降低等
011707006	地上、地下设施、建筑物的临时保护设施	在工程施工过程中，对已建成的地上、地下设施和建筑物进行的遮盖、封闭、隔离等必要保护措施
011707007	已完工程及设备保护	对已完工程及设备采取的覆盖、包裹、封闭、隔离等必要保护措施费用

补充项目的编码由计算规范的代码 01 与 B 和三位阿拉伯数字组成，并应从 01B001 起顺序编制，同一招标工程的项目不得重码。

【复习思考题】

1.什么是工程量清单与招标工程量清单？

2.招标工程量清单的构成是什么？

3.税金项目清单应包括哪些内容？

4.工程量清单格式，应由哪些内容组成？

项目三　技能训练题

任务二 工程量清单计价

一、工程量清单计价的概念

工程量清单计价是指在建设工程招标投标过程中,按照国家统一的工程量清单计价规范,招标人委托具有资质的中介机构编制反映工程实体消耗和措施消耗的工程量清单,并将其作为招标文件的一部分提供给投标人,由投标人依据工程量清单,根据各种渠道所获得的工程造价信息和经验数据,结合企业定额自主报价,或者结合本工程和本企业的实际情况计价报价,即投标人完成由招标人提供的工程量清单所需的全部费用。一般采用综合单价计价,即完成规定计量单位项目所需的人工费、材料费、机械使用费、管理费、利润,并考虑风险因素,包括分部分项工程费、措施项目费、其他项目费和规费、税金。

招标文件中的工程量清单标明的工程量是招标人根据拟建工程设计文件预计的工程量,不能作为承包人在履行合同义务中应予完成的实际和准确的工程量。招标文件中工程量清单所列的工程量一方面是各投标人进行投标报价的共同基础,另一方面也是对各投标人的投标报价进行评审的共同平台,是招投标活动应当遵循公开、公平、公正和诚实、信用等原则的具体体现。

二、工程量清单计价的基本原理

以招标人提供的工程量清单为平台,投标人根据自身的技术、财务、管理、设备等能力进行投标报价,招标人根据具体的评标细则进行优选,这种计价方式是市场定价体系的具体表现。因此,在市场经济比较发达的国家,工程量清单计价法是非常流行的。随着我国建设市场的不断成熟和发展,工程量清单计价方法也必然会越来越成熟和规范。

工程量清单计价的基本过程可以描述为:在统一的工程量清单项目设置的基础上,制定工程量清单计量规则,根据具体工程的施工图纸计算出各个清单项目的工程量,再根据各种渠道所获得的工程造价信息和经验数据计算得到工程造价。基本的计算过程如图3-17所示。

从图3-17可以看出,其编制过程可以分为两个阶段:工程量清单的编制和利用工程量清单来编制投标报价(或标底价格)。投标报价是在业主提供的工程量计算结果基础上,根据企业自身所掌握的各种信息、资料,结合企业定额编制得出的。

$$分部分项工程费 = \Sigma 分部分项工程量 \times 相应单价 \tag{3-1}$$

其中,分部分项工程单价由人工费、材料费、机械费、管理费、利润等组成,并考虑风险费用。

$$措施项目费 = \Sigma 各种措施项目费 \tag{3-2}$$

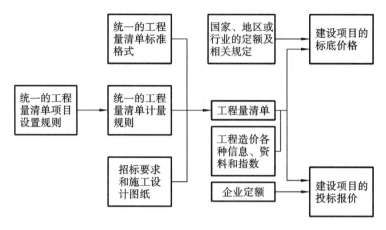

图 3-17　工程造价工程量清单计价过程示意图

每项措施项目费均为合价,其构成与分部分项工程单价构成类似。

$$其他项目费＝暂列金额＋暂估价＋计日工＋总承包服务费 \qquad (3\text{-}3)$$

$$单位工程报价＝分部分项工程费＋措施项目费＋其他项目费＋规费＋税金 \qquad (3\text{-}4)$$

$$单项工程报价＝\sum 单位工程报价 \qquad (3\text{-}5)$$

$$建设项目总报价＝\sum 单项工程报价 \qquad (3\text{-}6)$$

三、工程量清单计价表格

(一)工程量清单计价方法

1. 工程量清单计价

工程量清单计价包括编制招标控制价、投标报价、合同价款的确定与调整和办理工程结算等。

(1)招标工程如设标底,标底应根据招标文件中的工程量清单和有关要求,施工现场实际情况、合理的施工方法以及按照建设行政主管部门制定的有关工程造价计价办法进行编制。

(2)投标报价应根据招标文件中的工程量清单和有关要求、施工现场实际情况及拟定的施工方案或施工组织设计,应根据企业定额和市场价格信息,并参照建设行政主管部门发布的现行消耗量定额进行编制。

(3)工程量清单计价的价款应包括招标文件规定完成工程量清单所列项目的全部费用,通常由分部分项工程费、措施项目费、其他项目费和规费、税金组成。

2. 工程量变更及其计价

合同中综合单价因工程量变更,除合同另有约定外,应按照下列办法确定。

(1)工程量清单漏项或由于设计变更引起新的工程量清单项目,其相应综合单价由承包人提出,经发包人确认后作为结算的依据。

(2)由于设计变更引起的工程量增减部分,属于合同约定幅度以内的,应执行原有的综合单价;增减的工程量属合同约定幅度以外的,其综合单价由承包人提出,经发包人确认后作为结算的依据。

由于工程量的变更，且实际发生了规定以外的费用损失，承包人可提出索赔要求，与发包人协商确认后，给予补偿。

（二）工程量清单计价的标准格式

1.封面

工程量清单投标报价封面（投标总价表）应按规范格式填写完整，要求法定代表人或其授权人签字或盖章；编制的造价人员（造价工程师或造价员）签字盖执业专用章。

投标报价是在工程采用招标发包的过程中，由投标人按照招标文件的要求，根据工程特点，并结合自身的施工技术、装备和管理水平，依据有关计价规定自主确定的工程造价，是投标人希望达成工程承包交易的期望价格，原则上不能高于招标人设定的招标控制价。

投标人在投标报价过程中，应对招标人提供的工程量清单与计价表中所列的项目均应填写单价和合价。否则，将被视为此项费用已包含在其他项目的单价和合价中，施工过程中此项费用得不到支付，在竣工结算时，此项费用将不被承认。

2.总说明

总说明的内容应包括：采用的计价依据；采用的施工组织设计；综合单价中包含的风险因素、风险范围（幅度）；措施项目的依据；其他有关内容的说明等。

3.投标报价汇总表

投标报价汇总表分为工程项目投标报价汇总表、单项工程投标报价汇总表、单位工程投标报价汇总表。

4.分部分项工程和单价措施项目清单与计价表

5.工程量清单综合单价分析表

6.总价措施项目清单与计价表

7.其他项目清单与计价表

投标报价中其他项目清单与计价表由以下几个表组成：其他项目清单与计价汇总表、暂列金额明细表、材料（工程设备）暂估单价及调整表、专业工程暂估价及结算价表、计日工表、总承包服务费计价表。

8.规费、税金项目计价表

四、综合单价的确定

（一）综合单价的概念

综合单价指完成一个规定清单项目所需的人工费、材料和工程设备费、施工机械使用费和企业管理费、利润以及一定范围内的风险费用。

（二）综合单价的计算

综合单价的确定依据有工程量清单、消耗量定额、工料单价、费用及利润标准、施工组织设计、招标文件、施工图纸、图纸答疑、现场踏勘情况、计价规范等。

综合单价确定步骤如下。

（1）确定计算基础。

计算基础主要包括消耗量的指标和生产要素的单价。

应根据企业的企业实际消耗量水平，并结合拟定的施工方案确定完成清单项目需要消耗的各种人工、材料、机械台班的数量。计算时应采用企业定额，在没有企业定额或企业定额缺项时，可参照与本企业实际水平相近的国家、地区、行业定额，并通过调整来确定清单项目的人工、材料、机械单位用量。各种人工、材料、机械台班的单价，则应根据询价的结果和市场行情综合确定。

（2）分析每一清单项目的工程内容。

在招标文件提供的工程量清单中，招标人已对项目特征进行了特征描述，投标人根据这一特征描述，再结合施工现场情况和拟定的施工方案确定完成各清单项目实际应发生的工程内容。

工程量清单项目是按形成项目的实体设置的，因此工程内容应包括完成该项实体的全部内容。一个清单项目，该项实体有可能由消耗量中一个子目组成，也可能由多个子目组成，应根据实际发生的工程内容而定。

必要时可参照《建设工程工程量清单计价规范》中提供的工程内容，有些特殊的工程也可能发生规范列表之外的工程内容。

（3）计算工程内容的工程数量。

每一项工程内容都应根据所选定额的工程量计算规则计算其工程数量，即实际消耗量。当定额的工程量计算规则与清单的工程量计算规则一致时，可直接以工程量清单中的工程量作为工程内容的工程数量。当定额工程量计算规则或计量单位与清单的不一致时，应以定额的工程量作为工程内容的工程数量。

（4）分项工程人工、材料、机械费用的计算。

首先，以完成每一计量单位的项目所需的人工、材料、机械用量为基础进行计算。然后，再根据预先确定的各种生产要素的单位价格计算出每一计量单位项目的分项工程的人工费、材料费与机械使用费。

$$分项工程费用（人工费、材料费、机械使用费）＝工程量×单价 \quad (3-7)$$

当招标人提供的其他项目清单中列示了材料暂估价时，应根据招标提供的价格计算材料费，并在分部分项工程量清单与计价表中表现出来。

（5）计算综合单价。

管理费和利润的计算可按照相应的计费基数乘以相应的费率计算。

$$管理费＝计费基数×管理费率 \quad 利润＝计费基数×利润率 \quad (3-8)$$

将五项费用汇总，并考虑合理的风险费用，除以清单工程量后，即得到分部分项工程量清单综合单价。

根据计算出的综合单价，可编制分部分项工程量清单分析表。

【例3.18】 已知砖基础分部分项工程量清单项目的工程量是 15.64 m³，根据《建设工程工程量清单计价规范》中提供的工程内容知道该清单项包括的定额子目有砖基础砌筑和防潮层，并已计算出两个定额项目的工程量，查定额基价和人工、材料、机械费用如表3-110所示，管理费和利润按有关费用标准执行。计算砖基础分部分项工程量清单项目的综合单价。

表 3-110　定额项目的工程量

序号	项目编码	项目名称	计量单位	工程数量	金额/(元/定额单位)			
					基价	人工费	材料费	机械费
1	A3-1	砖基础砌筑	10 m³	1.564	2918.52	584.40	2293.77	40.35
2	A7-116	墙基防潮层	100 m²	0.09	1619.72	811.80	774.82	33.10

【解】

(1)计算定额项目的综合单价

A3-1:　　　　　　　2918.52(基价)＋ 管理费＋利润

　　管理费＝(人＋机)×管理费率＝(584.4＋40.35)×17％＝106.2(元)

　　　利润＝(人＋机)×利润率＝(584.4＋40.35)×10％＝62.48(元)

　　　　综合单价＝2918.52＋106.21＋62.48＝3087.21(元)

A7-116:　　　　　　1619.72＋管理费＋利润

　　管理费＝(人＋机)×管理费率＝(811.80＋33.10)×17％＝143.63(元)

　　　　利润＝(811.80＋33.10)×10％＝84.49(元)

　　　　综合单价＝1619.72＋143.63＋84.49＝1847.84(元)

(2)合价＝3087.21×1.564＋1847.84×0.09＝4994.71(元)

(3)砖基础综合单价＝4994.71÷15.64＝319.35(元)

【例3.19】　某市拟建一座7560 m²教学楼,请按给出的扩大单价和工程量表编制出该教学楼土建工程设计概算造价和每平方米造价。按有关规定标准计算得到措施费为438000元,各项费率分别为:措施费费率4％,间接费费率5％,利润率7％,综合税率3.413％(以直接费为计算基础,见表3-111)。

表 3-111　某教学楼土建工程量和扩大单价表

分部工程名称	单位	工程量	扩大单价/元
基础工程	10 m³	160	2500
混凝土及钢筋混凝土	10 m³	150	6800
砌筑工程	10 m³	280	3300
地面工程	100 m²	40	1100
楼面工程	100 m²	90	1800
卷材屋面	100 m²	40	4500
门窗工程	100 m²	35	5600
脚手架	100 m²	180	600

【解】　计算内容见表3-112。

表 3-112　某教学楼土建工程计算表

序号	分部工程或费用名称	单位	工程量	单价/元	合价/元
1	基础工程	10 m³	160	2500	400000
2	混凝土及钢筋混凝土	10 m³	150	6800	1020000
3	砌筑工程	10 m³	280	3300	924000
4	地面工程	100 m²	40	1100	44000
5	楼面工程	100 m²	90	1800	162000
6	卷材屋面	100 m²	40	4500	180000
7	门窗工程	100 m²	35	5600	196000
8	脚手架	100 m²	180	600	108000
A	直接费工程小计	以上 8 项之和			3034000
B	措施费				438000
C	直接费小计	A+B			3472000
D	间接费	C×5%			173600
E	利润	(C+D)×7%			255192
F	税金	(C+D+E)×3.413%			133134
	概算造价	C+D+E+F			4033926
	每平方米造价	4033926/7560			533.6

(三)综合单价编制时应注意的问题

(1)必须非常熟悉定额的编制原理,为准确计算人工、材料、机械消耗量奠定基础。

(2)必须熟悉施工工艺,准确确定工程量清单表中的工程内容,以便准确报价。

(3)经常进行市场询价和商情调查,以便合理确定人工、材料、机械的市场单价。

(4)广泛积累各类基础性资料及其以往的报价经验,为准确而迅速地进行报价提供依据。

(5)经常与企业及项目决策领导者进行沟通明确投标策略,以便合理报出管理费费率及利润率。

(6)增强风险意识,熟悉风险管理有关内容,将风险因素合理的考虑在报价中。

(7)必须结合施工组织设计和施工方案,将工程量增减的因素及施工过程中的各类合理损耗都考虑到综合单价中。

(四)综合单价的确定中相关规定

(1)若施工中出现施工图纸(含设计变更)与工程量清单项目特征描述不符的,发、承包双方应按新的项目特征确定相应工程量清单项目的综合单价。

(2)分部分项工程量清单漏项或非承包人原因的工程变更,造成增加新的工程量清单项目,其对应的综合单价按下列方法确定。

①合同中已有适用的综合单价,按合同中已有的综合单价确定(前提:其采用的材料、

施工工艺和方法相同,亦不因此增加关键线路上工程的施工时间)。

②合同中有类似的综合单价,参照类似的综合单价确定(前提:其采用的材料、施工工艺和方法基本相似,不增加关键线路上工程的施工时间,可仅就其变更后的差异部分调整)。

③合同中没有适用或类似的综合单价,由承包人提出综合单价,经发包人确认后执行(前提:无法找到适用和类似的项目单价时,应采用招投标时的基础资料,按成本加利润的原则,双方协商新的综合单价)。

(3)分部分项工程量清单漏项或非承包人原因的工程变更,引起措施项目发生变化,造成施工组织设计或施工方案变更,原措施费中已有的措施项目,按原措施费的组价方法调整;原措施费中没有的措施项目,由承包人根据措施项目变更情况,提出适当的措施费变更,经发包人确认后调整。

五、工程量清单计价与定额计价区别

(1)两种模式的最大差别在于体现了建设市场发展过程中的不同定价阶段。

①定额计价模式更多地反映了国家定价或国家指导价阶段。

②清单计价模式则反映了市场定价阶段。

(2)两种模式的主要计价依据及其性质不同。

①定额计价模式的主要定价依据为国家、省、有关专业部门制定的各种定额,其性质为指导性,定额的项目划分一般按施工工序分项,每个分项工程项目所含的工程内容一般是单一的。

②清单计价模式的主要计价依据为清单计价规范,其性质是含有强制性条文的国家标准,清单的项目划分一般是按综合实体进行分项的,每个分项工程一般包含多项工程内容。

(3)编制工程量的主体不同。在定额计价方法中,建设工程的工程量分别由招标人和投标人按图计算。而在清单计价方法中,工程量由招标人统一计算或委托有关工程造价咨询资质单位统一计算,工程量清单是招标文件的重要组成部分,各投标人根据招标人提供的工程量清单,根据自身的技术装备、施工经验、企业成本、企业定额、管理水平自主填写单价与合价。

(4)单价与报价的组成不同。定额计价法的单价包括人工费、材料费、机械台班费,而清单计价方法采用综合单价形式,综合单价包括人工费、材料费、机械使用费、管理费、利润,并考虑风险因素。工程量清单计价法的报价除包括定额计价法的报价外,还包括预留金、材料购置费和零星工作项目费等。

(5)合同价格的调整方法不同。定额计价方法形成的合同,其价格的主要调整方式有变更签证、定额解释、政策性调整。而工程量清单计价方法在一般情况下是相对固定的,减少了在合同实施过程中的调整活口;通常情况下,如果清单项目的数量没有增减,基本能够保证合同价格没有调整,也便于业主进行资金准备和筹划。

(6)工程量清单计价把施工措施性消耗单列纳入了竞争的范畴。定额计价未区分施工实体性损耗和施工措施性损耗,而工程量清单计价把施工措施与工程实体项目进行分离,突出了施工措施费用的市场竞争性。工程量清单计价规范的工程量计算规则的编制原则一般是以工程实体的净尺寸计算,也没有包含工程量合理损耗,这是定额计价的工程量计算规则与工程量清单计价规范的工程量计算规则的本质区别。

工程量清单计价与定额计价不仅在表现形式和计价方法上发生了变化,更是在定额管理方式和计价模式上发生了变化。首先,从思想观念上对定额管理工作有了新的认识和定位。多年来,我们力图通过对定额的强制贯彻执行来达到对工程造价的合理确定和有效控制,这种做法在计划经济时期和市场经济初期,的确是有效的管理手段。但随着经济体制改革的深入和市场机制的不断完善,这种对工程造价的刚性管理手段暴露出的弊端越来越突出。因此,要寻求一种有效的管理办法,从定额管理转变到为建设领域各方面提供计价依据指导和服务。其次,工程量清单计价实现了定额管理方面的转变。工作量清单计价模式采用的是综合单价形式,并由企业自行编制。

由于工程量清单计价提供的是计价规则、计价办法以及定额消耗量,摆脱了定额标准价格的概念,该计价方式真正实现了量价分离、企业自主报价、市场有序竞争。

六、"营改增"后清单计价的变化

(一)"营改增"的概念

营改增,顾名思义,就是营业税改征增值税。两税互斥,二选一,即交了营业税不再交纳增值税;交了增值税不再交纳营业税。全面推开营改增后,营业税成为了历史。营业税是地方税;增值税是共享税。营业税是价内税,价税合一,全额征税,亏损也要纳税;增值税是价外税,差额征税,亏损可不交税。营业税有重复征税特征,流转环节越多,重复征税越严重;增值税是流转税,只对不含税部分征税,不产生重复征税。营业税不抵扣;增值税可抵扣。

(二)"营改增"后工程量清单计价的变化

(1)工程计价汇总表:具体包括建设项目(或单项工程)工程造价汇总表和单位工程费用计算表。虽然汇总表只起汇总作用,主要是对单位工程费用计算表计算的结果进行汇总,但由于单位工程费用计算表的不同,影响汇总表中的数据也会有变化。主要有以下几项变化。

第一项直接费用,只包括分部分项工程费和能计量的措施项目费的人工费、材料费和机械费。

第二项费用和利润,只包括按直接费用中以取费人工费或人工费与机械费之和为计算基础计算的管理费和利润。

以上两项相当于过去计价程序中的分部分项工程费。

第三项总价措施费,是按总价措施项目清单计费表列项计算后汇总而来。它是以单位工程为单位进行计算的,包括管理费和利润,不能在综合单价中取费,但参与规费中工程排污费、生产安全责任险和社会保险的取费。直接费用、费用和利润、规费都要计算税金。

第四项其他项目费,分两种情形:一种是暂估材料(设备),直接进入直接费用,计取管理费和利润;另一种是专业工程暂估价、暂列金额、计日工、总承包服务费等,它是全费用价格,包括人工、材料、机械的管理费利润,不包括规费和税金,但其他项目汇总表明确要计算规费和税金。放在税金之后,是因为其他项目明细表要求其他项目在汇总时计算规费和税金。

(2)清单项目计价表,具体包括单位工程工程量清单与造价表、清单项目直接费用预算表、清单项目人工、材料、机械的用量与单价表、清单项目费用计算表、总价措施项目清单计费表。

单位工程工程量清单与造价表是清单项目组价专用表格,包括清单项目序号、项目编码、项目名称、项目特征描述、计量单位、工程量、综合单价和合价及其建安费用(税前造价)、销项税额(应纳税额)、附加税费。专用于分部分项工程和能计量的措施项目清单与计价。

清单项目直接费用预算表、清单项目人工、材料、机械的用量与单价表是单位工程工程量清单与造价表的配套表格,从不同方面具体显示清单组价明细内容。一个反映定额子目组成情况,一个反映人工、材料、机械的价格。而综合单价表,具体反映分部分项工程和能计量的措施项目清单与计价情况,也就是清单综合单价组价、取费和计税情况。其中,综合单价=合计金额/数量,具体指清单项目所含全部定额子目合价的合计金额,且这里的定额子目合价,是全费用价格,而不是只含人、材、机管理费和利润的价格。

总价措施项目清单计费表,除安全文明施工费按省级建设行政部门的规定计算外,其他专业措施费,如夜间施工增加费、提前竣工(赶工)费、冬雨季施工增加费、工程定位复测费等,均按施工方案计算。如没有施工方案,这些专业措施费不得计算。

(3)其他项目计价表,具体包括其他项目清单与计价汇总表、暂列金额明细表、材料(工程设备)暂估单价及调整表、专业工程暂估价及结算价表、计日工表、总承包服务费计价表、索赔与现场签证计价汇总表、费用索赔申请(核准)表、现场签证表等。对于其他项目计价表有四点需要说明:①暂列金额检验试验费,按直接费用的0.5%~1.0%计取;②发包人发包专业工程服务费,可按发包工程直接费用的1.0%~2.0%计取;③索赔与现场签证计价汇总应包含费用和利润;④其他项目明细表中的各项其他项目,均不包括规费和税金,其他项目清单与计价汇总表汇总时,一并计算规费和税金。

(4)工程计量申报(核准)表、合同价款支付申请(核准)表,具体包括预付款支付申请(核准)表、工程款支付申请(核准)表、竣工结算款支付申请(核准)表、最终结算支付申请(核准)表等,均为中间结算、竣工结算申请、审批流程专用表格,均按实际完工进度(完工量)计算,按实际完工进度(完工量)占合同约定总进度(总工程量)的百分比,乘签约合同总价,以60%~70%(最高不超过90%)支付。

(5)主要材料、设备一览表,具体包括发包人提供材料与工程设备一览表,人工、主要材料(工程设备)、机械用量汇总及单价表等,与清单项目人工、材料、机械用量及单价表相对应,区别在于一个是单位工程汇总专用表格,一个是清单项目人工、材料、机械用量与单价专用表格。

(6)建设工程费用标准表,具体包括施工企业管理费及利润表、安全文明施工费表、规费表、纳税标准及附加征收税费表。这是建设行政主管部门制定的专业工程取费、计税标准,是造价人员实际操作的工具与指南。

营改增是大势所趋,可以消除重复性征税,若希望取得成功,必须降低税率,否则,企业税负将不减反增。

【复习思考题】

1.什么是工程量清单计价?

2.什么是综合单价?

3.如何确定综合单价?

4.什么是零星工作项目费?

5.什么是工程量清单编制的依据?

6.什么是"营改增"?

项目四　工程结算与决算

任务一　工 程 结 算

一、工程结算概述

(一)工程结算的概念

工程结算,广义理解就是工程价款支付的各种计算总称。其主要包括工程预付款(也称备料款)的计算、工程进度价款的结算、竣工后工程价款的结算以及保修金(也称保留金)的扣留计算等工程价款的结清计算。因此,工程价款结算具有重要意义,工程价款结算文件是考核经济效益的重要依据。

根据工程建设的程序及阶段划分,当建设项目通过招标阶段,业主选定承包人,并且双方签订合同生效后,工程就进入了实施阶段。在此阶段,工程价款的支付就是该阶段造价计算与控制的主要内容。采取什么方式支付价款、价款如何计算、支付节奏及扣回比例如何控制等,都是以合同为依据,都是工程结算要解决的主要问题。所以,工程结算是工程项目承包中一项重要的工作,如图 4-1 所示。

(二) 工程价款的主要结算方式

工程结算是指承包双方根据合同约定,对合同工程在实施中、终止时、已完工后进行的合同价款计算、调整和确认。其主要包括期中结算、终止结算、竣工结算。在履行施工

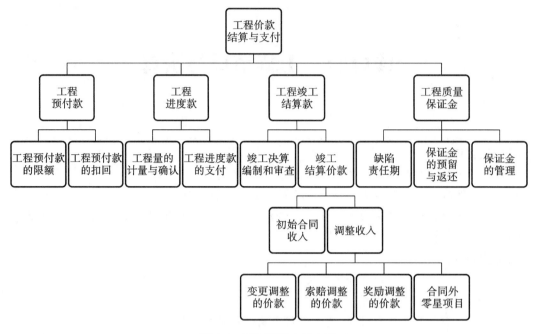

图 4-1　工程结算支付内容

合同过程中,工程结算分为预付款结算、进度款结算和竣工结算三个阶段,如图 4-2 所示。

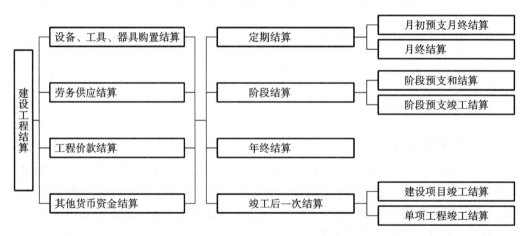

图 4-2　工程结算分类

根据工程规模、性质、进度及工期要求,并通过合同约定,工程结算有多种方式,我国现行的结算方式主要有以下几种方式。

1. 按月结算

这种结算是旬末或月中预支,月终结算,竣工后清算,每月结算一次的方式。具体结算时间通过合同约定。对于跨年度竣工的工程,在年终进行工程盘点,办理年度结算。这种结算方式,是我国现行建设工程价款结算采用较普遍的方式。

2. 竣工后一次结算

对于工程项目规模不大,建设期在 12 个月以内,合同价值在 100 万元以下的工程,可以实行预支进度款,竣工后一次结算。预支的方式、时间及比例双方可以通过协商或合同约定,通常情况下是月月预支,这样更有利于工程建设。

3.分阶段结算

对于工程规模较大,工期较长(跨年度)的单项工程或单位工程,除了按月结算方式,也可以根据工程进度,划分为不同阶段进行结算,通常是按月预支工程价款,完成阶段形象进度后再结算,分段的划分标准,由各部门自行规定。

4.目标结算方式

这种方式是通过合同约定,将工程内容分解成不同的控制界面,以业主验收控制界面作为支付工程价款的前提条件。将合同中的工程内容分解成不同的验收单元,当承包商完成单元工程内容并经业主(或其委托人)验收后,业主支付构成单元工程内容的工程价款。

目标价款方式中,对控制界面的设定应明确描述,便于量化和质量控制,同时要适应项目资金的供应周期和支付频率。通常情况下,一般将建筑安装工程按其分部工程划分为±0.00以下基础工程、主体工程、装饰装修工程、水及电气安装工程等目标界面。

5.其他结算方式

承发包双方可以根据工程性质,在合同中约定其他的方式办理结算,但前提是有利于工程质量、进度及造价管理等因素,并且双方同意。

(三)工程价款结算的作用

(1)工程价款结算是办理已完工程的工程价款,确定施工企业的货币收入,补充施工生产过程中的资金消耗。

(2)工程价款结算是统计施工企业完成生产计划和建设单位完成建设任务的依据。

(3)工程价款结算的完成,标志着甲、乙双方所承担的合同义务和经济责任的结果。

二、工程预付款及计算

施工企业承包工程,一般都实行包工包料,这就需要有一定数量的备料周转金。在工程承包合同条款中,一般要明文规定发包人在开工前拨付给承包人一定限额的工程预付款。此预付款构成施工企业为该承包工程项目储备主要材料、结构件所需的流动资金,因此也可称为预付备料款。

$$预付备料款限额 = \frac{年度承包工程总值 \times 主要材料所占比重}{年度施工日历天数} \times 材料储备天数 \quad (4-1)$$

按照《建设工程价款结算暂行办法》的规定,在具备施工条件的前提下,发包人应在双方签订合同后的一个月内或不迟于约定的开工日期前的7天内预付工程款,发包人不按约定预付,承包人应在预付时间到期后10天内向发包人发出要求预付的通知,发包人收到通知后仍不按要求预付,承包人可在发出通知14天后停止施工,发包人应从约定应付之日起向承包人支付应付款的利息(利率按同期银行贷款利率计),并承担违约责任。

工程预付款仅用于承包人支付施工开始时与本工程有关的动员费用。如承包人滥用此款,发包人有权立即收回。在承包人向发包人提交金额等于预付款数额(发包人认可的银行开出)的银行保函后,发包人按规定的金额和规定的时间向承包人支付预付款,在发包人全部扣回预付款之前,该银行保函将一直有效。当预付款被发包人扣回时,银行保函金额相应递减。

(一)工程预付款的数额

包工包料工程的预付款按合同约定拨付,原则上预付比例不低于合同金额的10%,不高于合同金额的30%,对重大工程项目,按年度工程计划逐年预付。计价执行《建设工程工程量清单计价规范》(GB 50500—2013)的工程,实体性消耗和非实体性消耗部分应在合同中分别约定预付款比例。

在实际工作中,工程预付款的数额,要根据各工程类型、合同工期、承包方式和供应体制等不同条件而定。例如,工业项目中钢结构和管道安装所占比重较大的工程,其主要材料所占比重较一般安装工程高,因而工程预付款数额也要相应提高。

对于工程预付款,工期短的工程比工期长的要高,材料由承包人自购的比由发包人提供的要高。而对于只包定额工日(不包材料定额,一切材料由发包人供给)的工程项目,则可以不预付备料款。

(二)工程预付款的扣回

发包单位拨付给承包单位的工程预付款属于预支性质,到了工程实施后,随着工程所需主要材料储备的逐步减少,应以抵充工程价款的方式陆续扣回,抵扣方式必须在合同中约定。扣款的方法有两种。

(1)可以从未施工工程尚需的主要材料及构件的价值相当于工程预付款数额时起扣,从每次结算工程价款中,按材料比重扣抵工程价款,竣工前全部扣清,如图4-3所示。

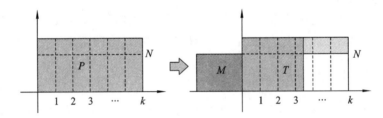

图4-3 起扣点计算方式

其基本表达公式为

$$T = P - \frac{M}{N} \tag{4-2}$$

式中:T——起扣点,即工程预付款开始扣回时的累计完成工作量金额;

P——承包工程价款总额;

M——工程预付款限额;

N——主要材料所占比重。

当工程款支付未到达起扣点时,每月按照应签证的工程款支付。当工程款支付到达起扣点后,从应签证的工程款中按材料比重扣回预付备料款。

【例4.1】 某工程合同总额200万元,工程预付款为24万元,主要材料、构件所占比重为60%,问:从什么时候开始以后的工程价款支付中要考虑扣除工程预付款即起扣点为多少万元?

【解】 按起扣点计算公式

$$T = P - \frac{M}{N} = 200 - \frac{24}{60\%} = 160(万元)$$

则当工程完成160万元时,本项工程预付款开始起扣。

(2)招标文件范本中规定,在承包人完成金额累计达到合同总价的10%后,由承包人开始向发包人还款,发包人从每次应付给承包人的金额中扣回工程预付款,发包人至少在合同规定的完工期前三个月将工程预付款的总计金额按逐次分摊的办法扣回。当发包人一次付给承包人的余额少于规定扣回的金额时,其差额应转入下一次支付中作为债务结转。

在实际经济活动中,情况比较复杂,有些工程工期较短,就无须分期扣回。有些工程工期较长,如跨年度施工,工程预付款可以不扣或少扣,并于次年按应付工程预付款调整,多退少补。具体地说,跨年度工程,预计次年承包工程价值大于或相当于当年承包工程价值时,可以不扣回当年的工程预付款;小于当年承包工程价值时,应按实际承包工程价值进行调整,在当年扣回部分工程预付款,并将未扣回部分,转入次年,直到竣工年度,再按上述办法扣回。

三、工程进度款的支付(中间结算)

施工企业在施工过程中,按逐月(或按形象进度)完成的工程数量计算各项费用,向发包人办理工程进度款的支付(即中间结算)。

以按月结算为例,工程进度款的支付步骤如图4-4所示。

图4-4 工程进度款支付步骤

(一)工程量计算

根据《建设工程价款结算暂行办法》的规定,工程量计算的主要规定如下。

(1)承包人应当按照合同约定的方法和时间,向发包人提交已完工程量的报告。发包人接到报告后14天内核实已完工程量,并在核实前通知承包人,承包人应提供条件并派人参加核实,承包人收到通知后不参加核实,以发包人核实的工程量作为工程价款支付的依据。发包人不按约定时间通知承包人,致使承包人未能参加核实,核实结果无效。

(2)发包人收到承包人报告后14天内未核实完工程量,从第15天起,承包人报告的工程量即视为被确认,作为工程价款支付的依据。双方合同另有约定的,按合同执行。

(3)对承包人超出设计图纸(含设计变更)范围和因承包人原因造成返工的工程量,发包人不予计量。

(二)合同收入的组成

《企业会计准则第15号——建造合同》中对合同收入的组成内容进行了解释。合同收入包括两部分内容。

(1)合同中规定的初始收入,即建造承包商与客户在双方签订的合同中最初商定的合同总金额。它构成了合同收入的基本内容。

(2)因合同变更、索赔、奖励等构成的收入,这部分收入并不构成合同双方在签订合同时已在合同中商定的合同总金额,而是在执行合同过程中由于合同变更、索赔、奖励等原因而形成的追加收入。

(三)工程进度款支付

(1)根据确定的工程计量结果,承包人向发包人提出支付工程进度款申请,14 天内,发包人应按不低于工程价款的 60%、不高于工程价款的 90%向承包人支付工程进度款。按约定时间发包人应扣回的预付款,与工程进度款同期结算抵扣。

(2)发包人超过约定的支付时间不支付工程进度款,承包人应及时向发包人发出要求付款的通知,发包人收到承包人通知后仍不能按要求付款,可与承包人协商签订延期付款协议,经承包人同意后可延期支付,协议应明确延期支付的时间和从工程计量结果确认后第 15 天起计算应付款的利息(利率按同期银行贷款利率计)。

(3)发包人不按合同约定支付工程进度款,双方又未达成延期付款协议,导致施工无法进行,承包人可停止施工,由发包人承担违约责任。

四、质量保留金

建设工程质量保证金(保修金)(以下简称保证金)是指发包人与承包人在建设工程承包合同中约定,从应付的工程款中预留,用以保证承包人在缺陷责任期内对建设工程出现的缺陷进行维修的资金。

(一)缺陷和缺陷责任期

(1)缺陷。缺陷是指建设工程质量不符合工程建设强制性标准、设计文件,以及承包合同的约定。

(2)缺陷责任期。缺陷责任期一般为 6 个月、12 个月或 24 个月。具体可由发、承包双方在合同中约定。缺陷责任期从工程通过竣(交)工验收之日起计。承包人原因导致工程无法按规定期限进行竣(交)工验收的,缺陷责任期从实际通过竣(交)工验收之日起计。发包人原因导致工程无法按规定期限进行竣(交)工验收的,在承包人提交竣(交)工验收报告 90 天后,工程自动进入缺陷责任期。

(二)保证金的预留和返还

(1)承发包双方的约定。发包人应当在招标文件中明确保证金预留、返还等内容,并与承包人在合同条款中对涉及保证金的下列事项进行约定。

①保证金预留、返还方式。

②保证金预留比例、期限。

③保证金是否计付利息,如计付利息,利息的计算方式。

④缺陷责任期的期限及计算方式。

⑤保证金预留、返还及工程维修质量、费用等争议的处理程序。

⑥缺陷责任期内出现缺陷的索赔方式。

（2）保证金的预留。建设工程竣工结算后，发包人应按照合同约定及时向承包人支付工程结算价款并预留保证金。全部或者部分使用政府投资的建设项目，按工程价款结算总额5%左右的比例预留保证金。社会投资项目采用预留保证金方式的，预留保证金的比例可参照执行。

（3）保证金的返还。缺陷责任期内承包人认真履行合同约定的责任，到期后，承包人向发包人申请返还保证金。发包人在接到承包人返还保证金申请后，应于14日内会同承包人按照合同约定的内容进行核实。如无异议，发包人应当在核实后14日内将保证金返还给承包人，逾期支付的，从逾期之日起，按照同期银行贷款利率计付利息，并承担违约责任。发包人在接到承包人返还保证金申请后14日内不予答复，经催告后14日内仍不予答复，视同认可承包人的返还保证金申请。

（三）保证金的管理及缺陷修复

（1）保证金的管理。缺陷责任期内，实行国库集中支付的政府投资项目，保证金的管理应按国库集中支付的有关规定执行。其他的政府投资项目，保证金可以预留在财政部门或发包方。缺陷责任期内，如发包人被撤销，保证金随交付使用资产一并移交使用单位管理，由使用单位代行发包人职责。社会投资项目采用预留保证金方式的，发、承包双方可以约定将保证金交由金融机构托管；采用工程质量保证担保、工程质量保险等其他保证方式的，发包人不得再预留保证金，并按照有关规定执行。

（2）缺陷责任期内缺陷责任的承担。缺陷责任期内，由承包人原因造成的缺陷，承包人应负责维修，并承担鉴定及维修费用。如承包人不维修也不承担费用，发包人可按合同约定扣除保证金，并由承包人承担违约责任。承包人维修并承担相应费用后，不免除对工程的一般损失赔偿责任。他人原因造成的缺陷，发包人负责组织维修，承包人不承担费用，且发包人不得从保证金中扣除费用。

五、竣工结算

（一）竣工结算的含义

工程竣工结算是指施工企业按照合同规定的内容全部完成所承包的工程，经验收质量合格，并符合合同要求之后，向发包单位进行的最终工程价款结算。工程竣工结算分为单位工程竣工结算、单项工程竣工结算和建设项目竣工总结算。

竣工结算是工程竣工验收后，根据施工过程实际发生的工程变更等情况，对原工程合同价或原施工图预算（按实结算工程）进行调整修正，最终确定的工程造价的技术经济文件。该文件由承包人编制、发包人审查，双方最终确定，是承包人与发包人办理工程价款结算的依据，也是业主编制工程总投资额（竣工决算）的基础资料。因此，竣工结算造价应是工程产品业主与承包人两个交易主体最终成交的价格，即工程产品建造的价格，也就是工程造价的第二种含义。但它并不是工程项目总的决算投资额，后者是第一种含义的工程造价。因此，结算造价是构成决算的基础，在此能更好地理解工程价格与投资费用两个概念。

（二）竣工结算的编制和审查

竣工结算的编制依据、编制方法与工程合同约定的结算方式以及招投标工程造价计价的方式有关。不同性质的合同，不同方式计价的标底与报价，其结算办理方式是不同的，但主要都涉及两个方面，即原合同总价或者合同单价，都是以合同为依据、承包企业编制、业主审查并确认，具体依据及方法如下。

1. 竣工结算编制的主要依据

（1）经业主认可的全套工程竣工图及有关竣工资料等。

（2）工程合同及有关补充协议等。

（3）计价定额、计价规范、材料及设备价格、取费标准及有关计价规定等。

（4）施工图预算书。

（5）设计变更通知单、会签的施工技术核定单、工程有关签证单、隐蔽工程验收纪录、材料代用核定单、有关材料设备价格变更文件等工程质保、质检资料。

（6）经双方协商统一并办理了签证的应列入工程结算的其他事项。

2. 竣工结算编制方法

（1）对于按工程量清单计价中标的单价合同的工程项目，办理结算时，对新增的清单项目的工程量及综合单价经业主签证同意后进行清单费用调整。对于原合同约定清单项目工程量有增减时，应按实调整，以上两部分调整如果总额在总价包干合同的浮差以内时，这种合同一般不作总价调整。关于工程量清单计价的中标工程，由于是单价合同，办理结算时的关键是确认综合单价的有效性。因此，办理结算时一定要资料完备有效，以合同为依据、以计价规范为准则，按时调整并办理竣工结算。

（2）对于一般按现行定额单价计价中标的工程，办理结算时，主要是比较原施工图预算的构成内容与实际施工的变化，通常根据各种设计变更资料、现场签证、工程量核定单等相关资料，在原施工图预算的基础上计算增减，并经业主认可后办理竣工结算。

3. 竣工结算的编制要求

我国《建设工程施工合同（示范文本）》的通用条款中对竣工结算的办理做了如下规定。

（1）工程竣工验收报告竟发包方认可后 28 天内，承包方向发包方递交竣工结算报告及完整的结算资料，双方按协议书约定的合同价款及专用条款约定的合同价款调整内容，进行竣工结算。

（2）发包方收到承包方递交的竣工结算报告及结算资料后 28 天内进行核实，给予确认或者提出修改意见。发包方确认竣工结算报告后通知经办银行向承包方支付工程竣工结算价款。承包方收到竣工结算后 14 天内将竣工工程交付发包方。

（3）发包方收到竣工结算报告及结算资料后 28 天内无正当理由不支付工程竣工结算价款，从第 29 天起按承包方同期向银行贷款利率支付拖欠工程价款的利息，并承担违约责任。

（4）发包方收到竣工结算报告及结算资料后 28 天内不支付工程竣工结算价款，承包方可以催告发包方支付结算价款，发包人在收到竣工结算报告及结算资料后，56 天内仍不支付的，承包方可以与发包方协议将工程折价，也可以由承包方申请人民法院将该工程依法拍卖,承包方就工程折价或拍卖的价款优先受偿。

(5)工程竣工验收报告经发包方认可后 28 天内,承包方未能向发包方递交竣工结算及完整结算资料,造成工程竣工结算不能正常进行或工程竣工结算价款不能及时支付,发包方要求交付工程的,承包方应当交付,发包方不要求交付工程的,承包方承担保管责任。

(6)发包方和承包方对工程竣工结算价款发生争议时,按争议的约定处理。

在实际工作中,当年开工、当年竣工的工程,只需办理一次性结算。跨年度的工程,在年度办理一次年终结算,将未完工程接转到下一年度,此时竣工结算等于各年度结算的总和。

工程竣工价款结算的金额可用式(4-3)表示:

$$竣工结算工程价款＝合同价款＋施工过程中合同价款调整数额$$
$$－预付及已结算工程价款－保修金 \qquad (4-3)$$

4.竣工结算的审查

(1)单位工程竣工结算由承包人编制,发包人审查;实行总承包的工程,由具体承包人编制,在总包人审查的基础上,发包人审查。

(2)单项工程竣工结算或建立工程竣工总结算由总承包人编制,发包人可直接进行审查,也可以委托具有相应资质的工程造价咨询机构进展审查。政府投资工程,由同级财政部门审查。单项工程竣工结算或建立工程竣工总结算经发、承包人签字盖章后有效。

(3)竣工结算的审查:①核对合同条款;②检查隐蔽验收记录;③落实设计变更签证;④按图核实工程数量;⑤认真核实单价;⑥防止各种计算误差。

(4)工程竣工结算审查时限,见表 4-1。

表 4-1　工程竣工结算审查时限

	工程竣工结算报告金额	审查时间
1	500 万元以下	从接到竣工结算报告和完整的竣工结算资料之日起 20 天
2	500 万元～2000 万元	从接到竣工结算报告和完整的竣工结算资料之日起 30 天
3	2000 万元～5000 万元	从接到竣工结算报告和完整的竣工结算资料之日起 45 天
4	5000 万元以上	从接到竣工结算报告和完整的竣工结算资料之日起 60 天
5	建设项目竣工总结算	在最后一个单项工程竣工结算审查确认后 15 天内汇总,送发包人后 30 天内完成审查

(三) 竣工结算的作用

(1)竣工结算是施工单位与建设单位结清工程费用的依据。施工单位有了竣工结算就可向建设单位结清工程价款,以完结建设单位与施工单位之间的合同关系和经济责任。

(2)竣工结算是施工单位考核工程成本,进行经济核算的依据。施工单位统计年竣工建筑面积,计算年完成产值,进行经济核算,考核工程成本时,都必须以竣工结算所提供的数据为依据。

(3)竣工结算是施工单位总结和衡量企业管理水平的依据。通过竣工结算与施工图预算的对比,能发现竣工结算比施工图预算超支或节约的情况,可进一步检查和分析这些情况所造成的原因。因此,建设单位、设计单位和施工单位,可以通过竣工结算,总结工作经验和教训,找出不合理设计和施工浪费的原因,逐步提高设计质量和施工管理水平。

(4)竣工结算是为建设单位编制竣工决算提供依据。

(5)竣工结算是一项建安工程的最终工程价款结算。在结算时,若因某些条件使合同工程价款发生变化,需按规定对合同价款时行调整。在实际工作中,当年开工、当年竣工的工程只需办理一次性结算。跨年度工程在年终办理一次年终结算,将未完工程转结到下一年度,此时竣工结算等于各年结算的总和。

【例 4.2】 若某建筑工程承包合同总额为 600 万元,计划 2020 年上半年内完工,主要材料及结构件金额占工程造价的 62.5%,预付备料款额度为 25%,2016 年上半年各月实际完成施工产值见表 4-2,则:

按月结算工程款的确定过程依次为

$$预付备料款=600×25\%=150(万元)$$

确定预付备料款的起扣造价

$$开始扣回预付备料款时的工程价值=600-(100+140)=360(万元)$$

当累计结算工程款为 360 万元后开始扣备料款;

二月完成产值 100 万元,结算 100 万元;

三月完成产值 140 万元,结算 140 万元,累计结算工程款 240 万元;

四月完成产值 180 万元,到四月份累计完成产值 420 万元,超过了预付备料款的起扣造价,四月份应扣回的预付备料款=(420-360)×62.5%=37.5(万元),四月份结算工程款=180-37.5=142.5(万元),累计结算工程款 382.5 万元;五月份完成产值 180 万元,应扣回预付备料款=180×62.5%=112.5(万元),应扣 5% 的预留款=600×5%=30(万元);

五月份结算工程款=180-112.5-30=37.5(万元),累计结算工程款 420 万元,加上预付备料款 150 万元,共结算 570 万元;

预留合同总额的 5% 作为保留金。

表 4-2 上半年个月实际完成施工产值 　　　　　　单位:万元

二月	三月	四月	五月(竣工)
100	140	180	180

六、工程价款的动态结算

对于建设项目合同周期较长的,合同价是当时签订合同时的价格。随着时间的推移,构成造价的主要人工费、材料费、施工机械费及其他费率不是静态不变的。因此,静态结算没有反映价格的时间动态性,这会对承包商造成一定损失。而动态结算把各种动态因素纳入结算过程中加以计算,使工程价款结算能基本反映工程项目实际消耗费用,使企业获取一定调价补偿,从而维护双方合法正当权益。常用的动态结算主要方法有以下几种方式。

（一）造价指数调整法

这种方法是发、承包双方采用当时的预算（或概算）定额单价计算出承包合同价。待竣工时，根据合理的工期及当地工程造价管理部门所公布的该月度（或季度）的工程造价指数，对原承包合同价予以调整，重点调整那些由于实际人工费、材料费、施工机械费等费用上涨及工程变更因素造成的价差，并对承包人给以调价补偿。

工程实际结算款＝工程合同价×（竣工时的工程造价指数/签订合同时工程造价指数）

$$(4-4)$$

【例4.3】 某工程合同价为1500万元，2016年1月开工，2020年6月竣工。已知2016年1月该类工程的造价指数为100.02，2020年6月的造价指数为99.86。试根据工程造价指数调整法予以动态结算，并求出价差调整的款额。

【解】
$$动态结算款＝1500×\frac{99.86}{100.02}＝1497.6（万元）$$

$$价差调整值＝1500－1497.6＝2.4（万元）$$

此工程价差调整额为2.4万元。

（二）实际价格调整法

在我国，由于建筑材料需市场采购的范围越来越大，有些地区规定对钢材、木材、水泥等材料的价格采取按实际价格结算的方法，工程承包人可凭发票按实报销。这种方法方便准确。但由于是实报实销，承包商对降低成本不感兴趣，为了避免副作用，地方主管部门要定期发布最高限价，同时合同文件中应规定发包人或工程师有权要求承包人选择更廉价的供应来源。

（三）调价文件计算法

这种方法是发、承包双方采取按当时的预算价格承包，在合同工期内，按照造价管理部门调价文件的规定，进行抽料补差（在同一价格期内按所完成的材料用量乘以价差）。也有的地方定期发布主要材料供应价格和管理价格，对这一时期的工程进行抽料补差。

（四）调值公式法

根据国际惯例，对建设项目工程价款的动态结算，一般是采用此法。事实上，在绝大多数国际工程项目中，发、承包双方在签订合同时就明确列出这一调值公式，并以此作为价差调整的计算依据。

建筑安装工程费用价格调值公式一般包括固定部分、材料部分和人工部分。但当建筑安装工程的规模和复杂性增大时，公式也变得更加复杂。调值公式一般为

$$P = P_0\left(a_0 + a_1\frac{A}{A_0} + a_2\frac{B}{B_0} + a_3\frac{C}{C_0} + a_4\frac{D}{D_0} + \cdots\right) \qquad (4-5)$$

式中：P——调值后合同价款或工程实际结算款；

P_0——合同价款中工程预算进度款；

a_0——固定要素，代表合同支付中不能调整的部分占合同总价中的比重；

$a_1, a_2, a_3, a_4, \cdots$——有关各项费用（如人工费用、钢材费用、水泥费用、运输费用等）在合同总价中所占比重，且 $a_1 + a_2 + a_3 + a_4 + \cdots = 1$；

$A_0,B_0,C_0,D_0,\cdots$——投标截至日期前 28 天与 $a_1,a_2,a_3,a_4,\cdots$对应的各项费用的基期价格指数或价格;

$A,B,C,D,\cdots$——在工程结算月份与 $a_1,a_2,a_3,a_4,\cdots$对应的各项费用的现行价格指数或价格。

在运用这一调值公式进行工程价款价差调整中要注意以下几点。

(1)固定要素取值范围在 $0.15\sim0.35$。固定要素对调价的结果影响很大,与调价余额成反比关系。固定要素相当微小的变化,隐含着在实际调价时很大的费用变动,所以,承包人在调值公式中采用的固定要素取值要尽可能偏小。

(2)调值公式中有关的各项费用,按一般国际惯例,只选择用量大、价格高且具有代表性的一些人工费和材料费,通常是大宗的水泥、砂石料、钢材、木材、沥青等,并用它们的价格指数变化综合代表材料费的价格变化,以便尽量与实际情况接近。

(3)各部分成本的比重系数,在许多招标文件中要求承包人在投标中提出,并在价格分析中予以论证。但也有的是由发包人在招标文件中即规定一个允许范围,由投标人在此范围内选定。

(4)调整有关各项费用要与合同条款规定相一致。签订合同时,发、承包双方一般应商定调整的有关费用和因素,以及物价波动到何种程度才进行调整。在国际工程中,一般物价波动超过 5% 才进行调整。

(5)调整有关各项费用时应注意地点与时点。地点一般指工程所在地或指定的某地市场价格,时点指的是某月某日的市场价格。这里要确定两个时点价格,即签订合同时间某个时点的市场价格(基础价格)和每次支付前的一定时间的时点价格。这两个时点就是计算调值的依据。

(6)确定每个品种的系数和固定要素系数,品种的系数要根据该品种价格对总造价的影响程度而定。各品种系数之和加上固定要素系数应该等于1。

【例 4.4】 某城市土建工程,合同规定结算款为 2450 万元。合同报价时期为 2017 年 3 月,工程于 2019 年 5 月建成交付使用。根据表 4-3 中所列工程人工费、材料构成比例以及有关造价指数,计算工程实际结算款。

表 4-3 工程人工费、材料费构成比例及有关造价指数

项目	人工费	钢材	水泥	集料	一级红砖	砂	木材	不调值费用
比例	45%	11%	11%	5%	6%	3%	4%	15%
2017 年 3 月指数	100	100.8	102.0	93.6	100.2	95.4	93.4	
2019 年 5 月指数	110.1	98.0	112.9	95.9	98.9	91.1	117.9	

【解】 实际结算价款 $=2450\times\left(0.45\times\dfrac{110.1}{100}+0.11\times\dfrac{98}{100.8}+0.11\times\dfrac{112.9}{102}+0.05\right.$

$$\left.\times\dfrac{95.9}{93.6}+0.06\times\dfrac{98.9}{100.2}+0.03\times\dfrac{91.1}{95.4}+0.04\times\dfrac{117.9}{93.4}+0.15\right)$$

$$=2450\times1.064$$

$$=2606.8(万元)$$

通过调整,实际结算的工程价款为 2606.8 万元,比原始合同价多结 156.8 万元。

七、工程结算实例

背景:某施工单位承包某项工程项目,甲乙双方签订的关于工程价款的合同内容如下。

(1)建筑安装工程造价660元,建筑材料及设备费占施工产值的比重为60%。

(2)工程预付款为建筑安装工程造价的20%。工程实施后,工程预付款从未施工工程尚需的建筑材料及设备费相当于工程预付款数额时起扣,从每次结算工程价款中按材料和设备占施工产值的比重扣抵工程预付款,竣工前全部扣清。

(3)工程进度款逐月计算。

(4)工程质量保证金为建筑安装工程造价的3%,竣工结算月一次扣留。

(5)建筑材料和设备费价差调整按当地工程造价管理部门有关规定执行(按当地工程造价管理部门有关规定上半年材料和设备价差上调10%,在6月份一次调增)。

工程各月实际完成产值见表4-4。

表 4-4 各月实际完成产值   单位:万元

月份	二	三	四	五	六
完成产值	55	110	165	220	110

问题:

(1)通常工程竣工结算的前提是什么?

(2)工程价款结算的方式有哪几种?

(3)该工程的工程预付款、起扣点为多少?

(4)该工程2月至5月每月拨付工程款为多少? 累计工程款为多少?

(5)6月份办理工程竣工结算,该工程结算造价为多少? 甲方应付工程结算款为多少?

(6)该工程在保修期间发生屋面漏水,甲方多次催促乙方修理,乙方一再拖延,最后甲方另请施工单位修理,修理费1.5万元,该项费用如何处理?

分析要点:

本案例主要考核工程结算方式,按月结算工程款的计算方法,工程预付款和起扣点的计算等;要求针对本案例对工程结算方式、工程预付款和起扣点的计算、按月结算工程款的计算方法和工程竣工结算等内容进行全面系统的学习和掌握。

答案:

问题1

答:工程竣工结算的前提条件是承包商按照合同规定的内容全部完成所承包的工程,并符合合同要求,经相关部门联合验收质量合格。

问题2

答:工程价款的结算方式主要分为按月结算、分段结算、竣工后一次结算和双方约定的其他结算方式。

问题 3

答：工程预付款＝660×20％＝132（万元），

起扣点＝660－132/60％＝440（万元）。

问题 4

答：各月拨付工程款如下。

2 月：工程款 55 万元，累计工程款 55 万元。

3 月：工程款 110 万元，累计工程款＝55＋110＝165（万元）。

4 月：工程款 165 万元，累计工程款＝165＋165＝330（万元）。

5 月：工程款 220－（220＋330－440）×60％＝154（万元）。

累计工程款＝330＋154＝484（万元）。

问题 5

答：工程结算总造价＝660＋660×60％×10％＝699.6（万元），

甲方应付工程结算款＝699.6－484－（699.6×3％）－132＝62.612（万元）。

问题 6

答：1.5 万元修理费应从乙方（承包方）的质量保证金中扣除。

任务二　竣　工　决　算

一、竣工决算的概念

竣工决算是以实物数量和货币指标为计量单位，综合反映竣工项目从筹建开始到项目竣工交付使用为止的全部建设费用、建设成果和财务情况的总结性文件，是竣工验收报告的重要组成部分，竣工决算是正确核定新增固定资产价值，考核分析投资效果，建立健全经济责任制的依据，是反映建设项目实际造价和投资效果的文件。

二、建设项目竣工决算的作用

(1)建设项目竣工决算是综合全面地反映竣工项目建设成果及财务情况的总结性文件，它采用货币指标、实物数量、建设工期和各种技术经济指标，综合、全面地反映建设项目自开始建设到竣工为止全部建设成果和财务状况。

(2)建设项目竣工决算是办理交付使用资产的依据，也是竣工验收报告的重要组成部分。建设单位与使用单位在办理交付资产的验收交接手续时，竣工决算反映了交付使用资产的全部价值，包括固定资产、流动资产、无形资产和其他资产。同时，它还详细提供了交付使用资产的名称、规格、数量、型号和价值等明细资料，是使用单位确定各项新增资产价值并登记入账的依据。

(3)建设项目竣工决算是分析和检查设计概算的执行情况、考核投资效果的依据。竣工决算反映了竣工项目计划、实际的建设规模、建设工期、设计和实际的生产能力，以及概算总投资和实际的建设成本，同时还反映了所达到的主要技术经济指标。通过对这些指标计划数、概算数和实际数进行对比分析，不仅可以全面掌握建设项目计划和概算执行情况，而且可以考核建设项目投资效果，为今后制订基建计划、降低建设成本、提高投资效果提供必要的资料。

三、竣工决算与竣工结算的区别

竣工结算是承包方将所承包的工程按照合同规定全部完工交付之后，向发包单位进行的最终工程价款结算。竣工结算由承包方的预算部门负责编制。

竣工决算与竣工结算的区别见表4-5。

表 4-5　我国竣工决算与竣工结算的区别

区别	工程竣工结算	工程竣工决算
编制对象	单位工程或单项工程	建设项目
编制单位	承包方的预算部门	项目业主的财务部门
内容	建设工程项目竣工验收后甲乙双方办理的最后一次结算，反映的是承包方承包施工的建筑安装工程的全部费用以及承包方完成的施工产值	建设工程从筹建开始到竣工交付使用为止的全部建设费用，反映了建设工程的投资效益，其内容包括竣工工程平面示意图、竣工财务决算、工程造价比较分析
性质和作用	1.承包方与业主办理工程价款最终结算的依据 2.双方签订的建筑安装工程承包合同终结的凭证 3.业主编制竣工决算的主要材料	1.业主办理交付、验收、动用新增各类资产的依据 2.竣工验收报告的重要组成部分

四、竣工决算的内容

建设项目竣工决算应包括从筹集到竣工投产全过程的全部实际费用，即包括建筑工程费、安装工程费、设备工器具购置费用及预备费和投资方向调节税等费用。按照有关文件规定，竣工决算是由竣工财务决算说明书、竣工财务决算报表、工程竣工图和工程竣工造价对比分析四部分组成。前两部分又称建设项目竣工财务决算，是竣工决算的核心内容。

1.竣工决算报告情况说明书

竣工决算报告情况说明书主要反映竣工工程建设成果和经验，是对竣工决算报表进行分析和补充说明的文件，是全面考虑分析工程投资与造价的书面总结，其内容主要包括如下。

(1)建设项目概况，对工程总的评价。一般从进度、质量、安全和造价施工方面进行分析说明：进度方面主要说明开工和竣工时间，对照合理工期和要求工期分析是提前还是延后;质量方面主要根据竣工验收委员会或相当一级质量监督部门的验收评定等级、合格率和优良品率;安全方面主要根据劳动工资和施工部门的记录,对有无设备和人身事故进行说明;造价方面主要对照概算造价,用金额和百分率进行分析,说明是节约还是超支。

(2)资金来源及运用等财务分析。其主要包括工程价款结算、会计账务的处理、财产物资情况及债权债务的清偿情况。

(3)建设收入、投资包干结余、竣工结余资金的上交分配情况。通过对基本建设投资包干情况的分析,说明投资包干数、实际支用数和节约额、投资包干节余的有机构成和包干节余的分配情况。

(4)各项经济技术指标的分析。概算执行情况分析是根据实际投资完成额与概算进行对比分析;新增生产能力的效益分析是通过支付使用财产占总投资额的比例、占支付使用财产的比例,不增加固定资产的造价占投资总额的比例,分析有机构成和成果。

(5)工程建设的经验及项目管理和财务管理工作以及竣工财务决算中有待解决的问题。

(6)需要说明的其他事项。

2.竣工财务决算报表

建设项目竣工财务决算报表根据大、中型建设项目和小型建设项目分别制定。大、中型建设项目竣工决算报表包括建设项目竣工财务决算审批表,大、中型建设项目概况表,大、中型建设项目竣工财务决算表,大、中型建设项目交付使用资产总表。小型建设项目竣工财务决算报表包括建设项目竣工财务决算审批表、竣工财务决算总表、建设项目交付使用资产明细表。

1)建设项目竣工财务决算审批表(见表 4-6)

表 4-6　建设项目竣工财务决算审批表

建设项目法人(建设单位)		建设性质	
建设项目名称		主管部门	
开户银行意见: (盖章) 年　　月　　日			
专员办审批意见: (盖章) 年　　月　　日			
主管部门或地方财政部门审批意见: (盖章) 年　　月　　日			

该表作为竣工决算上报有关部门审批时使用,其格式是按照中央级小型项目审批要

求设计的,地方级项目可按审批要求作适当修改,大、中、小型项目均按照下列要求填报此表。

(1)表中"建设性质"按照新建、改建、扩建、迁建和恢复建设项目等分类填列。

(2)表中"主管部门"是指建设单位的主管部门。

(3)所有建设项目均须经过开户银行签署意见后,按照有关要求进行报批:中央级小型项目由主管部门签署审批意见;中央级大、中型建设项目报所在地财政监察专员办事机构签署意见后,再由主管部门签署意见报财政部审批;地方级项目由同级财政部门签署审批意见。

(4)已具备竣工验收条件的项目,3个月内应及时填报审批表,如3个月内不办理竣工验收和固定资产移交手续的视同项目已正式投产,其费用不得从基本建设投资中支付,所实现的收入作为经营收入,不再作为基本建设收入管理。

2)大、中型建设项目概况表(见表 4-7)

表 4-7　大、中型建设项目概况表

建设项目(单项工程)名称			建设地址				项目	概算/元	实际/元	备注
主要设计单位			主要施工企业			基本建设支出	建筑安装工程投资			
							设备、工具、器具			
占地面积	设计	实际	总投资/万元	设计	实际		待摊投资			
							其中:建设单位管理费			
新增生产能力	能力(效益)名称			设计	实际		其他投资			
							待核销基建支出			
建设起止时间	设计	从　年　月开工至　年　月竣工					非经营项目转出投资			
	实际	从　年　月开工至　年　月竣工					合计			
设计概算批准文号										
完成主要工程量	建设规模				设备/(台、套、吨)					
	设计		实际		设计		实际			
收尾工程	工程项目、内容		已完成投资额		尚需投资额		完成时间			

该表综合反映大、中型项目的基本概况,内容包括该项目总投资、建设起止时间、新增生产能力、主要材料消耗、建设成本、完成主要工程量和主要技术经济指标,为全面考核和分析投资效果提供依据,可按下列要求填写。

(1)建设项目名称、建设地址、主要设计单位和主要承包人,要按全称填列。

(2)表中各项目的设计、概算、计划等指标,根据批准的设计文件和概算、计划等确定的数字填列。

（3）表中所列新增生产能力、完成主要工程量、主要材料消耗的实际数据，根据建设单位统计资料和承包人提供的有关成本核算资料填列。

（4）表中基建支出是指建设项目从开工起至竣工为止发生的全部基本建设支出，包括形成资产价值的交付使用资产，如固定资产、流动资产、无形资产、其他资产支出，还包括不形成资产价值按照规定应核销的非经营项目的待核销基建支出和转出投资。上述支出，应根据财政部门历年批准的"基建投资表"中的有关数据填列。

（5）表中"初步设计和概算批准日期、文号"，按最后经批准的日期和文件号填列。

（6）表中收尾工程是指全部工程项目验收后尚遗留的少量收尾工程，在表中应明确填写收尾工程内容、完成时间、这部分工程的实际成本，可根据实际情况进行估算并加以说明，完工后不再编制竣工决算。

3）大、中型建设项目竣工财务决算表（见表4-8）

表4-8　大、中型建设项目竣工财务决算表

资金来源	金额	资金占用	金额
一、基建拨款		一、基本建设支出	
1.预算拨款		1.交付使用资本	
2.基建基金拨款		2.在建工程	
其中:国债专项基金拨款		3.待核销基建支出	
3.专项建设基金拨款		4.非经营性项目转出投资	
4.进口设备转账拨款		二、应收生产单位投资借款	
5.器材转账拨款		三、拨付所属投资借款	
6.煤代油专用基金拨款		四、器材	
7.自筹基金拨款		其中:待处理器材损失	
8.其他拨款		五、货币资金	
二、项目资本金		六、预付及应收款	
1.国家资本金		七、有价证券	
2.法人资本金		八、固定资产	
3.个人资本金		固定资产原价	
4.外商资本金		减:累计折旧	
三、项目资本公积金		固定资产净值	
四、基建借款		固定资产清理	
其中:国债转贷		待处理固定资产损失	
五、上级拨入投资借款			
六、企业债券资金			
七、待冲基建支出			
八、应付款			

续表

资金来源	金额	资金占用	金额
九、未交款			
1.未交税金			
2.其他未交款			
十、上级拨入资金			
十一、留成收入			
合　计		合　计	

大、中型建设项目竣工财务决算表是用来反映建设项目的全部资金来源和资金占用情况,是考核和分析投资效果的依据。

该表反映竣工的大、中型建设项目从开工到竣工为止全部资金来源和资金运用的情况,它是考核和分析投资效果,落实结余资金,并作为报告上级核销基本建设支出和基本建设拨款的依据。在编制该表前,应先编制出项目竣工年度财务决算,根据编制出的竣工年度财务决算和历年财务决算编制项目的竣工财务决算,此表采用平衡表形式,即资金来源合计等于资金支出合计。具体编制方法如下。

(1)资金来源包括基建拨款、项目资本金、项目资本公积金、基建借款、上级拨入投资借款、企业债券资金、待冲基建支出、应付款和未交款以及上级拨入和企业留成收入等。

①项目资本金是指经营性项目投资者按国家有关项目资本金的规定,筹集并投入项目的非负债资金,在项目竣工后,相应转为生产经营企业的国家资本金、法人资本金、个人资本金和外商资本金。

②项目资本公积金是指经营性项目对投资者实际缴付的出资额超过其资金的差额(包括发行股票的溢价净收入)、资产评估确认价值或者合同协议约定价值与原账面净值的差额、接收捐赠的财产、资本汇率折算差额,在项目建设期间作为资本公积金,项目建成交付使用并办理竣工决算后,转为生产经营企业的资本公积金。

③基建收入是基建过程中形成的各项工程建设副产品变价净收入、负荷试车的试运行收入以及其他收入,在表中基建收入以实际销售收入扣除销售过程中所发生的费用和税后的实际纯收入填写。

(2)表中"交付使用资产""预算拨款""自筹资金拨款""其他拨款""项目资本""基建投资借款""其他借款"等项目,是指自开工建设至竣工的累计数,上述有关指标应根据历年批复的年度基本建设财务决算和竣工年度的基本建设财务决算中资金平衡表相应项目的数字进行汇总填写。

(3)表中其余项目费用办理竣工验收时的结余数,根据竣工年度财务决算中资金平衡表的有关项目期末数填写。

(4)资金支出反映建设项目从开工准备到竣工全过程资金支出的情况,内容包括基建支出、应收生产单位投资借款、库存器材、货币资金、有价证券和预付及应收款以及拨付所属投资借款和库存固定资产等,资金支出总额应等于资金来源总额。

（5）基建结余资金可以按下列公式计算。

$$基建结余资金＝基建拨款＋项目资本＋项目资本公积金＋基建投资借款＋企业债券基金$$
$$＋待冲基建支出－基本建设支出－应收生产单位投资借款 \qquad (4\text{-}6)$$

4）大、中型建设项目交付使用资产总表（见表 4-9）

表 4-9 大、中型建设项目交付使用资产总表

序号	单项工程项目名称	总计	固定资产				流动资产	无形资产	其他资产
			合计	建安工程	设备	其他			

交付单位：　　　　　负责人：　　　　　　　接受单位：　　　　　负责人：

盖章　　　　　　　　年 月 日　　　　　　盖章　　　　　　　　年 月 日

该表反映建设项目建成后新增固定资产、流动资产、无形资产和其他资产价位的情况和价值，作为财产交接、检查投资计划完成情况和分析投资效果的依据。小型项目不编制"交付使用资产总表"。直接编制"交付使用资产明细表"，大、中型项目在编制"交付使用资产总表"的同时，还需编制"交付使用资产明细表"。大、中型建设项目交付使用资产总表具体编制方法如下。

（1）表中各栏目数据根据"交付使用明细表"的固定资产、流动资产、无形资产、其他资产的各相应项目的汇总数分别填写，表中总计栏的总计数应与竣工财务决算表中的交付使用资产的金额一致。

（2）表中第 3 栏、第 4 栏、第 8、9、10 栏的合计数，应分别与竣工财务决算表交付使用的固定资产、流动资产、无形资产、其他资产的数据相符。

5）建设项目交付使用资产明细表（见表 4-10）

表 4-10 建设项目交付使用资产明细表

单项工程名称	建筑工程			设备、工具、器具、家具						流动资产		无形资产		其他资产	
	结构	面积/m²	价值/元	名称	规格型号	单位	数量	价值/元	设备安装费/元	名称	价值/元	名称	价值/元	名称	价值/元

该表反映交付使用的固定资产、流动资产、无形资产和其他资产及其价值的明细情况,是办理资产交接和接收单位登记资产账目的依据,也是使用单位建立资产明细账和登记新增资产价值的依据。大、中型和小型建设项目均需编制此表。编制时要做到齐全完整,数字准确,各栏目价位应与会计账目中相应科目的数据保持一致。明细表具体编制方法如下。

(1)表中"建筑工程"项目应按单项工程名称填列其结构、面积和价值。其中"结构"是指项目按钢结构、钢筋混凝土结构、混合结构等结构形式填写;面积则按各项目实际完成面积填列;价值按交付使用资产的实际价值填写。

(2)表中"固定资产"部分要在逐项盘点后,根据盘点实际情况填写,工具、器具和家具等低值易耗品可分类填写。

(3)表中"流动资产""无形资产""其他资产"项目应根据建设单位实际交付的名称和价值分别填列。

6)小型建设项目竣工财务决算总表(见表 4-11)

小型建设项目内容比较简单,因此可将工程概况与财务情况合并编制"竣工财务决算总表",该表主要反映小型建设项目的全部工程和财务情况。具体编制时可参照大、中型建设项目概况表指标和大、中型建设项目竣工财务决算表相应指标内容填写。

表 4-11　小型建设项目竣工财务决算总表

建设项目名称			建设地址				资金来源		资金运用	
初步设计概算批准文号							项目	金额/元	项目	金额/元
占地面积							一、基建拨款 其中:预算拨款		一、交付使用资产	
	计划	实际		计划		实际			二、待核销基建支出	
			总投资/万元	固定资产	流动资金	固定资产	流动资金	二、项目资本金		三、非经营性项目转出投资	
								三、项目资本公积金			
新增生产能力	能力(效益)名称		设计		实际			四、基建贷款		四、应收生产单位投资借款	
								五、上级拨入借款			
建设起止时间	计划		从　年　月　日开工 至　年　月　日竣工					六、企业债券资金		五、拨付所属投资借款	
	实际		从　年　月　日开工 至　年　月　日竣工					七、待冲基建支出		六、器材	

续表

项目	概算/元	实际/元	八、应付款		七、货币资金	
建筑安装工程			九、未付款		八、预付及应收款	
设备 工具 器具			其中:		九、有价证券	
			未交基建收入			
			未交包干收入		十、原有固定资产	
待摊投资						
其中:建设单位管理费			十、上级拨入资金			
其他投资			十一、留成收入			
待核销基建支出						
非经营性项目转出投资						
合计			合计		合计	

基建支出（表格左侧纵向标题）

3.建设工程竣工图

建设工程竣工图是真实地记录各种地上、地下建筑物、构筑物等情况的技术文件,是工程进行交工验收、维护改建和扩建的依据,是国家的重要技术档案。国家规定:各项新建、扩建、改建的基本建设工程,特别是基础、地下建筑、管线、结构、井巷、桥梁、隧道、港口、水坝以及设备安装等隐蔽部位,都要编制竣工图。为确保竣工图质量,必须在施工过程中(不能在竣工后)及时做好隐蔽工程检查记录,整理好设计变更文件。其具体要求如下。

(1)凡按图竣工没有变动的,由承包人(包括总包和分包承包人,下同)在原施工图上加盖"竣工图"标志后,作为竣工图。

(2)凡在施工过程中,虽有一般性设计变更,但能将原施工图加以修改补充作为竣工图的,可不重新绘制,由承包人负责在原施工图(必须是新蓝图)上注明修改的部分,并附以设计变更通知单和施工说明,加盖"竣工图"标志后,作为竣工图。

(3)凡结构形式改变、施工工艺改变、平面布置改变、项目改变以及有其他重大改变,不宜再在原施工图上修改、补充时,应重新绘制改变后的竣工图。原设计原因造成的,设计单位负责重新绘制;施工原因造成的,由承包人负责重新绘图;其他原因造成的,由建设单位自行绘制或委托设计单位绘制。承包人负责在新图上加盖"竣工图"标志,并附以有关记录和说明,作为竣工图。

(4)为了满足竣工验收和竣工决算需要.还应绘制反映竣工工程全部内容的工程设计平面示意图。

4.工程造价比较分析

对控制工程造价所采取的措施、效果及其动态的变化需要进行认真的比较,总结经验教训。批准的概算是考核建设工程造价的依据。在分析时,可先对比整个项目的总概算,然后将建筑安装工程费、设备工器具费和其他工程费用逐一与竣工决算表中所提供的实际数据和相关资料及批准的概算、预算指标、实际的工程造价进行对比分析,以确定竣工项目总造价是节约还是超支,并在对比的基础上,总结先进经验,找出节约和超支的内容和原因,提出改进措施。在实际工作中,应主要分析以下内容。

(1)主要实物工程量。对于实物工程量出入比较大的情况,必须查明原因。

(2)主要材料消耗量,考核主要材料消耗量,要按照竣工决算表中所列明的三大材料实际超概算的消耗量,查明是在工程的哪个环节超出量最大,再进一步查明超耗的原因。

(3)考核建设单位管理费、措施费和间接费的取费标准。建设单位管理费、措施费和间接费的取费标准要按照国家和各地的有关规定,根据竣工决算报表中所列的建设单位管理费与概预算所列的建设单位管理费数额进行比较,依据规定查明是否多列或少列的费用项目,确定其节约超支的数额,并查明原因。

五、竣工决算的编制

(一)竣工决算的编制依据

(1)经批准的可行性研究报告、投资估算书,初步设计或扩大初步设计,修正总概算及其批复文件。

(2)经批准的施工图设计及其施工图预算书。

(3)设计交底或图纸会审会议纪要。

(4)设计变更记录、施工记录或施工签证单及其他施工发生的费用记录。

(5)标底造价,承包合同、工程结算等有关资料。

(6)历年基建计划、历年财务决算及批复文件。

(7)设备、材料调价文件和调价纪录。

(8)有关财务核算制度、办法和其他有关资料。

(二)竣工决算的编制要求

为了严格执行建设项目竣工验收制度,正确核定新增固定资产价值,考核分析投资效果,建立建全经济责任制,所有新建、扩建和改建等建设项目竣工后,都应及时、完整、正确地编制好竣工决算。建设单位要做好以下工作。

(1)按照规定组织竣工验收,保证竣工决算的及时性。对建设工程的全面考核,所有的建设项目(或单项工程)按照批准的设计文件所规定的内容建成后,具备了投产和使用条件的,都要及时组织验收。对于竣工验收中发现的问题,应及时查明原因,采取措施加以解决,以保证建设项目按时交付使用和及时编制竣工决算。

(2)积累、整理竣工项目资料,保证竣工决算的完整性。积累、整理竣工项目资料是编制竣工决算的基础工作,它关系到竣工决算的完整性和质量的好坏。因此,在建设过程中,建设单位必须随时收集项目建设的各种资料,并在竣工验收前,对各种资料进行系统整理,分类立卷,为编制竣工决算提供完整的数据资料,为投产后加强固定资产管理提供依据。在工程竣工时,建设单位应将各种基础资料与竣工决算一起移交给生产单位或使用单位。

(3)清理、核对各项账目,保证竣工决算的正确性。工程竣工后,建设单位要认真核实各项交付使用资产的建设成本;做好各项账务、物资以及债权的清理结余工作,应偿还的及时偿还,该收回的应及时收回,对各种结余的材料、设备、施工机械工具等,要逐项清点核实,妥善保管,按照国家有关规定进行处理,不得任意侵占;对竣工后的结余资金,要按规定上交财政部门或上级主管部门。做完上述工作,在核实各项数字的基础上,正确编制从年初起到竣工月份止的竣工年度财务决算,以便根据历年的财务决算和竣工年度财务决算进行整理汇总,编制建设项目决算。

按照规定竣工决算应在竣工项目办理验收交付手续后一个月内编好,并上报主管部门,有关财务成本部分,还应送经办行审查签证。主管部门和财政部门对报送的竣工决算审批后,建设单位即可办理决算调整和结束有关工作。

(三)竣工决算的编制步骤

1.收集、整理和分析有关依据资料

在编制竣工决算文件之前,应系统地整理所有的技术资料、工料结算的经济文件、施工图纸和各种变更与签证资料,并分析它们的准确性。完整、齐全的资料,是准确而迅速编制竣工决算的必要条件。

2.清理各项财务、债务和结余物资

在收集、整理和分析有关资料中,要特别注意建设工程从筹建到竣工投产或使用的全部费用的各项账务,债权和债务的清理,做到工程完毕账目清晰,既要核对账目,又要查点库有实物的数量,做到账与物相等,账与账相符,对结余的各种材料、工器具和设备,要逐项清点核实,妥善管理,并按规定及时处理,收回资金。对各种往来款项要及时进行全面清理,为编制竣工决算提供准确的数据和结果。

3.核实工程变动情况

重新核实各单位工程、单项工程造价,将竣工资料与原设计图纸进行查对、核实,确认实际变更情况。根据经审定的承包人竣工结算等原始资料增减调整,重新核定建设项目实际造价。

4.编制建设工程竣工结算说明

按照建设工程竣工决算说明的内容要求,根据编制依据材料填写在报表中的结果,编写文字说明。

5.填写竣工决算报表

按照建设工程决算表格中的内容,根据编制依据中的有关资料进行统计或计算各个项目和数量,并将其结果填到相应表格的栏目内,完成所有报表的填写。

6.做好工程造价对比分析

7.清理、装订好竣工图

8.上报主管部门审查

将上述编写的文字说明和填写的表格经核对无误后装订成册,即为建设工程竣工决算文件,将其上报主管部门审查,并将其中财务成本部分送交开户银行签证。竣工决算在上报主管部门的同时,抄送有关设计单位。大、中型建设项目的竣工决算还应抄送财政部、建设银行总行和省、市、自治区的财政局和建设银行分行各一份。建设工程竣工决算的文件,由建设单位负责组织人员编写,在竣工建设项目办理验收使用一个月之内完成。

六、保修费的处理

(一)保修费用的含义

保修费用是指对保修期间和保修范围内所发生的维修、返工等各项费用支出。保修费用应按合同和有关规定合理确定和控制。保修费用一般可参照建筑安装工程造价的确定程序和方法计算,也可以按照建筑安装工程造价或承包工程合同价的一定比例计算(目前取 5%)。

(二)保修费用的处理

保修费用的处理方法总结如下,如图 4-5 所示。

(1)勘察设计原因、监理原因或者建筑材料、建筑构配件和设备等原因造成的质量缺陷,施工企业可以在保修和赔偿损失之后,向有关责任者追偿。

(2)建设工程质量不合格而造成损害的,受损害人有权向责任者要求赔偿。

(3)发包人或者勘察设计的原因、施工的原因、监理的原因产生的建设质量问题,造成他人损失的,以上单位应当承担相应的赔偿责任。

(4)受损害人可以向任何一方要求赔偿,也可以向以上各方提出共同赔偿要求。

(5)有关各方之间在赔偿后,可以在查明原因后向真正责任人追偿。

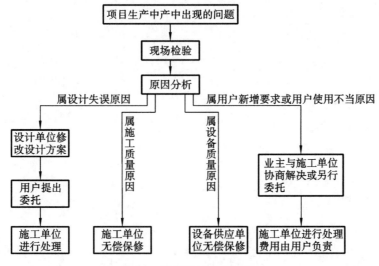

图 4-5　保修费用的处理方法

【复习思考题】

1.试述竣工决算与竣工结算的关系与区别。

2.试述工程价款结算的作用。

3.工程动态结算的主要方式有哪些?

4.竣工决算的编制依据、步骤和内容有哪些?

5.如何支付工程进度款?

项目四　技能训练题

参 考 文 献

[1] 中华人民共和国住房和城乡建设部.建设工程工程量清单计价规范:GB 50500—
     2013[S].北京:中国计划出版社,2013.

[2] 中华人民共和国住房和城乡建设部.房屋建筑与装饰工程工程量计算规范:GB
     50854—2013[S].北京:中国计划出版社,2013.

[3] 贵州省建设工程造价管理总站.贵州省建筑与装饰工程计价定额:GZ 01－31—2016
     [S].贵阳:贵州人民出版社,2016.

[4] 谷鸿雁.建筑工程计量与计价[M].武汉:武汉大学出版社,2016.

[5] 钟秋,王二辉.建筑与装饰工程计量与计价[M].重庆:重庆大学出版社,2020.

[6] 全国造价工程师执业资格考试培训教材编审委员会.建设工程计价[M].北京:中国
     计划出版社,2021.